高等学校教材

聚合物合成工艺设计

陈昀 主编

化学工业出版社
教材出版中心
·北京·

图书在版编目（CIP）数据

聚合物合成工艺设计/陈昀主编. —北京：化学工业出版社，2004.6（2024.2重印）
高等学校教材
ISBN 978-7-5025-5657-0

Ⅰ.聚… Ⅱ.陈… Ⅲ.聚合物-合成-工艺设计-高等学校-教材 Ⅳ.TQ318

中国版本图书馆 CIP 数据核字（2004）第 051547 号

责任编辑：杨　菁　　文字编辑：徐雪华
责任校对：顾淑云　于志岩　　装帧设计：蒋艳君

出版发行：化学工业出版社　教材出版中心（北京市东城区青年湖南街 13 号　邮政编码 100011）
印　　装：北京科印技术咨询服务有限公司数码印刷分部
787mm×1092mm　1/16　印张 12½　字数 298 千字　　2024 年 2 月北京第 1 版第10次印刷

购书咨询：010-64518888　　售后服务：010-64518899
网　　址：http://www.cip.com.cn
凡购买本书，如有缺损质量问题，本社销售中心负责调换。

定　　价：48.00 元

前 言

本书对化工厂的设计与建设工作的全过程做了简单的介绍，围绕化工工艺设计的主要内容及方法全面展开论述。书中力求以聚合物合成工艺设计为对象，针对当前化工设计过程的发展，介绍化工设计中先进的设计理念、设计思想、设计方法及设计手段。书中强调各种知识的综合应用，强调理论与实践相结合的重要意义。为适应现代化科学技术的发展及人才培养的需要，编者将计算机应用技术在化工设计中的应用贯穿于教材的始终，特别介绍了MathCAD2001在反应器模拟计算及其他化工设计计算中的使用方法，该方法具有很好的教学实践性与工程应用的可行性。

本书由具有丰富教学经验的高校教师及具有丰富实践经验的工程设计人员共同编写，既考虑当前化工工程设计的实际情况，又兼顾高等院校教学的需要，内容全面、重点突出、由浅入深、适用面广、实用性强。为配合高等院校双语教学及化工工程设计发展的需求，书中特别给出化工设计中常用词语的英文对照。本书既可作为高等院校相关专业的教材，亦可作为从事有关化工领域科学研究、工业生产、基本建设、组织管理等工作人员的实用参考书。

本书由陈昀主编，北京化工大学张洋教授审定。第1章～第6章、第10章、第11章由陈昀编写，第8章、第9章由王明耀编写，第7章由张聚华、陈昀合写，霍东海，王明耀等对编写工作提出了重要的建议。北京化工大学张洋教授给本书的编写工作提供了大力的支持及宝贵的意见，编写教材过程中还得到其他有关工程设计人员的大力支持与帮助，在此一并表示由衷的谢意！

由于编者的水平有限，书中难免有不妥之处，恳请专家及读者批评指正。

编者

2004年6月

目　录

1 绪　论

1.1 定义和作用

按照《现代汉语大词典》的解释，所谓“设计（design）”就是在做某项工作之前，根据一定的目的要求，预先制定方法、图样等。“设计”是一个非常传统而又十分时尚的词语，被广泛地应用于各个领域，如传统概念中的工程设计、建筑设计、产品设计、包装设计、结构设计等，现代概念中的分子设计、人才设计、形象设计等。“设计”既是工作的出发点，又是工作的目标。总而言之，在开展任何工作之前，设计工作都是必不可少的，高水平的设计是高水平地完成预定任务的必要前提。而“化工设计（chemical engineering design）”顾名思义就是在建造化工生产装置之前，根据一定的任务要求，将化工装置的生产过程全部用图纸、表格、文字说明等方式概述出来的过程及结果。因此，化工设计是化工生产装置建设的灵魂，是将人们的要求变为现实生产的第一步。先进的设计思想、科学的设计方法、现代化的设计手段与工具、高水平高质量的设计作品是工程设计人员坚持的设计方针和追求的设计目标。聚合物合成生产装置设计属于化工设计的范畴，是针对聚合物合成生产过程的化工设计。

所谓“工艺（process）”就是指将原料加工成产品的工作、方法、技术等。因此，工艺设计反映了将要建造的生产装置的技术内容，直接决定了设计过程以及生产装置的水平。聚合物合成工艺设计在本书中就是指将单体原料通过聚合反应制得聚合物产品的生产过程中所用的方法、技术等，全部用图纸、表格、文字说明等方式概述出来的过程及结果。

在化工生产装置设计及建设中，工艺设计是整个工作过程的核心与纽带，起着举足轻重的作用。工艺设计不仅有明确的、具体的专业设计内容，还需负责向所有非工艺专业设计提供设计条件，负责组织与协调各专业设计之间的关系，负责监督整个施工过程，负责开车阶段的工作，直至整个装置的运转达到稳定，并达到设计所规定的指标要求。所以，工艺设计工作在整个设计及建设工作中开始最早，结束最晚。正因如此，要求工艺设计人员有扎实的专业设计知识，有耐心细致的工作态度，有丰富的设计、施工及生产经验，要了解各非工艺专业设计的基本要求，要博学广用，并具有良好的组织才能。

任何设计过程都是在相关政策法规的指引下，针对具体设计任务，将多种学科技术进行有机组合的过程，是在同一目标下，进行集体性的劳动与创造的过程。在化工生产装置的设计过程中涉及的专业有工艺设计、机械设计、自控仪表设计、总图运输设计、土建设计、公用工程（供电、供热、给排水、采暖通风）设计、工程概算预算等。在设计过程中，将几十个、甚至上百个专业人员组合在一起，为了同一个目标协同工作，得到设计结果，并能使施工人员按照设计结果建造出满足预定指标的生产装置。正因如此在整个设计工作过程中，需要有严谨的科学态度、严格的组织管理以及一定的设计程序和设计方法。

任何一个化工装置的设计与建设都是以化学工程和反应工程为基础，以工业化生产为根本，以经济与社会效益为目标，以清洁生产与可持续发展为前提的，因此，工程设计工作在理论知识与工程实践之间起着承上启下的作用。化工工艺设计过程是一个广泛地、综合地应用各种专业知识进行再创造的过程，它与许多专业基础知识有着千丝万缕的联系。而聚合物合成工艺设计只是化工工艺设计的一个特例，其设计理念、设计过程、设计方法都有典型性、代表性和通用性。图 1-1 给出聚合物合成工艺设计与其他相关专业知识之间的关系及其应用。

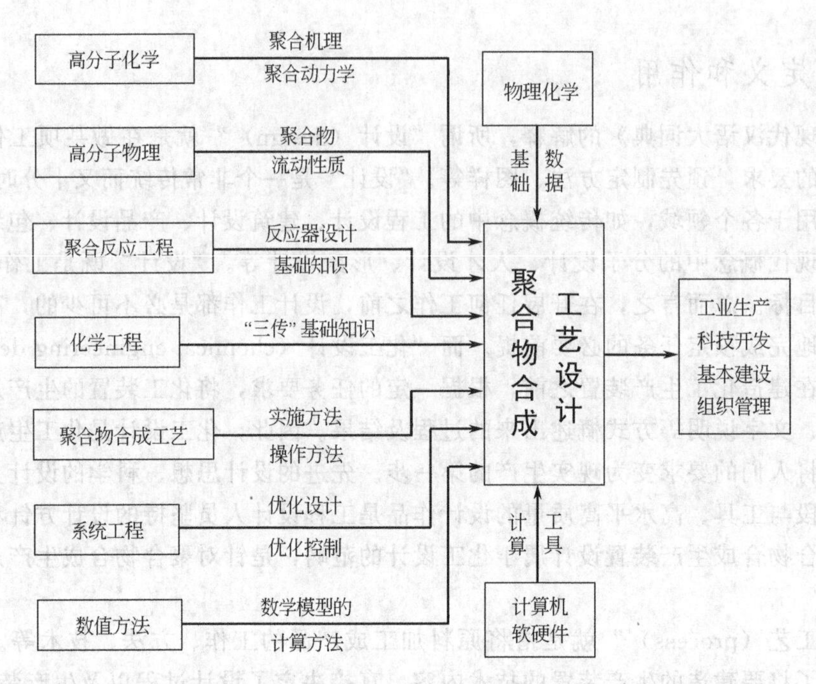

图 1-1　聚合物合成工艺设计与其他专业知识之间的关系及用途

1.2 用途

随着石油化工行业的日益发展，化工设计工作以及设计知识的应用越来越广泛。

(1) 工业生产

从事生产的技术人员必须掌握一定的设计知识，才能够适应现代化的化工生产对生产技术人员的要求。化工设计知识在工业生产方面的应用可概括为：

① 对已有生产装置进行综合评价，即对工艺水平、操作状态、生产能力、经济指标等方面的综合评价；

② 查找生产中的薄弱环节及不合理现象，对整个生产装置进行优化操作，挖掘生产潜力，提高产品的产量与质量；

③ 对已有工厂（车间）进行改建或扩建，改造局部生产设备或调整生产工艺，生产不同品种或不同产量的产品，满足市场需求，适应社会发展。

(2) 科技开发

从近代石油化工发展过程来看，科学研究与科技开发的密切结合已成为必然。科技开发包括：新工艺、新技术、新产品、新设备等的开发工作。化工生产过程的科技开发可以是将实验室级的科研成果逐级放大到工业化生产，也可以是对已有的生产装置进行综合考察，做适当改造或调整，将科研成果在已有的生产装置上实施。因此，设计工作是将科研成果转化为生产力的必要环节。科研人员须掌握设计知识及工业生产经验，以便在进行科学研究过程中充分考虑该技术在工业生产中的可行性，使科研工作及科研成果真正具有实用价值。

(3) 基本建设

基本建设方面的设计工作，一方面是配合科技开发，从无到有，从小到大的各级生产装置的设计，另一方面是先对已有的生产装置进行标定、评定、优化，然后对该生产过程做不同生产规模的系列化设计，满足不同生产需求。从事基本建设设计工作的通常是专业设计人员，设计知识是他们必备的。

(4) 组织管理

作为各级管理人员，首先要了解国家有关的方针政策和法令法规，了解有关的设计程序、设计内容以及设计知识，以便于项目筛选、项目评价、项目审批、组织管理设计过程、审核设计结果、考核建成的生产装置等工作的进行。

综合以上各方面的工作，可以说明凡是从事与化工生产、科研、设计、管理等有关的工作人员，都需要了解或掌握化工工厂设计知识，才能胜任本职工作。

1.3 特点

化工产品的生产具有一套完整的生产过程和生产装置，由于化工生产过程的某些特殊性，因此化工设计过程具有以下特点。

(1) 政策性强

化工设计必须遵循国家的各项有关方针政策和法令法规，从我国的国情出发，合理利用人力和物力，优化资源配置，确保安全生产，保护环境不被污染，保证良好的操作条件，减轻工人的劳动强度。

(2) 技术性强

化工生产过程多数是在高温或低温、高压或真空条件下进行的，且化学反应过程比较复杂，处理的物料多易燃易爆且具有毒性或腐蚀性，对环境有一定程度的污染，因此在设备材料选择、机械强度设计、设备防腐措施、分离方法、自动化控制水平等方面都提出了很高的技术要求，要求设计人员尽量采用国内外先进的技术成果，优先采用清洁生产工艺，提高设计水平。高水平的设计成果是建设高水平生产装置的必要前提。

(3) 经济性强

由于化工过程大都比较复杂，所需原材料种类多，能量消耗大，因此化工装置投资费用和操作费用较高。影响化工产品成本的因素很多，一般情况下生产装置投资费用的降低与操作费用的降低是相互矛盾的，另外化工产品市场需求变化较快，因此设计人员在整个设计过程中要全面综合地考虑，从经济效益角度出发对技术进行分析，尽量做到技术先进性与经济合理性兼顾。

(4) 综合性强

化工设计内容涉及的专业知识面是非常广泛的。通常情况下，一个化工项目设计要包括很多种专业的设计。为完成整个建设项目的设计工作，要求各专业之间协同工作，密切配合。由于工艺设计是整个设计工作的核心部分，所以工艺设计人员要了解各专业设计的内容及设计知识，以便负责协调各专业之间的关系。

聚合物合成工艺设计属于化工工艺设计的范畴，但相比之下有许多特殊之处。

① 聚合物合成生产工艺路线具有多样性，从使用原料、反应机理到实施方法和操作方法等方面都存在多样性，因此在设计中必须全面分析、实地考察、综合比较，选定适宜的工

艺方案和工艺流程。

② 聚合物合成生产过程通常包括原料处理及配置过程、反应过程、产物后处理过程、“三废”处理过程、辅助生产过程等，而每一过程又是由一个或多个化工单元操作过程组成。所以聚合物合成生产过程流程长、操作复杂、技术含量高，相应地要有高水平的工艺设计。

③ 与低分子合成生产相比，影响聚合反应过程及最终产品质量的因素多，有时互相制约。影响最终产品质量指标的因素有单体转化率、产物的相对分子质量及其多分散性、化学结构及其多分散性等，而这些指标的控制又受到原料配比、加料方式、反应温度、反应压力、反应时间等诸多因素的影响，所以聚合物生产过程对控制水平要求较高。

④ 与聚合反应过程有关的化工基础数据少、可靠性不好、通用性差。特别是大多数聚合反应过程中，随转化率提高，反应体系黏度增加，对物料的流动、搅拌、混合、传热、传质等过程带来极大的困难，反应器中很难达到“理想混合”状态，所以实验室测定的数据与实际生产差别较大。目前关于聚合物反应过程的基础理论研究还远不成熟，因此给工艺设计过程增加了难度。

由以上叙述可以看出，作为化工工艺设计人员，要想使设计成果体现这些特点，就必须具有扎实的理论基础，丰富的生产经验和设计经验，熟练的专业技能，并且掌握使用计算机进行计算、绘图、编制设计文件、模型设计等先进的设计手段。

1.4 目的及要求

本课程是在学生学习了各种专业课程后，毕业环节工作开展之前的一门工程实践性课程。课程综合运用了所学的专业基础知识，并将其与工程实践紧密结合，提供了理论与实际相结合的方法与过程，因此本课程的学习对化工类学生毕业环节和毕业以后的实际工作都具有重要的实际意义。

本课程具有很强的工程实践性，因此本课程的教学目的就是要培养学生综合应用各种专业知识解决工程实际问题的能力，培养学生实事求是、耐心细致及严谨负责的工作作风，使学生认识到遵守国家法规政策，关注经济形势，培养良好的集体合作精神等，是完成实际工作所必不可少的，并使学生走向社会后能够尽快地适应迅猛发展的科学技术对人才的需求。

通过本课程的学习，要求学生以聚合物合成工业生产装置为例，了解化工生产装置开发的全过程及特点，了解化工设计过程中工艺设计的重要意义及作用，了解各种专业知识在工程实践中是如何应用的，掌握化工工艺设计的基本步骤、主要内容及工作方法，掌握现代化工艺设计工具，提高学生工程计算能力及工程制图能力，为培养现代化工程技术人员打下坚实的基础。

2. 设计内容与设计程序

2.1 化工厂建造的工作程序

一个化工厂或化工生产装置从有项目意向到建成生产的大致工作程序如图 2-1 所示。可划分为四个主要阶段：立项阶段（由项目意向到任务书的下达）、工程设计阶段（工艺包设计、基础设计、详细设计）、施工阶段、开车验收阶段。一般而言，立项阶段的工作应由用户单位或主管完成，也可以委托咨询公司完成，设计人员主要完成设计阶段的工作，并配合参加施工阶段和开车验收阶段的工作。但由于工作性质和特点，设计人员也可协助或参与项目建议书、可行性研究报告以及设计任务书的编写工作。

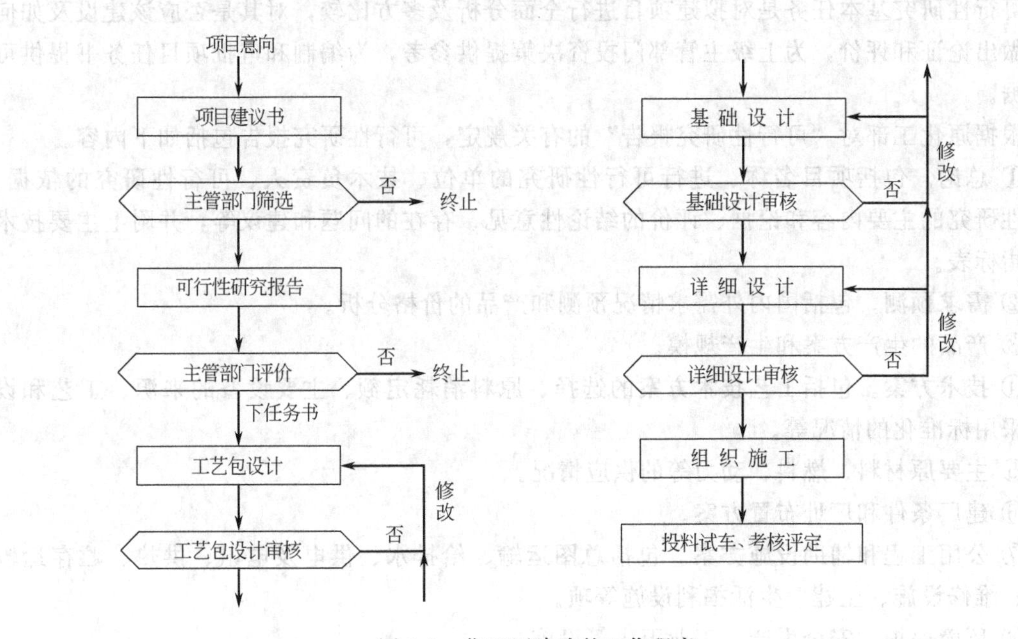

图 2-1 化工厂建造的工作程序

2.1.1 立项阶段

2.1.1.1 项目建议书

在广泛调查，广泛收集资料后，根据当前国民经济状况、社会发展需求、现有生产条件等，提出具体的项目建议书。项目建议书是进行可行性研究和编制任务书的依据，其主要内容包括：

① 项目建设的目的和意义；

② 产品需求初步预测；

③ 产品方案和拟建规模；

④ 工艺技术方案（技术来源、原料路线、生产方法）；

⑤ 主要原材料、燃料、动力等的供应；

⑥ 建厂条件和厂址的初步选择；

⑦ 环境保护及安全生产措施；

⑧ 工厂组织和劳动定员；

⑨ 项目实施规划设想；

⑩ 投资估算和资金筹措设想；

⑪ 经济效益和社会效益的初步估计。

2.1.1.2　可行性研究报告

项目建议书经主管部门平衡、筛选、确定后，需进行可行性研究论证。随着化工生产规模的扩大，投资金额的增加，最终产品的多样化，生产技术的复杂化以及生产同一产品的生产技术可有多种选择等情况的出现，项目建设前的可行性研究工作已成为必须。

可行性研究基本任务是对拟建项目进行全面分析及多方比较，对其是否应该建设及如何建设做出论证和评价，为上级主管部门投资决策提供参考，为编制和审批项目任务书提供可靠依据。

根据原化工部对“可行性研究报告”的有关规定，可行性研究报告包括如下内容。

① 总论。包括项目名称、进行可行性研究的单位、技术负责人、可行性研究的依据、可行性研究的主要内容和论据、评价的结论性意见、存在的问题和建议等，并附上主要技术经济指标表。

② 需求预测。包括国内外需求情况预测和产品的价格分析。

③ 产品的生产方案和生产规模。

④ 技术方案。包括工艺技术方案的选择、原料消耗定额、主要设备的来源、工艺和设备拟采用标准化的情况等。

⑤ 主要原材料、燃料、动力等的供应情况。

⑥ 建厂条件和厂址布置方案。

⑦ 公用工程和辅助设施方案。包括总图运输、给排水、供电及电讯、供热、贮存运输设施、维修设施、土建、生活福利设施等项。

⑧ 环境保护、安全生产、工业卫生等设施。

⑨ 工厂组织、劳动定员、人员培训。

⑩ 项目实施规划。

⑪ 投资估算和资金筹措情况。

⑫ 经济效益评价及社会效益评价。

⑬ 综合评价和研究报告的结论等。

当前在以市场经济为主体的条件下，可行性研究的内容及报告形式有所不同，主要区别是更加注重市场需求、融资方案、投资收益、还贷能力等内容。

2.1.1.3　设计任务书

在可行性研究的基础上，按照上级审定的建设方案，落实各项建设条件和协作条件，审核技术经济指标，落实建设资金等。在完成以上工作后，便可编写设计任务书。设计任务书是整个工程设计的依据，其作用是为拟建项目的设计工作提出有关的设计原则、要求和指标。设计任务书中有关设计的原则、要求、指标越明确，越具体，越便于设计工作展开。设计任务书主要有以下内容：

① 项目设计的目的和依据；

② 生产规模、产品方案、产生方法及工艺设计原则；

③ 矿产资源、水文地质、原材料、燃料、动力、供水运输等条件；

④ 资源合理利用、环境保护、安全生产、“三废”治理等要求；

⑤ 厂址与占地面积和城市规划的关系；

⑥ 防灾、防震等的要求；

⑦ 建设工期与进度计划要求；

⑧ 投资控制额数；

⑨ 劳动定员及组织管理制度；

⑩ 经济效益、资金来源、投资回收年限等。

设计任务书报批时，还应附上以下附件：

① 可行性研究报告；

② 征地和外部协作条件意向书；

③ 厂区总平面布置图；

④ 资金来源及筹措情况。

在整个立项过程中，项目建议书中提出建设的设想，可行性报告中给出是否建设的结论，设计任务书中提出建设的具体要求。三者在内容上看似有相近之处，但由于出发点不同、目的不同，所以论述的角度也不同。

2.1.2 化工工程设计阶段

根据化工工程的重要性、技术的复杂性、技术的成熟程度以及设计任务书的规定，工程设计可分为三段设计、两段设计、一段设计。重要的大型企业和使用较复杂的技术时，为了保证设计质量，可将设计分为工艺包设计（也可称为“扩大初步设计”）、基础设计及详细设计（施工图设计）三个阶段进行。一般技术上比较成熟的大中小型工厂或车间的设计可按工艺包设计和施工图设计两个阶段进行。而技术简单、规模较小的工厂或车间的设计，或者是工厂、车间及装置的局部改扩建的设计等，可直接进行施工图设计，即一个阶段的设计。在我国，一般正规的化工设计多采用两段设计，即扩大初步设计（简称“扩初设计”）和施工图设计。扩初设计阶段主要是完成工艺专业的初步设计工作，其详细内容及步骤将在下节介绍。近年来，国内大的工程设计公司为了和国外公司接轨，采用国际上通用的做法，整个工程设计过程分为基础设计和详细工程设计，和我国传统做法的主要区别是专业分工更加细致。

施工图设计的主要任务是根据扩初设计审批意见，解决扩初设计阶段待定的各项具体问题，并以其作为施工单位施工设计、施工组织、施工预算和进行施工的依据。

施工图设计一般由各专业设计人员或设计单位共同完成。施工图设计的原则是应尽量遵守扩初设计内容，因而施工图设计可不再报上级主管部门审批。如遇特殊需要，施工图设计内容与扩初设计内容有较大变动时，应另行编制修改意见，报原审批单位审批。

由于施工图设计是具体施工的依据，它的主要任务是将扩初设计完善与细化，使各专业施工人员能够读懂，并能按设计要求，通过基本建设，在选定的场所，把整个生产装置建造起来。因此，在施工图设计阶段，除工艺设计要完善与细化，更重要的是各项非工艺专业的设计工作的全面展开。这一阶段设计的特点是图纸量特别大，各专业设计之间来往密切，交换的设计条件较多。因此，要求工艺设计人员一方面要完成工艺施工图设计，另一方面要根据工艺设计来组织与协调各非工艺专业的设计。

施工图阶段工艺设计主要内容有工艺图纸目录、带控制点的工艺流程图、设备一览表及条件表、设备布置图、管道布置图、设备管口方位图、管架管件图、设备和管道保温及防腐设计等。

施工图阶段非工艺专业设计有设备机械制造设计、自控仪表施工设计、土建施工设计、公用工程（供电、供热、给排水、采暖通风等）施工设计等。

除施工图外，还应附有各部分施工说明以及各部分安装材料表。为了使设备订货与制造、材料贮备和零部件加工有依据，应附有全厂设备一览表与综合材料汇总表。最后还需做出施工总预算表。

2.1.3 设计代表工作阶段

在工程设计阶段，有大量的各专业设计人员参加，等到设计文件编制完毕，工作转入了施工阶段后，就只需少量各专业设计代表参加了。

各专业设计代表的主要任务就是参加基本建设的现场施工和设备安装，必要时可适当修正设计。生产装置建成后，参加试车工作，使生产装置达到设计所规定的各项指标要求。当试车成功后，应对整个设计过程进行总结，对生产装置进行综合评价，积累经验，以利于设计水平和设计质量的不断提高。

2.2 工艺设计的主要内容及步骤

工艺设计在整个设计过程中的作用是非常重要的，它反映了生产装置的技术内容，决定了生产装置的设计水平与生产水平。工艺设计既是化工设计过程中的核心，同时也是其他专业设计的依据。因此，本节就工艺设计的主要步骤及内容做概括性介绍，以便读者对工艺设计有整体的了解，以后在各章节中还会对工艺设计的各项具体设计的内容及方法做详细的展开论述。图 2-2 给出了工艺设计的主要内容、设计步骤及各设计步骤得到的结果。

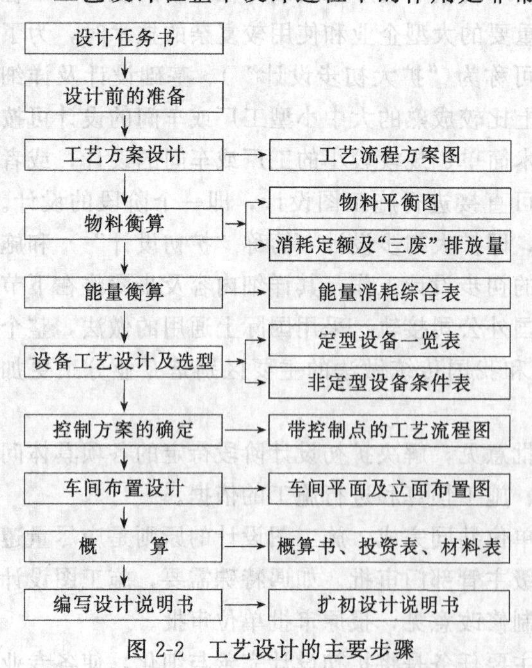

图 2-2　工艺设计的主要步骤

(1) 设计前的准备工作

接到设计任务书后，就有了一个明确的工作方向。此时应尽快做好准备工作，了解设计内容及设计要求，掌握设计依据及设计所需求的各方面的资料，为设计工作的正式展开打下良好的基础。设计前的准备工作大致有以下几方面。

① 熟悉设计任务书。设计任务书是贯穿整个设计工作的设计依据，所以，作为设计人员，在开展设计工作之前，首先要全面、深入、反复、正确地体会设计任务书中提出的设计任务、设计要求及设计原则，并在设计过程中贯穿始终。

② 制定工作计划。参照化工工艺设计应包括的内容、方法和步骤，根据整体设计进度，订出个人工作计划。

③ 查阅相关的技术资料。按照设计要求，查阅生产技术、工艺方法、工艺流程、重点设备、控制方法等方面的技术资料，及时掌握国内外最新技术的发展动态。对掌握的文献资料加以分析，合理应用，以便提高生产装置的设计水平。

④ 掌握相关的设计资料。尽可能地广泛地收集设计资料，为设计工作的进行提供详尽的可靠的基础数据。如原始工艺数据、各项设计标准、各种物性数据、相关的设计手册等。

(2) 工艺方案设计

这个阶段的主要任务是确定工艺路线和工艺流程，它们是整个工艺设计的基础与主线，因此要求工艺设计人员运用所掌握的各种资料，根据有关的基本理论，对不同的生产工艺和生产流程进行对比分析。工艺方案设计主要包括两方面的内容。

① 工艺路线的选择。由于工业生产和科学技术的不断发展，一个产品的生产可以用不同的原料、不同的生产工艺来实现。所以，在设计一个产品的生产过程时，首要的是通过定量的技术经济比较，着重评价总投资和总成本，从而选择一条技术上先进成熟，经济上合理，安全上可靠，环境保护得到解决，而且又是因地制宜，可以实施的工艺路线。

② 工艺流程的设计。工艺流程包括了从原料到产品的全部生产过程，是生产技术的具体体现。工艺流程设计包括车间、工序、设备之间的相互连接顺序、物料流动及变化情况、工艺参数的确定、自控方案的确定等项内容的设计，最终以带控制点的工艺流程图及相应的文字说明的形式阐述清楚。

生产工艺路线一经确定，即可开始工艺流程的设计，工艺流程的设计可以说是贯穿于整个设计过程的始终。首先由工艺流程设计、工艺参数确定、自控方案设计等提出初步设计方案，然后在物料衡算、能量衡算、设备工艺设计计算、车间布置、管道计算及布置、施工图设计等过程设计中不断完善。有时在施工过程中还可能对工艺流程有所改动。

工艺流程设计周期长、涉及面广，是一项富于创造性和创新性的工作。因此，需要设计者准确计算、细致分析、充分比较、反复修改。工艺流程设计是整个设计的精华所在，是以后各项设计的主要依据，它最能体现设计者的设计思想、设计能力以及对先进技术、先进方法了解的程度，因此必须引起工艺设计人员的高度重视。

(3) 化工工艺计算

化工工艺计算是化工设计中的具体数量化过程。化工工艺计算包括物料衡算、能量衡算、设备工艺计算三个主要计算，在此基础上绘制出物料平衡图、能量平衡图、设备工艺设计图以及提出设备工艺条件一览表（包括定型设备与非定型设备）。

化工生产装置的特点是投资费用较高、生产技术较复杂、安全环保要求高，因此对设计结果的可靠性要求高。相应的必须采用严格、准确的设计计算，以保证生产技术、经济指标、安全生产的实现。

在化工工艺计算阶段会遇到大量的基本理论、基本概念、基本生产技术方面的知识。搞好工艺计算的必要条件是概念清楚、方法正确、数据齐全、计算与绘图准确无误。另外，还必须按照一定的计算步骤进行。强调按步骤进行的主要原因是避免计算过程中出错，同时也便于核算，提高计算的可靠性。在实际设计中，除设计者自校外，还需校核者核算计算结果是否正确。

(4) 车间布置设计

车间布置是决定厂房与车间面貌的一项重要设计。车间布置的主要任务是：确定整个工艺流程中全部设备在车间平面和立体空间中的具体位置；确定生产辅助设施、生活行政设施等的分布情况；确定厂房或框架的结构型式等；绘制车间平面布置图与立面布置图。

车间布置对生产的正常进行和经济指标的实现都有直接的影响，并为土建、暖通、电气、自控管线、给排水、管道布置等专业设计提供设计依据。因此，车间布置要反复全面考虑，特别要与非工艺专业设计人员协商，兼顾非工艺专业的设计要求。

(5) 化工管道设计

管道设计主要包括管道的工艺设计（主要工作内容为管径计算、管件及阀门选择、保温及防腐措施等）和管道布置设计（又称为配管设计、主要工作内容为确定安装的全部管线、管件、阀件、仪表等的空间位置、连接方式、支撑方式等）。

工艺流程设计及车间布置设计是管道设计的主要依据。管道设计应在满足工艺要求的基础上，注意节约管材，便于安装、操作和检修，而且做到整齐美观。管道设计特别是配管设计主要是在施工图设计阶段完成。这一阶段工作量很大，需要绘制大量的图纸，汇编大量表格，而且工艺专业与非工艺专业的工作交叉较多，应注意细致周到，密切协作。

(6) 提供其他专业设计条件

需提供的设计条件包括总图、土建、配管、设备机械、自控、电气、电讯、采暖通风、空调、给排水、工业炉等专业的设计条件。

设计条件是各专业设计工作的依据。为了贯彻执行已定的设计方案，保证设计质量，工艺设计人员应该认真负责地编制各专业设计所需的设计条件，并确保其完整性与正确性。

(7) 经济概算

经济概算是对建设项目各项经济指标的大概计算，是整个装置经济指标是否合理的具体体现，同时概算书还是确定融资方案的依据。

概算工作贯穿于投资项目的始终，但详细的投资概算主要是在施工图工作阶段，随着各专业设计的全面展开而进行的。投资概算主要包括建筑费、设备费、安装费、其他费用等。主要经济指标除投资费用外还有投资回收率、生产费用、消耗定额、劳动力需求、劳动生产率、工资总额等。因此，经济概算可以帮助判断和促进设计的经济合理性。

经济上是否合理是衡量一项工程设计质量的重要指标，而整个工程的经济指标与各项设计内容直接相关。所以作为设计人员，必须加强经济观念，掌握经济分析方法，在选择工艺方法、确定工艺流程、进行设备设计、车间布置设计、管道设计、自控设计等时，除需从专业技术角度考虑外，还必须兼顾经济效益，即遵循经济合理原则。

(8) 编制设计文件

设计文件是设计成果的总汇，也是进行下一步工作的依据。设计文件包括设计说明书（设计依据、产品方案、工艺流程简述、化工计算等）、附图（流程图、布置图、设备图等）、附表（设备一览表、材料一览表、概算表等）。

对设计文件和图纸要进行认真的自校和复校。对文字说明部分要求做到内容正确、严谨，重点突出、概念清楚、条理性强、完整易懂；对设计图纸部分要求图面安排合理，整洁清楚，没有错误。

以上是工艺设计的大致步骤与具体设计内容。在实际设计过程中，各项内容可以简化也可以细化。由于设计步骤往往是交错或关联进行的，有时还需反复，不可能设想一次就把什么工作都做得十全十美，因此作为工程设计人员的基本素质之一，就是要有耐心细致的工作态度。为了避免各专业之间的矛盾，必须组织各有关专业对图纸进行汇签。

2.3 编写设计文件

工艺设计人员在扩初设计与施工图设计阶段的设计工作完成后都要编制设计文件。各设计单位、设计项目对设计文件要求可能不同，但目的和作用是相同的，即主要说明设计过程，以便于审核人员核对，详细说明设计结果，作为下一步工作的依据。设计文件大致分为设计说明书、附图、附表等，具体内容如下。

(1) 设计依据

① 设计任务书、各种批复文件等。

② 技术资料，如中试报告、调查报告等。

(2) 设计指导思想和设计原则

① 指导思想。设计所遵循的具体方针政策和指导思想。

② 设计原则。总括各专业的设计原则，如经济技术指标原则、安全生产原则、控制水平原则、环保指标原则等。

(3) 产品方案

① 产品名称和性质。

② 产品质量规格。

③ 生产规模。年产量（吨产品/年）或年处理量（吨原料/年）。

④ 副产品数量（吨副产品/年）。

⑤ 产品包装形式。

(4) 生产方法与工艺流程

① 生产方法。扼要说明设计所用的原料路线和工艺路线。

② 生产过程中所涉及的主要化学反应方程式或生产过程的基本原理。

③ 工艺流程。工艺流程简图（用方框图表示）、带控制点的工艺流程图、工艺流程简述。

④ 主要操作条件。各主要设备的进料配比、物料的物理变化和化学变化的程度（转化率、收率等）、控制温度和温度的变化、控制压力和压力的变化、停留时间等。

(5) 车间组成和生产制度

① 车间（装置）组成。

② 生产制度。年工作日、连续生产还是间歇生产、间歇生产时的操作班制。

(6) 原料、中间产品、最终产品的主要技术规格

(7) 工艺计算

① 物料衡算。基础数据、物料衡算过程及结果、物料平衡图。

② 热量衡算。基础数据、热量衡算过程及结果、热量平衡图。

③ 设备工艺计算及设备条件一览表

a. 非定型设备。承担的工艺任务、工作原理、简述基础数据汇总、结构形式选择、工艺尺寸计算（设备尺寸及台数）、主要操作条件的确定、制造材料的选择及制造要求、安装方式等。

b. 定型设备。承担的工艺任务、基础数据、主要操作条件、选型结果（设备型号及台数)、安装要求等。

④ 工艺用水、蒸汽、冷冻剂、加热介质等的用量。

(8) 主要原材料、动力消耗定额及消耗量

(9) 生产控制分析

① 原料、中间产品、生产过程质量分析及控制指标。

②“三废”分析控制指标。

③ 分析仪器及设备一览表。

(10) 仪表和自动控制

控制方案具体体现在工艺流程图上，另附检测仪表、控制仪表等总汇表。

(11) 安全生产及工业卫生

① 工艺物料的毒副性质及生产过程特点。

② 工业卫生措施。

③ 防火、防爆要求及采取的措施。

(12) 车间布置

① 车间布置说明（包括生产部分、辅助生产部分、生活及管理部分、生产流向、防毒防爆等的考虑)。

② 车间平面布置图、立面图。

(13) 公用工程

供电、给排水、各种蒸汽、冷冻、各种压缩空气等的设计条件表及设备、材料汇总表。

(14)“三废”情况、治理方法及综合利用

(15) 车间维修

任务、工种、定员及设备一览表。

(16) 土建

① 设计说明。

② 车间（装置）建筑物和构筑物表。

③ 建筑平面图、立面图、剖面图。

(17) 车间装置定员

包括生产工人、分析工、辅助工、维修工、管理人员。

(18) 技术经济

① 投资明细表。

② 产品成本计算。

a. 原料、动力单价及单耗费用。

b. 折旧、工资、维修、管理及其他费用。

c. 产品成本折算。

③ 主要经济技术指标。

(19) 存在的问题及建议

(20) 附表及附图

① 附表。工艺设备一览表、自控仪表一览表、公用工程设备及材料表等；

② 附图。带控制点的工艺流程图、非标准设备设计图、车间布置图、配管图等。

3 工艺流程设计

3.1 工艺路线的选择

选择生产工艺路线就是指选择生产方法。生产方法（production technique）在化工生产过程中是指使用何种原料、根据何种原理、选择何种实施方法、通过何种操作过程实现从原料变为产品的方法。这项工作通常是在立项阶段，由工艺设计人员承担，并通过专家论证确定的。工艺路线的选择直接决定了将要建设的生产装置的技术水平与经济效益，而且后续的各项设计都是围绕工艺路线的实现而进行的，因此它是决定整个设计水平、装置生产水平及经济效益的关键。

3.1.1 聚合物合成工艺路线

许多化工生产过程的工艺路线都具有多样性，聚合物合成生产工艺路线的多样性更显著。

(1) 原料不同

生产同一种聚合物，可以使用不同的单体。如生产尼龙 6 可以用己内酰胺为原料（开环聚合），也可以用 ω-氨基己酸为原料（缩聚）。

① 己内酰胺开环聚合：

$$\underbrace{NH(CH_2)_5CO}_{\text{环}} \longrightarrow -[NH(CH_2)_5CO]_n-$$

② ω-氨基己酸缩聚：

$$NH_2(CH_2)_5COH \longrightarrow -[NH(CH_2)_5CO]_n- + H_2O$$

聚对苯二甲酸乙二醇酯（PET）的合成，可以用对苯二甲酸二甲酯（DMT）和乙二醇作原料（酯交换法）合成出单体对苯二甲酸乙二醇酯（BHET），也可以用对苯二甲酸（PTA）和乙二醇作原料（直接酯化法）合成出 BHET。BHET 缩聚后制得 PET。

① 酯交换反应（酯交换法）

$$\underset{DMT}{CH_3OOC-C_6H_4-COOCH_3} + \underset{EG}{2HOCH_2CH_2OH} \longrightarrow \underset{BHET}{HOCH_2CH_2OOC-C_6H_4-COOCH_2CH_2OH} + \underset{MA}{2CH_3OH}\uparrow$$

② 直接酯化反应（直接酯化法）

$$\underset{PTA}{HOOC-C_6H_4-COOH} + \underset{EG}{2HOCH_2CH_2OH} \longrightarrow \underset{BHET}{HOCH_2CH_2OOC-C_6H_4-COOCH_2CH_2OH} + \underset{水}{2H_2O}\uparrow$$

③ 缩聚反应

$$\underset{BHET}{nHOCH_2CH_2OOC-C_6H_4-COOCH_2CH_2OH} \longrightarrow \underset{PET}{-[OC-C_6H_4-COOCH_2CH_2O]_n-} + \underset{EG}{(n-1)HOCH_2CH_2OH}\uparrow$$

(2) 聚合机理不同

根据反应机理可将聚合反应分为连锁聚合和逐步聚合，这两种反应的特点及反应过程的控制方法有很大的差别（表 3-1）。

表 3-1 连锁聚合与逐步聚合的比较

特 点	连 锁 聚 合	逐 步 聚 合
反应活性	只有反应活性中心才能与单体反应，单体之间不反应	任何具有反应能力的官能团之间均可发生反应
转化率与时间关系	(曲线图：纵轴 x，横轴 t)	(曲线图：纵轴 x，横轴 t)
相对分子质量与时间关系	(曲线图：纵轴 $\overline{M}_n$，横轴 t)	(曲线图：纵轴 $\overline{M}_n$，横轴 t)
反应速率	链增长反应速率极快	反应速率较慢
聚合机理	主要为加聚反应	主要为缩聚反应
可逆程度	多为不可逆反应	多为可逆反应
反应温度	较低或极低	较高
反应压力	常压或高压	常压或抽真空
反应热效应	放热反应，放热集中，需及时撤热	放热反应，热效应很小
终止反应的方法	a. 加阻聚剂；b. 单体耗尽	a. 降低反应温度；b. 加入单官能团物质；c. 控制单体配比

连锁聚合（chain polymerization）：增长链一经引发，迅速增长，反应一开始就瞬间生成相对分子质量很高的聚合物，而转化率随反应进行逐步增加的聚合反应。根据增长链活性中心不同，连锁聚合又可分为自由基聚合（free radical polymerization）、阴离子聚合（anionic polymerization）、阳离子聚合（cationic polymerization）、配位聚合（coordination polymerization）。

逐步聚合（step polymerization）：先是单体相互反应，生成低聚物，然后低聚物再相互反应，短期内单体很快消失，转化率很快接近 1，而相对分子质量随反应进行逐步增加的聚合反应。

有时候，同一种单体可以由不同的聚合机理进行聚合。例如苯乙烯可进行引发剂引发、热引发、光引发、辐射引发等自由基聚合，还可进行阴离子聚合、阳离子聚合、配位聚合，当然得到的聚合物结构与性能不同。再如己内酰胺以碱作催化剂时属阴离子开环聚合机理，用水或酸作催化剂时属逐步聚合机理。

(3) 实施方法不同

同一个反应体系可采用不同的工业实施方法。常见的聚合工业实施方法比较见表 3-2。

本体聚合（bulk polymerization）：只有单体及少量引发剂（或催化剂）进行聚合的方法。

溶液聚合（solution polymerization）：将单体及少量引发剂（或催化剂）溶解于适当的溶剂中，然后进行聚合的方法。

悬浮聚合（suspension polymerization）：单体在分散稳定剂及机械搅拌的作用下，以小液滴状悬浮在分散介质中进行聚合的方法。

表 3-2 不同聚合反应实施方法的比较

特　点	本体聚合	溶液聚合	悬浮聚合	乳液聚合
主要成分	单体 引发剂(催化剂)	单体 引发剂(催化剂) 溶剂	单体 引发剂(催化剂) 分散介质 分散稳定剂	单体 引发剂(催化剂) 分散介质 乳化剂
聚合场所	本体中	溶液中	液滴中(相当于局部的本体聚合)	乳胶粒中
单体-介质体系	均相体系	均相体系	非均相体系	非均相体系
聚合物-单体(溶剂)体系	均相聚合:聚合物溶解于单体或溶剂中 非均相聚合:聚合物不溶解于单体或溶剂中,沉淀出来			
聚合机理	自由基、离子、配位、缩聚	自由基、离子、配位、缩聚	自由基为主	自由基为主
生产特征	a. 生产过程简单,成本低; b. 体系黏度高,传热和传质困难,温度不易控制; c. 反应速率快	a. 需溶剂回收,生产过程复杂,成本高; b. 体系黏度低,传热较易,温度易控制; c. 反应速率较慢	a. 产品后处理比溶液及乳液聚合容易; b. 体系黏度低,传热较易,温度易控制; c. 反应速率快	a. 产品后处理较麻烦; b. 体系黏度低,传热较易,温度易控制; c. 提高反应速率的同时可提高相对分子质量
产品特征	组分简单,纯度高	有溶剂转移反应,分子量低	含有少量分散稳定剂,影响透明度	含有少量乳化剂,相对分子质量高

乳液聚合（emulsion polymerization）：单体在乳化剂及机械搅拌的作用下，在分散介质中形成乳液状进行聚合的方法。

（4）操作过程不同

分批式（间歇）操作（batch operation）：将反应物按比例一次全部加入反应器中，反应达到一定转化率后，停止反应，取出全部产物。

连续操作（continuous operation）：将反应物按比例和一定流量连续加入反应器，同时连续取出反应产物。为了提高转化率，可采用多个反应器串联操作。

半分批式（半连续）操作（semi-batch operation）：半分批式操作为介于连续操作与间歇操作之间的一种操作方式，实际生产中有不同的操作方法，目的是在特定条件下控制反应的进行，常见的操作方法有以下几种。

① 将一种或一部分反应物先加入反应器中反应，然后将另一种或剩余部分反应物在一定时间内分批或连续加入反应器中反应，当反应达到一定转化率时，停止反应，取出全部产物。例如对于自动加速现象显著的自由基溶液聚合，可先加入溶剂及部分单体（或引发剂），然后分批或连续加入剩余单体（或引发剂）进行聚合反应。采用这种操作方式，反应过程平缓，反应温度容易控制，不易发生爆聚。再如，为控制共聚物组成，可先将一种单体加入反应器中，反应过程中不断加入另一种单体，控制反应过程中两种单体的比例，达到控制共聚物组成的目的。

② 将反应物按比例一次全部加入反应器中，反应过程中不断引出某种产物，当反应达到一定转化率时，停止反应，取出全部产物。如可逆缩聚反应，为了使反应向正方向移动，得到高相对分子质量的产物，需及时排出生成的小分子副产物。在 PET 合成反应过程中，为了及时和彻底排出小分子，缩聚反应后期需在高真空条件下进行。

③ 反应结束时取出部分产物，反应器中仍留有部分产物，然后连续加入反应物进行反应。反应物全部加入后，继续反应一段时间，当反应达到预定转化率时，停止反应，取出部分产物，再开始下一批操作。如对苯二甲酸与乙二醇的酯化反应，反应结束时取出部分产物，然后按一定流量连续加入配制好的 PTA 与乙二醇浆料。浆料全部加入后，继续反应一段时间，当反应达到预定转化率时，停止反应，取出部分产物，开始下一批操作。这样操作可以控制反应在酯化清晰点附近进行，反应速率快，反应体系压力低，副反应少，反应过程易控制。

半分批式操作的具体方式应根据不同聚合反应的特点及生产需求来设计，其目的一是为了使反应容易控制，二是为了得到预期的目标产物。

应该指出的是根据不同操作过程的特点，通常将操作过程分为定态过程和非定态过程。所谓定态过程（steady state process）就是在生产过程中，工艺参数只与其在装置中的位置有关，但不随时间变化而变化。所谓非定态过程（non-steady state process）就是在生产过程中，工艺参数不仅与其在装置中的位置有关，还随操作时间变化而变化。连续操作属于定态过程，间歇操作、半连续操作均属于非定态操作过程。这三种操作方法在生产过程中的特点比较见表 3-3。

表 3-3　不同聚合反应操作方法的比较

特　　点	分批式操作	连续式操作	半分批式操作
使用反应器类型	搅拌釜	搅拌釜、管式、塔式	搅拌釜
转化率与停留时间关系图			视具体操作过程而定
操作状态	非定态过程	定态过程	非定态过程
生产规模	小	大	小
自控水平要求	较低	较高	较低
工艺流程	简单	复杂	较简单
产品质量	不稳定	稳定	不稳定
产品更换	容易	不容易	较容易
辅助操作时间	有	无	有
设备利用率	低	高	低
投资费用	低	高	低
开停车、检修	容易	麻烦	较容易

3.1.2　工艺路线选择原则

如前所述，聚合物合成工艺路线具有多样性，每一种工艺路线都各有各自的特点，为工艺路线的选择提供了灵活性。工业生产过程控制的目标参数有产品的性能、质量、产量、生产的安全性、可靠性、经济效益等。这些目标参数往往是比较、选择、确定工艺路线的依据或原则。生产过程中工艺参数的调整与控制只能对某些目标参数产生一定的影响，但不会产生本质的改变，而工艺路线的确定对目标参数的控制水平与控制范围起着决定性的作用。所以，当收集了有关生产工艺路线的资料后，应先进行分析，依据选择原则及设计任务书对资料进行比较、筛选。一般情况下，任何一种工艺路线都不可能使所有目标参数同时达到最优，因此，还可以提出几种重点考虑的方案，邀请有关专家论证，权衡利弊得失，以求最佳工艺路线的确定。选择工艺路线的基本原则如下。

(1) 满足产品的性能指标要求

由于不同的聚合工艺路线生产出的产品质量不同，导致产品的性能不同。例如在工业生产中用以 PTA 为原料制备的 PET 切片进行固相缩聚生产高黏度聚酯，而不用以 DMT 为原料制备的 PET 切片进行固相缩聚。原因是前者生产出的 PET 切片中含有少量羧端基，固相缩聚时可继续进行缩聚反应，提高切片黏度。而后者生产出的 PET 切片中含有少量甲酯基端基，固相缩聚时无法参加反应，黏度很难提高。低密度聚乙烯的聚合机理为自由基聚合，高密度聚乙烯的聚合机理为配位阴离子聚合，两种聚合物的分子链结构不同，产物的性能不同，用途也不同。自由基本体聚合虽然生产过程控制难，易发生爆聚，但得到的产物纯度高。而溶液聚合、悬浮聚合、乳液聚合等聚合方法，聚合过程比较平稳，容易控制，但得到的产物纯度低。由此可以看出，聚合物合成工艺路线在很大程度上决定了产品的性能质量指标。所以，在选择工艺路线时，首先要考虑该工艺路线生产出的产品能否满足设计任务书中对产品性能质量的要求。

(2) 生产上的可靠性

生产上的可靠性是指所选用的生产方法和工艺路线是否成熟可靠，投料生产后达到预期目标的把握程度有多大。如果采用的技术与方法不成熟，将会直接关系到工厂的正常生产，轻则达不到预期的产品性能指标或经济效益，重则不能正常生产，致使装置报废，造成极大的经济损失。尤其是现在，聚合物生产装置趋于大规模、超大规模建设，建设投资费用极大，必须有十分的把握方可定案，所以目前我国大规模生产装置的工艺技术多数是使用国外成熟的工艺，以降低投资风险。

(3) 技术上的先进性

在工艺路线选择时，应充分利用先进技术、先进工艺、先进设备，这样有利于大规模生产、高水平控制、低成本消耗，提高整套生产装置的技术水平与经济效益。但技术上的先进性与生产上的可靠性有时是矛盾的，特别是对尚在实验阶段的新工艺、新设备、新技术，必须慎重对待，不应将所要设计的生产装置当成实验装置。

(4) 经济上的合理性

产品成本一般由两大部分组成：投资建设费用与生产操作费用。两者经常是互相矛盾的，因此须选定适当的经济指标进行综合比较，以求最低的成本和最大的经济效益。另外还需考虑投资能力、投资回收期、市场需求等综合因素。从工艺技术角度降低成本主要措施是：使生产过程中的物料损耗少、循环量少、产品收率高、能源合理利用、副产品回收利用好等。

(5) 生产装置大型化

化工工业生产装置的建设费用和生产规模不是成比例地增加的，其相互关系可由下式近似估算：

$$I_2=I_1\left(\frac{C_1}{C_2}\right)^a$$

I_1，I_2 分别为不同规模生产装置所需投资费用；C_1，C_2 分别为对应的生产装置的生产能力；a 的取值范围为 0.6～0.8。显然，生产规模越大，投资费用占产品成本比例越低。

另外，大规模连续化工业生产装置还具有占地面积少、布局紧凑、节约能源、劳动生产率高、操作过程及产品质量稳定、便于计算机系统控制和管理等优点。因此，目前聚合物合成工业生产装置规模的发展趋势仍是大型化。

当然大规模生产装置也会带来相应的弊端，如投资费用巨大、风险性大、生产灵活性差等，因此还必须根据企业的实际能力、市场需求及发展需要合理选定。

(6) 清洁生产、注重可持续发展

世界环境污染的日益加剧，促使人类意识到只有可持续发展才是解决人类自身危机的根本途径，而清洁生产是可持续发展的重要技术手段与先决条件。清洁生产的目的是以可持续发展的方式，在满足人类对产品需求的同时又在保持生态多样性的前提下，提高资源与能源的利用率。我国环境污染的主要来源是工业生产，而化工生产是排污的大户，开发和完善清洁生产的任务很重。

在化工生产中做到“清洁生产”的技术关键是从生产的源头控制污染物的产生并全程控制污染，其控制可分为四个等级：第一是减少污染来源，力求原料百分之百地转变成产物，不产生副产物或废物，实现废物“零排放”；第二是再循环利用，将不可避免产生的废料作为原料替代物或其他工业过程的添加剂，加以循环利用；第三是后处理，如果生成的废物无法循环再利用，则销毁、中和或无毒化处理（包括分离、回收、体积减小等），使其对环境的影响程度降到最低；第四是排放，将处理过的“三废”排向环境（水域、大气），或注入地下（地上）排放场。这些问题都是要在工艺路线选择与工艺流程设计中考虑的。因此，“清洁生产、注重可持续发展”已成为在工艺路线选择时就必须要考虑的重要原则。

总之，经过反复地、全面地分析与比较，才能选出最符合设计任务要求的、符合国情与发展的、切实可行的技术工艺路线。

3.1.3 工艺路线选择的主要步骤

(1) 收集资料

根据建设项目的产品方案及生产规模，全面收集国内外同类生产厂的有关资料，包括工艺路线及其特点、当前生产状况、建设所需条件、生产技术指标、产品质量性能指标、经济指标等。

(2) 分析与比较

将所收集的资料进行全方面的比较，得出不同工艺路线各项经济技术指标的比较结果，掌握不同工艺路线的特点。

(3) 筛选与确定

将不同工艺路线的对比分析结果与本项目设计任务书相结合，并根据建厂的实际条件，提出一个或几个工艺路线方案，然后汇集相关专业的专家及上级领导进行综合论证与评定，确定出最符合设计要求的切实可行的工艺路线，为后续设计工作全面展开提供明确的设计对象。

3.2 工艺流程设计

3.2.1 概述

工艺流程（process flow）是指在整个生产过程中各种物料在各个工序及各个设备之间

的流动过程及变化情况，或者是指整个生产过程中的各个工序和各个设备的任务，以及它们之间的相互联系。

工艺流程设计是将所选定的工艺路线具体化的过程，是整个设计工作的主线与核心。工艺流程设计内容多、范围广，它是后续各项具体设计的依据，后续各项设计的结果返回来还会影响到工艺流程设计，所以工艺流程设计需贯穿于整个设计工作的始终。随着各项设计工作的全面展开，工艺流程设计要不断反复、不断修改、不断完善，有时到施工图设计阶段，甚至到了设备制造安装阶段还会对工艺流程有改动。所以工艺流程设计工作既要细致，又要不怕麻烦。工艺流程设计最终是以图形的形式表示出来，即工艺流程图，所以在不同的设计阶段还要绘制不同的工艺流程图。

(1) 工艺流程设计的主要原则

① 实现设计任务的基本要求；

② 实现工艺路线的基本要求；

③ 资源（物料和能源）的合理利用；

④ 满足开、停车的需要；

⑤ 满足安全生产的需要、满足处理意外事故时的需要；

⑥ 满足“三废”处理的需要；

⑦ 适当留有发展余地。

(2) 工艺流程设计的主要步骤

① 选定主工艺流程，画出工艺流程方案图；

② 选择工艺参数；

③ 确定控制方案；

④ 画出工艺流程草图；

⑤ 配合物料衡算，画出物料流程图（PFD）；

⑥ 进行其他项目的设计（化工计算、设备机械设计、车间布置设计、管道设计等）；

⑦ 画出工艺管道及仪表流程图（PID）；

⑧“三废”处理及其他辅助工序工艺流程的设计。

工艺流程设计中，有很多步骤是交叉进行、互相制约的。而且随着各专业设计的展开，工艺流程设计还要反复修改、不断完善。若工艺流程比较简单，则其设计步骤可以简化。下面简单介绍主工艺流程的设计方法。

3.2.2 确定主工艺流程

主工艺流程特指由原料变为产品这股物流和与之直接相关的物流在整个生产装置中流动过程及变化情况。

3.2.2.1 确定主工艺流程的主要内容

(1) 确定整个生产装置由几条生产线组成

尽管大规模生产是现代化聚合反应生产装置的发展趋势，但是，任何生产装置都是由具体的工序与具体的设备所组成。由于受到设备机械设计、设备制造安装、运转操作等方面的限制，所以每种生产过程都有一个最佳生产经济规模，一条生产线往往不能满足所设计的生产规模的需求，需采用多条生产线。另外采用多条生产线生产，还能使生产装置具有灵活性，能够满足种类多、品种全的市场需求。而且采用多条生产线生产，当某一条生产线出现故障，停车检修时，不会对其他生产线的生产产生直接影响。因此，全面设计展开前，应先根据综合因素，选择适当的单线生产能力，然后根据设计任务确定整个生产装置由几条生产线组成。若生产装置由两条以上生产线组成时，各生产线的工艺流程、生产能力及设备应尽量相同，以便于降低设计费用和设备制造费用。

（2）确定流程中的工序组成

确定整个生产过程中由哪些工序组成、各工序的任务（物料发生哪些变化，包括化学变化、物理变化）、工序之间的互相连接、物流的流向。

聚合物合成生产工业装置主要工序组成有原料准备过程、聚合反应过程、产物及产品后处理过程、“三废”处理过程等。有时也可根据具体生产、管理的特点进行划分。

（3）确定各工序中的设备组成

确定各工序中由哪些设备组成、各设备的任务（物料发生哪些变化）、设备之间的互相连接、物流的流向。

（4）确定各生产线、各工序之间的交叉点

为了便于生产管理，各生产线、各工序之间通常是相对独立的，但有时也会有一些交叉点或循环操作。如几条生产线出来的副产物共用一个回收装置进行处理、一个配料工序同时供应几条生产线使用、回收后的单体应送回到配料工序重新使用等。各生产线、工序之间的合理组合，将有利于提高生产和管理水平、降低原料和能源消耗、提高设备利用率、降低建设费及操作费、降低产品成本等。

（5）确定各设备的操作条件

为使每个工序或每台设备的运转起到预期的作用，达到预期的目的，应当最优化确定各设备的操作方法及操作条件（工艺参数）。

（6）确定控制方案

控制方案是实现预定工艺过程及工艺参数的重要保证，不同的工序或设备，不同的生产目的有不同的控制方案，因此需要确定可靠的控制方案，以保证能够安全生产出合格的产品及所需的产量。

（7）对“三废”处理过程及其他辅助过程提出工艺设计要求

3.2.2.2 确定主工艺流程的方法

如前所述，聚合物合成工艺流程长，所需工序及设备多、相互连接复杂。所以工艺流程设计时，一般不是按物流在流动方向（由原料到产品或由产品到原料）上的流动顺序进行设计的，通常是首先抓住全流程的核心过程即反应过程的工艺流程进行设计，然后逐步展开与之相关的工艺过程的工艺流程设计。向前延伸为原料准备过程的工艺流程设计，向后延伸为产物及产品后处理过程的工艺流程设计，并配合相应的“三废”处理过程及其他辅助过程的工艺流程设计。

（1）反应过程（reaction procedure）

反应过程的工艺流程设计又以反应器的确定为核心。首先根据反应过程的特点、物料的特性、产品的性能指标要求、所选定的工艺路线等，选定反应器的形式、确定反应器的台数、确定反应器之间相互连接关系（并联、串联）。然后以反应器为中心，提出向外展开设计的条件及要求。如需有哪些物流进入反应器、要求是什么；需有哪些物流流出反应器、流出状况如何、需经哪些后处理；反应过程的控制参数（反应时间或停留时间、温度、压力、流量、液位等）及控制要求等。

(2) 原料准备过程（raw material preparing procedure）

当反应过程的工艺流程确定后，根据所用原料的具体状况、聚合反应对原料的基本要求（纯度、状态、配比、数量或流量、温度、压力等）、进料方式、进料位置等确定原料准备过程的工艺流程。常见的原料准备过程多由化工单元操作过程所组成，如筛选、精制、干燥、配制、混合、熔融、预热、输送等。这些操作过程工艺流程的设计可参考相关的化工单元操作工艺流程，并结合设计的具体要求加以合理的组合来确定。

(3) 产物后处理过程（treatment procedure of reaction resultant）

根据从反应工序流出物料的组成和性质以及设计任务对产品性能质量指标要求，对产物进行相应的后处理。聚合反应产物后处理过程通常有以下几种情况。

① 副产物的处理。如缩聚反应中有小分子副产物的生成，必须回收处理或综合利用，防止环境污染。

② 未反应物（单体）的分离与回收。如自由基连锁聚合中，单体转化率一般控制在60%～90%。未反应的单体在产物后处理过程中必须分离出来，提高产品的纯度。分离出的单体可经过提纯处理，送回至原料准备工序，循环使用，降低原料消耗。

③ 溶剂或分散介质的分离与回收。对于溶液聚合、悬浮聚合、乳液聚合，有时聚合反应后的混合物可直接作为产品使用，有时则需经过产物后处理过程，除去溶剂或分散介质，方可得到最终产品。而分离出来的溶剂或分散介质须进行提纯处理，并送回至原料准备工序，循环使用，降低物料消耗，防止环境污染。

以上三种处理过程是对从反应器流出物料中的低分子物料的处理，这些低分子物料通常是产生环境污染的重要因素。这些处理过程虽然对产品的质量没有直接的影响，但考虑到“清洁生产、可持续发展”的设计原则，也都是必不可少的。

④ 产物聚集态处理。熔融缩聚反应，反应温度高，从反应器流出的产物为熔融状态，需经凝固、冷却、造粒、干燥等后处理过程，得到固体切片，才能作为产品出厂。

还有其他一些原因或需求，需要对从反应器流出的产物进行不同的后处理，以满足产品的最终质量指标。由此可以看出，聚合反应产物的后处理过程是多样的、复杂的、关键的，它将直接关系到产品的最终质量和经济效益等。

聚合产物的提纯处理与低分子有机化合物提纯处理相比是不同的，多采用沉淀、洗涤、分离、干燥等方法，而不采用蒸馏、溶解结晶等方法。

(4) 产品后处理过程（product treatment procedure）

经过后处理的产品可作为最终产品出售，也可作为另一车间生产的原料。聚合反应后的最终产品在出厂前一般还须经过检验、计量、包装、储存、运输等过程。这些过程一般比较简单或有成套定型设备可供选择。

上述各工序工艺流程设计好后，将这些局部的工艺流程按照它们之间的相互关系有机地组合起来，确定各工序、各设备之间的连接关系，完整地确定物料从进入生产装置到从生产装置流出的所有流动方向及变化，特别要注意某些物料的串联流动、并行流动或循环流动的关系，注意物料在各工序或设备之间流动的交叉点。最后用工艺流程草图，将主工艺流程初步描述出来。

工艺流程设计是一个由核心到一般、由局部到整体的设计过程。在工艺流程设计过程中，还应以满足生产任务、能源综合利用、环保要求及经济效益为目标函数，对整个工艺流程进行全面地、系统地优化组合和优化设计。可以用第 10 章中介绍的化工工艺流程模拟计算软件，进行全系统的模拟计算，在优化设计的前提条件下，同时完成工艺流程设计及各工序或设备的工艺参数的选择。

3.3 工艺参数的选择

3.3.1 概述

在整个化工装置生产过程中，物料需经过许多工序及设备。物料进入每一个设备时都有一定的状态（如配比、组成、浓度、温度、压力、转化率、体积等），经过设备后都会发生一定的变化，如化学变化（发生化学反应）、物理变化（温度变化、相态变化、浓度组成变化等）、机械能变化（位能变化、静压能变化、动能变化等）、数量变化（质量变化、流量变化）等。控制物料进入设备的状态及在设备中变化的程度，既是生产装置能否正常运转的关键，也是生产装置设计的依据。我们将表示物料状态及变化程度的参数统称为工艺参数(process parameter)。由此可以看出，选择工艺参数的主要作用是：①为生产装置的设计提供依据；②为实际生产过程的控制提供依据。

物料进入生产装置后流经的设备很多，它们的作用各异。物料进入不同设备的状态不同，在设备中发生的变化不同，所以不同设备的工艺参数及控制指标不同。整套生产装置的工艺参数是非常繁杂且相互牵连，但其中反应过程的工艺参数是确定整个生产过程的关键参数，而且由于反应过程具有很强的特殊性，往往需要专门研究。与工艺流程设计顺序相似，确定整个生产过程工艺参数的顺序也应该先确定反应过程工艺参数，然后以此为依据，确定其他各工序、各设备的工艺参数。例如：只有当反应过程的工艺配方确定后，才能确定原料准备工序的工艺参数。聚合物合成过程工艺参数比较多，这些工艺参数都要在工艺流程设计中确定，其中主要的工艺参数有以下几项。

(1) 工艺配方

引发剂或催化剂与单体的比例、共聚时各单体的投料比例、溶液聚合时单体的浓度、悬浮聚合或乳液聚合时分散介质与单体的比例、分散稳定剂或乳化剂与单体的比例等。

(2) 加料方式、操作过程等

(3) 反应控制条件

反应温度及变化、反应压力及变化、反应时间或停留时间、物料流量等。

(4) 反应终点产品指标

单体转化率、相对分子质量及其分布、共聚组成及其分布、颗粒大小及其分布等。

确定反应过程工艺参数的主要依据有：

① 基础物性数据（密度、比热容、反应热、多相反应时的相变数据等）；

② 物料衡算结果；

③ 基础动力学模型（微观动力学模型）；

④ 混合、流动模型、传质、传热模型；

⑤ 反应器操作方程。

在聚合反应生产过程中，影响因素非常多，而且相互之间关系复杂，选择工艺参数应该用最优化方法。最优化确定工艺参数的主要目标有：

① 预期的产品质量指标；

② 预期的产量；

③ 经济效益（原料消耗、能量消耗等）；

④ 生产过程的安全性、稳定性，生产过程是否易操作、易控制。

按最优化方法选择工艺参数有时优化结果是矛盾的，例如提高反应温度可以提高反应速率，提高产量。但聚合物合成过程中伴随有许多副反应，如链转移反应、热降解反应等。这些副反应的活化能一般都比主反应活化能高，因此反应温度高，副反应速率加剧，产品质量受到影响。所以合理地选择目标参数，综合地确定工艺参数是十分重要的。

一般情况下对于低分子合成反应过程，转化率、收率等是产物质量主要控制的目标参数，相同转化率下的产品质量是相同的。但在聚合反应过程中单体转化率相同时，产物的相对分子质量及其多分散性、化学结构及其多分散性等指标可能还不同，而这些指标对最终产品使用性能的影响是非常重要的。另外在聚合反应过程中反应体系的黏度对反应过程及产品质量也会产生重要的影响。如在自由基聚合过程中，单体转化率不能控制的太高，否则会因体系黏度高，传热性能差而引起爆聚现象。因此，聚合反应过程首先要以相对分子质量及其分布、共聚组成及其分布、反应体系的终点黏度等参数作为主要控制的目标参数，在这些目标参数实现的前提条件下，尽可能获得最大的单体转化率。

3.3.2 确定反应过程工艺参数

聚合物生产工艺复杂、流程长、投资费用高，因此不可能建立一个生产装置进行实验研究，来确定工艺参数。为了研究一个复杂的大规模的系统 A，可设法找到另一个比较简单的小规模的系统 B，通过对系统 B 的研究来间接地研究系统 A，这种研究方法称为“模拟法”。此时，系统 B 称为系统 A 的“模型”，系统 A 称为系统 B 的“原型”。如果系统 B 与系统 A 的化学和物理过程基本相同，只是规模不同，尺寸不同，则称模拟过程为“相似模拟法”。如果系统 B 与系统 A 的化学和物理过程不同，但是系统 B 能够描述系统 A 的本质，则称模拟过程为“类似模拟法”。

反应过程中工艺参数的确定是合成生产装置工艺设计中的关键一步，所以工艺参数的确定方法与生产装置的放大设计过程很相似，大致分为三种。

（1）逐级经验放大法

为了在工业生产装置上开发新的产品品种，可以先建立与工业装置相仿的实验室装置（小试装置）。假设反应在小试装置中的变化规律与大规模工业生产的变化规律相似，就可以在小试装置上模拟工业装置进行实验（小试），对反应的规律进行研究，确定反应工艺条件（工艺参数），然后将该工艺过程在工业装置上实施，这种方法属于相似模拟法。

从理论上讲，小试装置与工业装置中微观的反应原理、反应规律及影响因素是相同的，但将小试结果直接应用于工业生产装置的风险是很大的，原因是小试装置与工业生产装置的物理过程（流动混合过程、传递过程）差别很大。小试装置往往强化流动混合过程，尽量排除传递过程对反应过程的影响，例如强化搅拌使液体物料达到理想混合的状态，因而得到的结果可以认为是反应的微观动力学模型。但在大规模的工业生产装置中很难达到理想混合的状态，因此传递过程对反应过程的影响是不可以忽略的，有时还会对反应过程产生重要的影响，致使小试结果不能完全模拟大规模工业生产的实际情况。为了将小试的科研成果开发设计成工业生产装置，以往的方法是建设一系列中间规模的实验装置（中试装置），将小试结果逐级放到中试装置上进行实验（中试），研究生产规模变化对反应过程的影响，即传递过程的影响，以确定实际工业生产的工艺条件。这种方法又称为逐级经验放大法，其工作程序如图 3-1 所示。

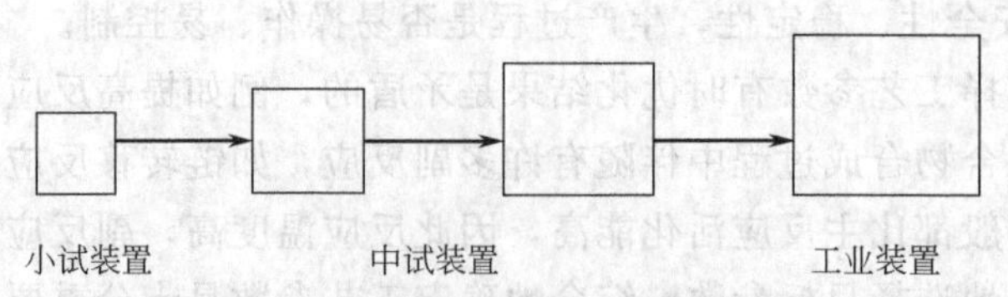

图 3-1　逐级经验放大法的工作程序

为了降低风险，往往要进行多次逐级放大实验，所以逐级放大法的最大缺点是耗费人力、物力、财力大，研究开发周期长，不能适应市场快速变化的需求。但由于聚合反应过程与其他化工单元操作相比要复杂得多，综合影响因素多，特别是随着聚合反应转化率的增加，反应体系黏度增加很大，使传递过程非常困难，给研究过程带来很大的难度，所以在较长时间内，逐级经验放大法是确定聚合反应过程工艺参数的主要方法，只是配合有少量的、简单的经验或半经验公式的计算。

（2）数学模拟法

为了克服逐级经验放大法的缺点，自 20 世纪 50 年代以来化学工程师们一直试图采用数学模拟法来确定反应过程的工艺参数。所谓数学模拟法就是首先建立一个能够反映实际生产过程的综合数学模型，然后通过在计算机上求解该数学模型，模拟实际生产过程。数学模拟法属于类似模拟法，其工作程序如图 3-2 所示。

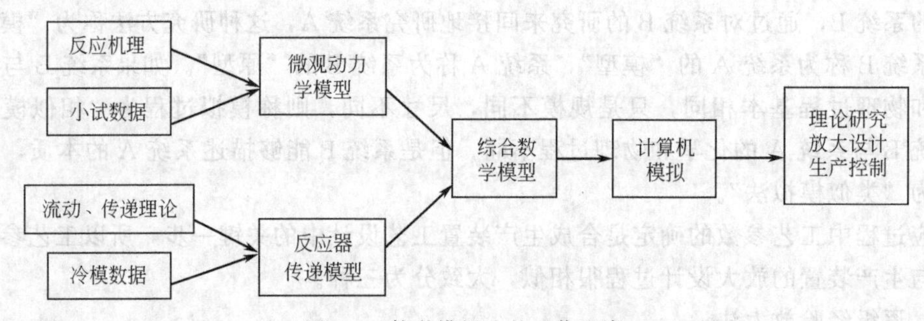

图 3-2　数学模拟法的工作程序

数学模拟法的具体方法是：

① 将反应器中发生的变化分解为化学反应过程与物理过程；

② 仿工业装置的反应过程，建立小试装置（热模实验装置），研究化学反应的规律，建立微观反应动力学模型，根据热模实验数据，确定微观反应动力学模型中的参数，如反应级数、活化能、频率因子、反应平衡常数等；

③ 模仿工业装置的流动及传递过程，建立冷模实验装置，在没有化学反应的条件下，研究反应器中物料的流动、混合、传热、传质规律，建立传递模型，通过冷模实验数据，确定传递模型中的参数（传热速率常数、扩散系数等）；

④ 通过物料衡算、热量衡算将传递模型与反应动力学模型结合起来，并结合反应器操作方程建立综合数学模型；

⑤ 通过在计算机上求解该数学模型，模拟实际生产过程，确定最佳工艺参数。

综合数学模型的组成及相互关系如图 3-3 所示。可以看出，综合数学模型不仅考虑了反应过程中的化学反应，而且还考虑了物理变化过程对化学反应的影响，因此综合数学模型更能反映生产过程的本质。另外综合数学模型可以用计算机求解，因此可以在计算机上模拟实际生产过程，费用低、速度快、精度高，第 10 章中介绍的化工过程模拟计算软件也都基于这种方法。

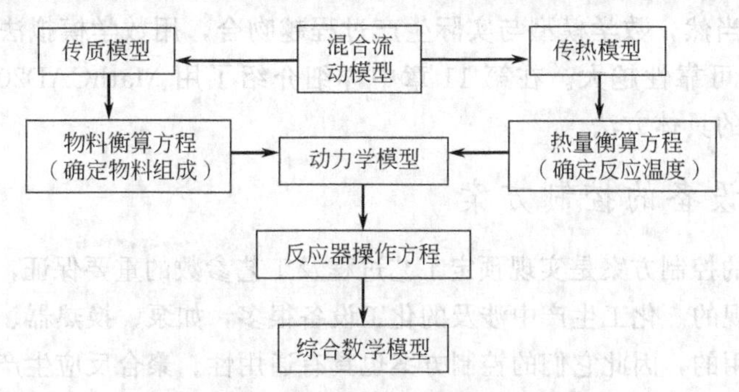

图 3-3 综合数学模型的组成及相互关系

用数学模拟法确定工艺参数的优点是：

① 可以节省研发过程中大量的人力、物力、财力；

② 可以大大缩短研发所需时间；

③ 对研究对象及影响因素的分析与讨论更深入、更细致、更全面；

④ 便于全系统的优化设计。

(3) 改进数学模拟法

这种方法与数学模拟法相比不同之处是在将综合数学模型用于大规模工业装置设计之前，还要经过一步或几步中试规模的实验。用中试实验数据检验综合数学模型的可靠性，并对综合数学模型做进一步修正，确保工程设计的可靠性。中试规模的实验不仅研究生产规模变化对反应过程的影响，而且检验和提高了综合数学模型的可靠程度。改进数学模拟法的工作程序如图 3-4 所示。改进数学模拟法的优点是既节省了研发过程的人力、物力、财力，缩短了研发时间，又提高了设计的可靠程度，还能便于全系统优化设计，根据预定目标，选择最佳工艺参数。

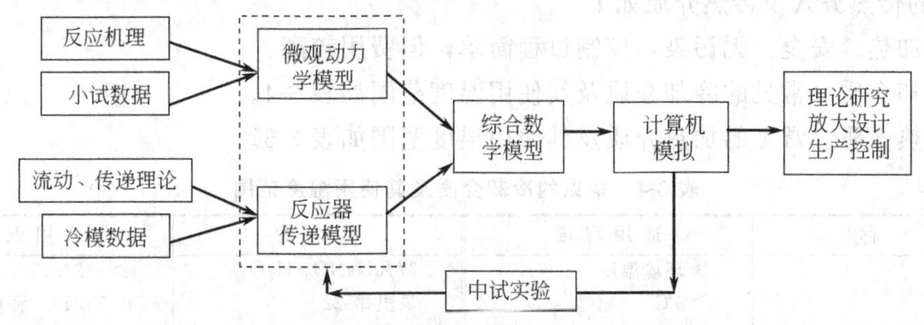

图 3-4 改进数学模拟法的工作程序

用数学模拟法研究生产过程、确定工艺参数的关键是所建立的数学模型能否很好地、全面地反映生产过程的本质，即“数学模型”与“原型”之间的吻合程度如何。二者之间的吻合程度取决于以下因素：①人们对生产过程本质的认识程度；②人们用数学模型对生产过程的描述程度；③求解数学模型的方法与手段。模拟反应过程的综合数学模型往往是非常复杂的，当计算机应用还不十分普及时，化工工程师求解数学模型主要用计算尺、计算器等计算工具进行手工计算，大大限制了求解数学模型的可能性，因此建立的数学模型都是经过理想化假设的，与工业生产装置相差甚远，所以早期化工装置的开发、工艺参数的确定往往采用逐级经验放大法。随着计算机应用技术的迅猛发展，给化工计算技术带来了彻底的变化，用计算机建立数学模型、求解数学模型、模拟生产过程、确定最佳工艺参数已成为现代化工生产及设计的必然。当然，数学模型与实际生产过程越吻合，用数学模拟法确定工艺参数，进行生产装置的设计可靠性越大。在第 11 章中详细介绍了用 MathCAD2001 模拟反应过程，确定反应工艺参数的具体方法。

3.4　典型设备的控制方案

化工生产装置的控制方案是实现预定工艺过程及工艺参数的重要保证，或者说工艺参数是通过控制方案来实现的。化工生产中涉及的化工设备很多，如泵、换热器、精馏塔、干燥设备等，这些设备是通用的，因此它们的控制方案也具有通用性。聚合反应生产过程的多样性，使其核心设备——聚合反应器中反应体系的特性不同，操作条件不同，控制方案自然不会相同。本节重点介绍反应器的主要工艺参数的控制方案及一些典型的化工设备的控制方案。

3.4.1　反应器的控制

3.4.1.1　反应温度的控制

反应温度的控制主要是通过与外界进行热量交换来实现的。不同的聚合反应器中，聚合反应机理不同、操作方式不同、温度控制要求不同、传热介质、传热方向及控制特点不同。如连锁聚合反应温度较低，多为放热反应，反应速率极快，所以反应过程中撤热必须及时，否则易发生爆聚。而缩聚反应反应热效应小，由于反应温度较高，所以大多需要供热，反应速率比较平稳，传热速率也比较平稳。连续操作反应温度控制必须要稳定，抗外界干扰能力要强。而间歇操作反应温度要尽量按预定要求控制，允许有小量的波动。恒温反应过程，反应前期速率较快，传热速率快，反应温度不易控制。而变温反应过程，反应速率在一定时间内比较平稳，传热速率也比较平稳，反应温度易控制。

常见的传热方式及传热介质如下。

① 电加热。安全，无污染，控制过程简单，但费用较高。

② 冷却介质。常见的冷却介质及其使用温度范围如表 3-4。

③ 供热介质。常见的加热介质及其使用温度范围如表 3-5。

表 3-4　常见的冷却介质及其使用温度范围

名　称	适用温度	名　称	适用温度
冷却水	＞环境温度	37%$NaNO_3$-H_2O	＞－28.1℃(冰点)
冷冻水	＞5℃	氟里昂-22	－36.5℃(沸点)
22.4%$NaCl$-H_2O	＞－29.6℃(冰点)	液氨	＞－29℃(沸点)
19.3 %KCl-H_2O	＞－22.7℃(冰点)	液氮	＞－36.5℃(沸点)

表 3-5　常见的供热介质及其使用温度范围

名　称	适用温度	名　称	适用温度
水	50～200℃	导热油	100～310℃
水蒸气	100～290℃	硅油	38～370℃
联苯-联苯醚	150～400℃	热空气	－1～1100℃

反应器内反应温度控制的典型方案有如下几种。

(1) 电加热控制

电加热控制方法非常简单，通过调节加热电压，改变加热功率，控制反应温度。电加热方式费用较高，效率较低，一般用于实验室装置或小规模工业装置。

(2) 一次循环控制

控制方案如图 3-5 (a) 所示，通过调节传热介质的流量来控制反应器内温度。这种控制方式比较简单，比较灵活，适于反应器连续操作时温度的控制。在间歇操作过程中，由于传热介质流量会随传热量的大小而变化，所以传热滞后现象严重，而当传热介质流量较小时，传热系数还会大大降低，因此这种控制方式不适于间歇操作。在这种控制方案中传热介质可以是液相也可以是气相。传热介质为液相时，流动方向一般为下进上出，传热介质为气相冷凝加热时，流动方向一般为上进下出。

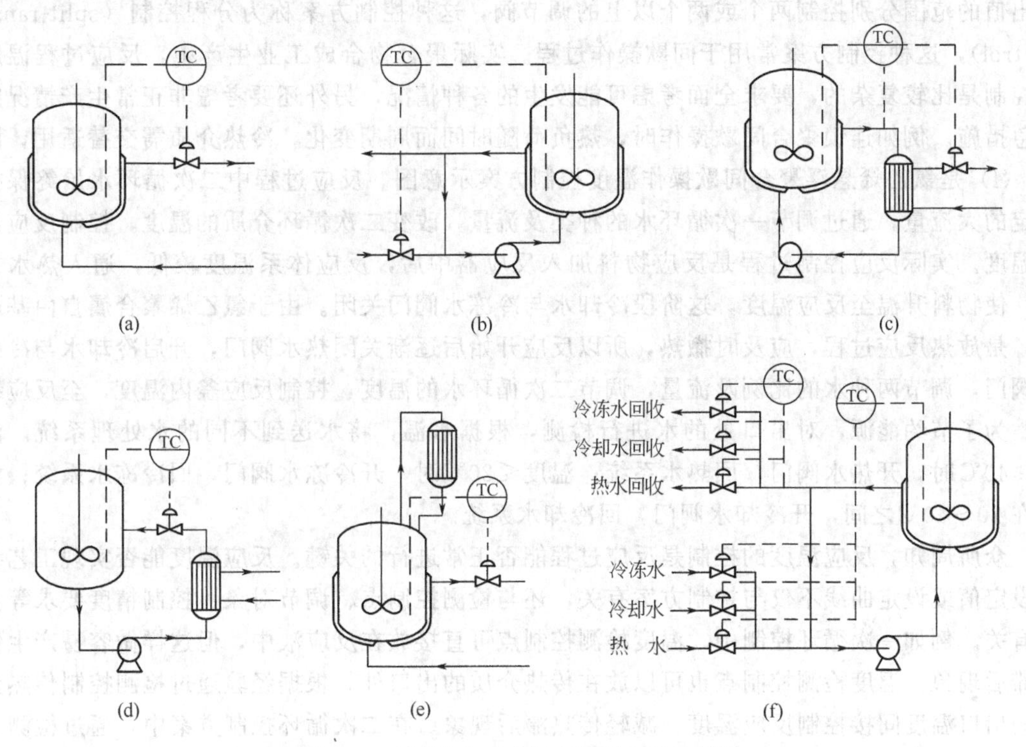

图 3-5　常见聚合反应温度控制方案示意图

(3) 二次循环控制

提高加热介质的流量是提高传热系数的重要手段，为此可采用二次循环的控制方案，如图 3-5 所示。二次循环（小循环）中的传热介质流量大而且控制恒定，保证反应过程中有较高的且稳定的传热系数。通过调节一次循环（大循环）传热介质的流量来改变小循环中传热介质的温度，达到控制反应器内温度的目的。工业生产中二次循环传热也有两种方式。图 3-5(b) 中一次循环传热介质与二次循环传热介质直接混合，改变二次循环传热介质的温度。这种情况下，两个循环中的传热介质种类和相态相同，只是温度不同。图 3-5(c) 中一次循环传热介质通过换热器与二次循环传热介质进行热交换，改变二次循环传热介质的温度，此时两个循环中的传热介质种类和相态可不同。

(4) 反应液外循环控制

如图 3-5（d）所示，将反应器中的物料导出，在外置换热器中进行热交换后再送回反应器中。这种控制方式加热、撤热迅速，物料温度改变较快。但由于在换热器中物料温度将变化 5～10℃，对温度控制要求严的反应体系不适宜。另外由于物料被导出反应器这段时间内无搅拌作用，因此这种控制方式也不适宜于高黏流体、悬浮聚合及乳液聚合。

（5）汽化冷凝控制

如图 3-5（e）所示。连锁聚合反应过程中由于放热量大，且放热集中，单体、溶剂、分散介质等小分子化合物汽化，从反应器上部进入一个冷凝器，在冷凝器中冷凝后重新回到反应器中。因为小分子汽化属于相变，带走的热量大，所以这种控制方式撤热迅速，而且这种控制方式可使反应严格控制在小分子的沸点下进行。

（6）分程控制

当一个控制点的参数变化范围比较大时，不同范围需用不同的方法调节，即根据控制器输出值的范围分别控制两个或两个以上的调节阀，这种控制方案称为分程控制（split-range control），这种控制方案常用于间歇操作过程。实际聚合物合成工业生产中，反应过程温度的控制是比较复杂的，要求全面考虑可能发生的各种情况，另外还要考虑非正常生产情况的应急措施。例如连锁聚合间歇操作时，热负荷随时间而周期变化，冷热介质需交替适用，图 3-5（f）是氯乙烯悬浮聚合间歇操作温度控制方案示意图。反应过程中二次循环水始终保持一定的大流量，通过调节一次循环水的种类及流量，改变二次循环介质的温度，控制反应器内温度。实际反应控制过程是反应物料加入反应器中后，反应体系温度较低，通入热水加热，使物料升温至反应温度，这阶段冷却水与冷冻水阀门关闭。由于氯乙烯聚合属自由基聚合，是放热反应过程，应及时撤热，所以反应开始后逐渐关闭热水阀门，开启冷却水与冷冻水阀门，调节两种水的比例及流量，调节二次循环水的温度，控制反应釜内温度，至反应结束。为了节约能源，对出口处的水进行检测，根据水温，将水送到不同的水处理系统。温度≥40℃时，开热水阀门，回热水系统；温度≤20℃时，开冷冻水阀门，回冷冻水系统；温度在 20～40℃之间，开冷却水阀门，回冷却水系统。

众所周知，反应温度的控制是反应过程能否正常进行的关键。反应温度能否实现工艺参数设定值或设定曲线不仅与控制方案有关，还与检测控制点、调节对象、控制精度要求等直接有关。例如一次循环控制中，温度检测控制点可直接放在反应液中，但这样做容易产生传热滞后现象。温度检测控制点也可以放在传热介质的出口处，根据经验通过检测控制传热介质的出口温度间接控制反应温度，减轻传热滞后现象。在二次循环控制方案中，通过检测反应液的温度调节一次循环中传热介质的流量，反应温度控制滞后现象严重。若掌握二次循环介质温度与反应液温度或与反应时间之间的关系，可将检测控制点放在二次循环介质中，通过调节一次循环中传热介质流量控制二次循环中传热介质的温度，间接控制反应釜中的温度，这种控制方法易实现预定的反应温度控制曲线。也可以在反应液中和二次循环介质中同时设置检测控制点，协同调节，能够达到更佳的控制效果。

3.4.1.2　反应压力的控制

聚合反应器中的压力控制随反应体系性质的变化差别很大，因此聚合反应压力的控制方案也不同，如图 3-6 所示。一般溶液聚合、乳液聚合、悬浮聚合是在常压下进行的，乙烯高压聚合反应压力高达 100～300MPa。一般的可逆缩聚反应，为了彻底排除小分子产物，反应压力为负压，且高真空。如 PET 合成中，缩聚反应后期反应体系内余压约 1mmHg（133Pa）。

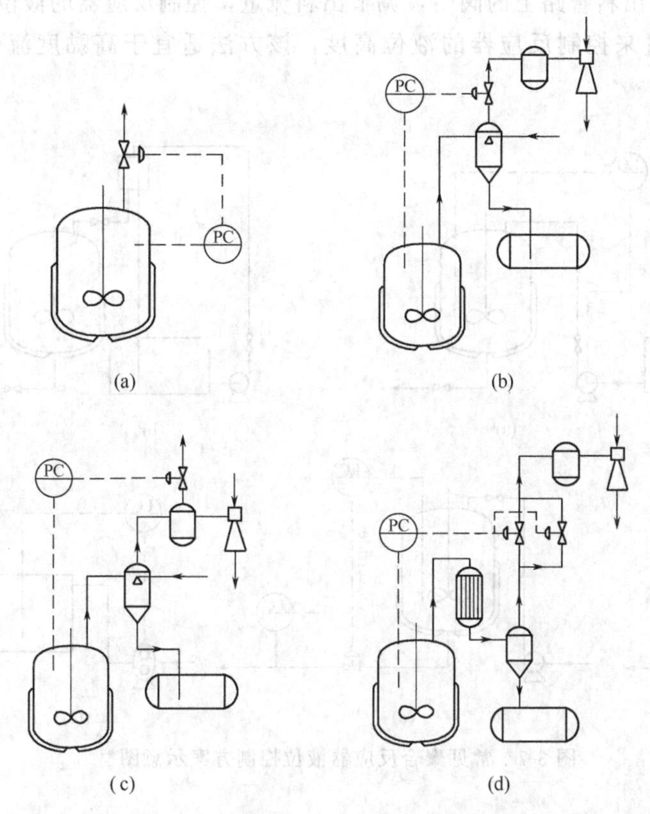

图 3-6 常见聚合反应压力控制方案示意图

图 3-6（a）为一般正压操作时压力控制方案。通过调节上升气体的流量，控制反应器内压力。图 3-6(b) 为通过调节真空泵的抽气量控制反应器内真空度。阀门开启程度大，抽气量大，反应器内真空度高。图 3-6(c) 为通过关闭缓冲罐上的放空阀门，控制反应器的压力。阀门关闭程度大，气体进入量少，反应器内真空度高。间歇操作时，阀门要缓慢关闭，使反应器内压力逐渐降低。图 3-6(d) 为间歇缩聚时反应器压力控制方案。间歇缩聚反应过程中反应压力应逐渐降低，特别是低真空阶段反应压力降低的速度不能太快，否则会把低聚物带出，使冷凝器及管道堵塞。抽真空的主管道一般比较粗，若直接用主管道抽真空，由于管道粗，阻力低，不易控制抽气速度。所以开始抽真空时，先关闭主管道阀门，打开旁路阀门。由于旁路管道较细，阻力大，抽气速度较慢，反应器内压力逐渐降低。当反应压力降低到一定值后，再打开主管道阀门，满负荷抽真空，保证反应体系压力达到高真空度的要求。这种控制方法还可以使每批反应压力降低过程基本重合。

3.4.1.3 反应器液位的控制

反应器间歇操作时，反应器中液位是通过每批加料量来决定的。每批加料量的控制方案如图 3-7 所示。其中图（a）的控制方法是，进料时打开进料泵，物料到达预定液位时，关闭进料泵；图（b）则是通过简单的溢流装置控制每批进料量相同。

连续操作中反应器的液位高度是一个重要的控制参数，它与物料流量共同决定了物料在反应器中的有效反应体积，进而确定了物料在反应器中的平均停留时间。图 3-7(c) 是出料流量一定，调节进料管路上的阀门，调节进料流量，控制反应器的液位高度。图 3-7(d) 是进料流量一定，调节出料管路上的阀门，调节出料流量，控制反应器的液位高度。图 3-7(e)是调节容积泵的流量来控制反应器的液位高度，该方法适宜于高黏度流体或非均相流体(固-液浆料)。

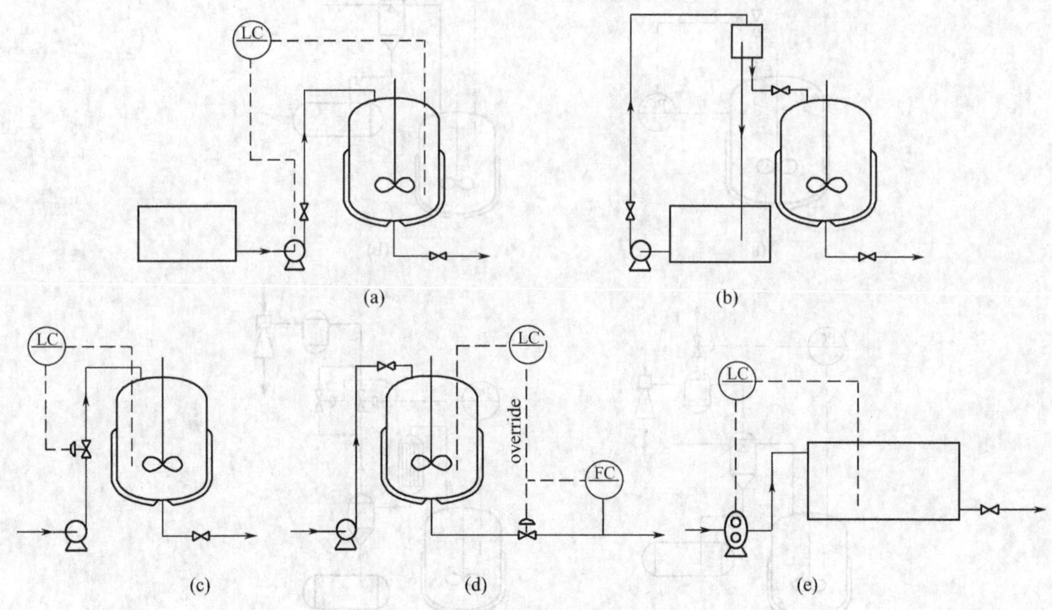

图 3-7 常见聚合反应器液位控制方案示意图

3.4.2 泵的控制

(1) 流体输送设备为离心泵时，管路中流体流量通常有两种调节方式，直接流量调节和旁路流量调节。

① 直接流量调节。流量计及调节阀安装在输出管道上，流量计在前，调节阀在后，通过调节阀门的开启度，调节管路中流体流量的大小，如图 3-8 (a) 所示。该控制方案简单、易操作。但当离心泵实际流量低于额定流量的 15%～20%时，离心泵工作不稳定，且长期在小流量下工作，泵会产生过热现象。

② 旁路流量调节。调节阀设在循环旁路管道上，流量计设在输出管道上，泵的流量是固定的，通过调节循环旁路中阀门的开启度，调节旁路中流体流量的大小，间接控制主路中的流体流量，如图 3-8 (b) 所示。循环旁路可接到吸入罐中，也可接到泵进口管道上。这

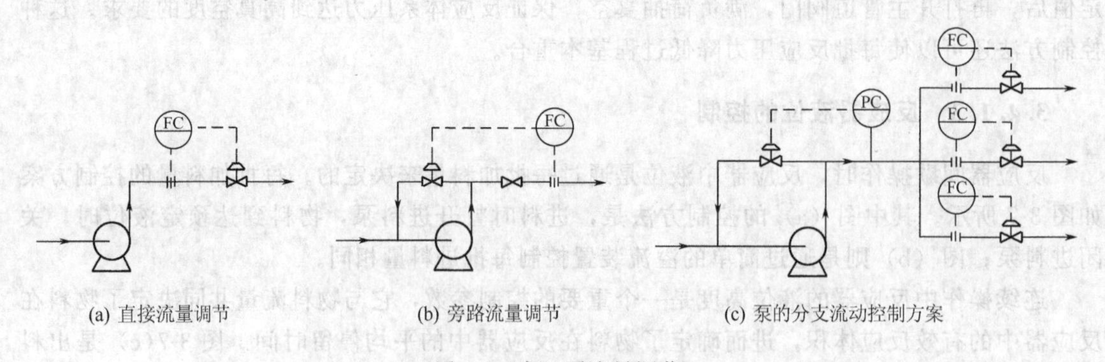

(a) 直接流量调节　(b) 旁路流量调节　(c) 泵的分支流动控制方案

图 3-8 离心泵流量调节

种控制方案可使泵流量控制在额定的工作范围，保证泵工作的稳定性，但若旁路流量较大，则无谓能量消耗较大。

③ 分支流动控制方案。一台泵同时供给多路并联管路输送流体时，可采用图 3-8（c）的控制方案，使各分支管路中的流量独立调节，同时保证泵的流量恒定。

（2）输送设备为容积泵时，由于容积泵的工作原理决定，当管路中流量减少时，容积泵的压力急剧上升，因此不能采用直接流量调节的方案，只能采用旁路调节控制管路中流体的流量，同图 3-8（b）所示，还可以采用改变泵的转速或冲程大小来调节流量。

3.4.3 换热器的控制

列管式换热器是化工生产中应用最广泛的传热设备，其主要控制参数是物料的出口温度，通常采用调节载热体流量的方法，如图 3-9 所示。检测点一般放在物料出口处［图（a）］，也可以放在载热体出口处［图（b）］。图（c）中通过控制凝液流量大小，控制凝液在换热器中的液位高度，调节传热面积，这种方法只适于蒸汽冷凝换热器。

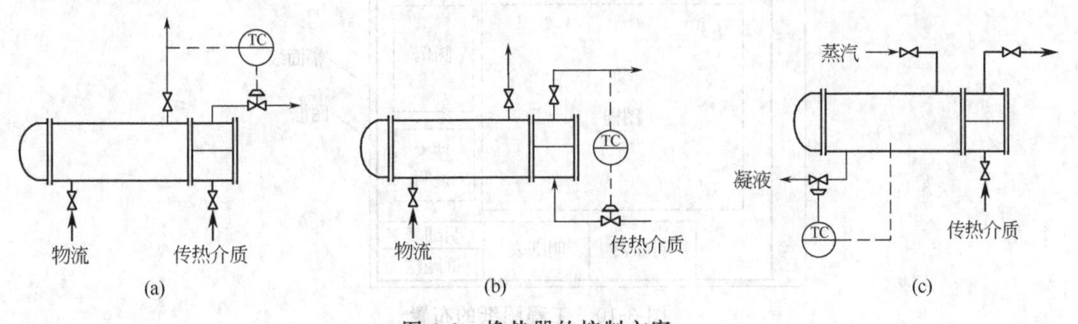

图 3-9　换热器的控制方案

3.4.4 报警、切断及联锁

为了保证安全生产，虽然采用了各种常规的和复杂的调节系统使工艺参数保持在安全范围内，但仍不排除在特殊情况下发生的意外。对于种种不正常的状态都应考虑到，并在设计中采取充分的附加防范措施，如报警、切断、联锁等。

① 报警（alarm）。控制参数值超出控制范围，但短期内不至于引起生产事故，且操作工人有时间采取措施解决事故的情况下，采用声或光的方式报警。

② 切断（isolation）。对于不立即采取措施可能会产生安全事故的情况要设置自动切断系统。例如连续生产设备的液位，由于意外高于设定值时必须立即停止进料，此时可设置切断系统，保证能够及时关闭进料阀或使进料泵停止运转。

③ 联锁（interlock）。一般是指两个或多个设备按固定程序执行的控制方式。对于生产装置开停车过程、间歇操作过程或发生意外时，可部分采用这种控制方式。

切断可为联锁的一个动作，而联锁发生前一般要设置报警。

3.5 工艺流程图的绘制

3.5.1 化工工艺图纸绘制基本知识

图纸是传递信息的一种重要方式。化工工艺图纸主要作用是直观地、形象地表达出工艺设计内容和设计结果，是由工艺设计人员在进行工艺设计中逐步完成的，是设计文件的重要组成部分。化工工艺图纸不仅是工艺设计最终结果的一种表达形式，而且是各非工艺专业设计、设备制造、安装、调试以及指导生产的重要依据。化工工艺图纸大致分为工艺流程图、设备工艺条件图、车间及厂房布置图、管道布置图等。首先简单介绍一下工程制图的基本知识。

(1) 图纸的基本组成

一般的工程图纸大致由图样、图例、图框、标题栏、明细表、技术说明等组成，各部分在图纸中的大致位置如图 3-10 所示。标题栏中的内容与格式没有严格的规定，但各设计单位图纸的标题栏的格式是统一的，并经过注册的。有时图例或技术说明内容较多时，可另附表格或说明书。不同类别图纸的明细表的内容有所不同，如工艺流程图可为设备一览表、设备工艺条件图可为主要部件一览表或工艺接管表、物料流程图可为物料平衡表。有时明细表的内容较多时，也可另附表格。

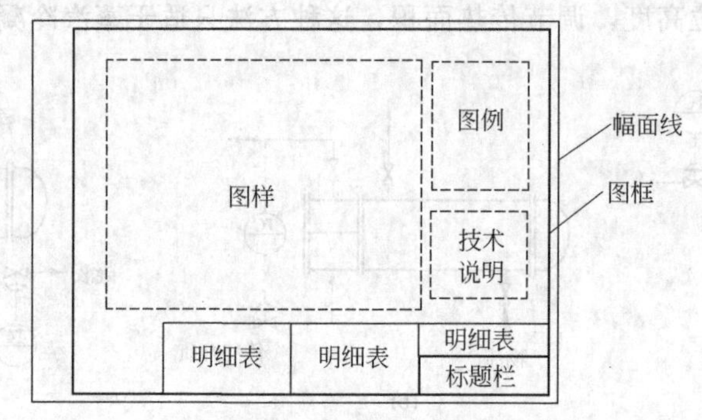

图 3-10 工程图纸的布置

(2) 图纸幅面

图纸幅面应遵循国家标准《技术制图 图纸幅面及格式》(GB/T 14689—93) 的规定，优先选用 A0～A4 的基本幅面，必要时可以选用加长幅面。加长幅面是在基本幅面的短边方向成整数倍增加。图纸不论是否装订，均需画出图框。图纸幅面线用细实线绘制，图框用粗实线绘制。图 3-11 和表 3-6 给出图纸基本幅面尺寸及边框尺寸。

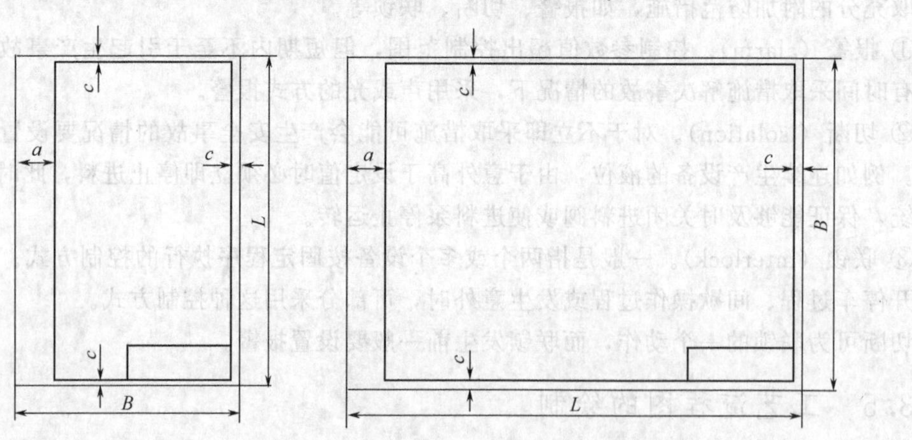

图 3-11 图纸幅面与边框尺寸

(3) 图形比例

图形比例是指图形的大小与绘制对象实际大小之比。图形比例应尽量符合国家标准《技

表 3-6 图纸幅面及边框尺寸

图纸幅面代号	A0	A1	A2	A3	A4	A5
$L \times B$/mm×mm	1189×841	841×594	594×420	420×297	297×210	210×148
c/mm	10				5	
a/mm	25					

术制图比例》(GB/T 14690—93) 的规定。图纸绘制比例需在标题栏中注明，在一张图纸中若某些视图的比例与主视图的比例不同，如局部放大图、剖视图、剖面图等，此时应在该视图上方标注其比例，如图 3-12 所示，其中横线为细实线。

$$\frac{\text{I}}{1:5}\qquad\frac{\text{A向}}{1:5}\qquad\frac{\text{A—A}}{1:5}\qquad\frac{\text{B—B}}{\text{不按比例}}$$

图 3-12 图形中比例标注方法

(4) 文字的格式

图纸中的汉字、字母、数字的书写格式要统一、大小要适当。

3.5.2 工艺流程草图

工艺流程图是一种示意性的图纸，它以形象的图形、符号、代号、文字说明等表示出化工设备、管道、管件及阀门、自控仪表等内容及相互关系，用以说明在一个化工生产装置中物料的流向、物料的变化以及工艺控制的完整过程。

如前所述，化工工艺流程的设计贯穿于整个装置设计的始终，因此在不同的设计阶段需要绘制不同的工艺流程图，按设计阶段顺序大致分为方案流程图、工艺流程草图、物料流程图、工艺流程图（PFD）、管道仪表流程图（PID）等。其中前三张图纸通常不作为正式的设计文件，所以是否绘制、绘制内容、绘制格式等无统一要求，只要能够达到交流设计信息的目的即可。后两张图纸是工艺流程设计的重要成果，需编入正式的设计文件中，同时也是后续各项设计、施工、开车等的重要依据，所以在绘制时有一定的规范要求。

(1) 方案流程图

该图纸是在工艺流程全面展开之前绘制的，其内容十分简单，大致体现出所选工艺过程即可，它是为工艺方案讨论、工艺流程的设计服务的。在方案流程图中，可用方框图表现出各工序的组成关系，也可用方框图表示出各主要设备之间的组成关系，不必画出设备的外型轮廓，非主要设备也可不画出。

(2) 工艺流程草图

该图纸又称为工艺流程示意图，是在工艺流程设计的不断开展过程中，逐步画出的，其内容比方案流程图要具体。工艺流程草图主要是为展开化工计算服务的，可以简捷明了地绘制，不必画出图框、标题栏，也可以没有明细表和图例等。工艺流程草图定性地描述出主物料流经的设备以及流向，因此其主要内容就是物料流程示意图。物料流程示意图由以下三部分组成。

① 设备示意图（symbol of equipment）。将主物料流程中的主要设备，按物料流经顺序，自左至右展开，依次绘制出。此阶段只选定了用那些设备，对设备还未进行详细设计，所以只需画出设备大致的外型轮廓。设备轮廓用细实线画出，不必严格按比例绘制，不必严格按设备水平高度比例绘制，设备之间用物料管线连接。

② 物料管线（material piping）。工艺流程草图应画出全部主物料管线，并用箭头表明物料流向，画出重要的辅助物料管线（如水、水蒸气、压缩空气、真空等）。主物料管线用粗实线画出、辅助物料管线用中粗实线画出。由于此时还未进行自控仪表等设计，所以物料管线上可不画出阀门、自控仪表等部件。

③ 文字注释（notes）。文字注释包括：对设备进行注释，在各设备轮廓内或附近注明设备的代号及名称；对流入系统及流出系统的各股物料标明名称、来源或去向。

（3）物料流程图（material balance diagram）

该图纸是在物料衡算、热量衡算完成后绘制的，它以图形及表格相结合的方式，表示出整个生产工艺过程中物料的数量平衡关系，以及各股物料的状态参数和性能参数，如组成、流量、温度、压力、密度、黏度等。物料流程图可以在工艺流程草图的基础上绘制，但需对每股物流定义一个物流号（material stream number），该物流号与物料平衡表（见第 4 章）中相对应。物流号放在相应的物料管线的菱形框中或物料管线的上方（左侧），物料的流量及各种参数在物料平衡表中给出。通常情况下可以在工艺流程图（PFD）中的物料管线上标明物流号，用 PFD 代替物料流程图编入设计文件。

3.5.3　工艺流程图

工艺流程图（process flow diagram，PFD）内容包括整个工艺流程、主要控制方案、操作参数、设备参数等。工艺流程图中的内容是工艺人员最关心的一些参数及方案，在化工装置的设计以及操作过程中起到提纲挈领的作用，因此它是重要的设计及操作技术资料，是要被编入设计文件中的。工艺流程图主要在扩大初步设计阶段完成，它是施工图设计阶段的主要依据。工艺流程图相对于工艺流程草图要详尽的多，主要内容有物料流程示意图、图例、注释、标题栏、设备一览表等。

3.5.3.1　物料流程示意图的主要内容及画法

（1）设备的画法

① 按主物料流经顺序自左向右展开，依次绘制，备用设备不必画出，若为相同的多条生产线，只需画出一条生产线的工艺流程图。

② 用细实线按比例画出各设备外型轮廓及主要内部结构特征，如板式塔还是填料塔、立式容器还是卧式容器、反应器的主要结构特征（搅拌桨的形式、夹套结构、内置传热装置结构等）、换热器的管程及壳程的折流挡板等。泵、压缩机等设备不按比例绘制。常见设备的画法（equipment symbol）见表 3-7。

表 3-7　常见设备的画法

设备名称（equipment name）	设 备 画 法（equipment symbol）	设备名称（equipment name）	设 备 画 法（equipment symbol）
反应器（reactor）	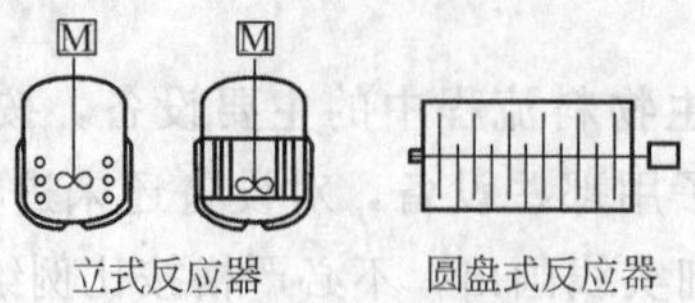 M　M 立式反应器　圆盘式反应器	塔设备（tower）	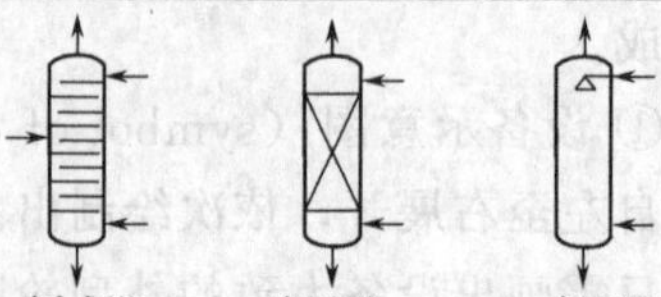 板式塔　填料塔　喷淋塔

续表

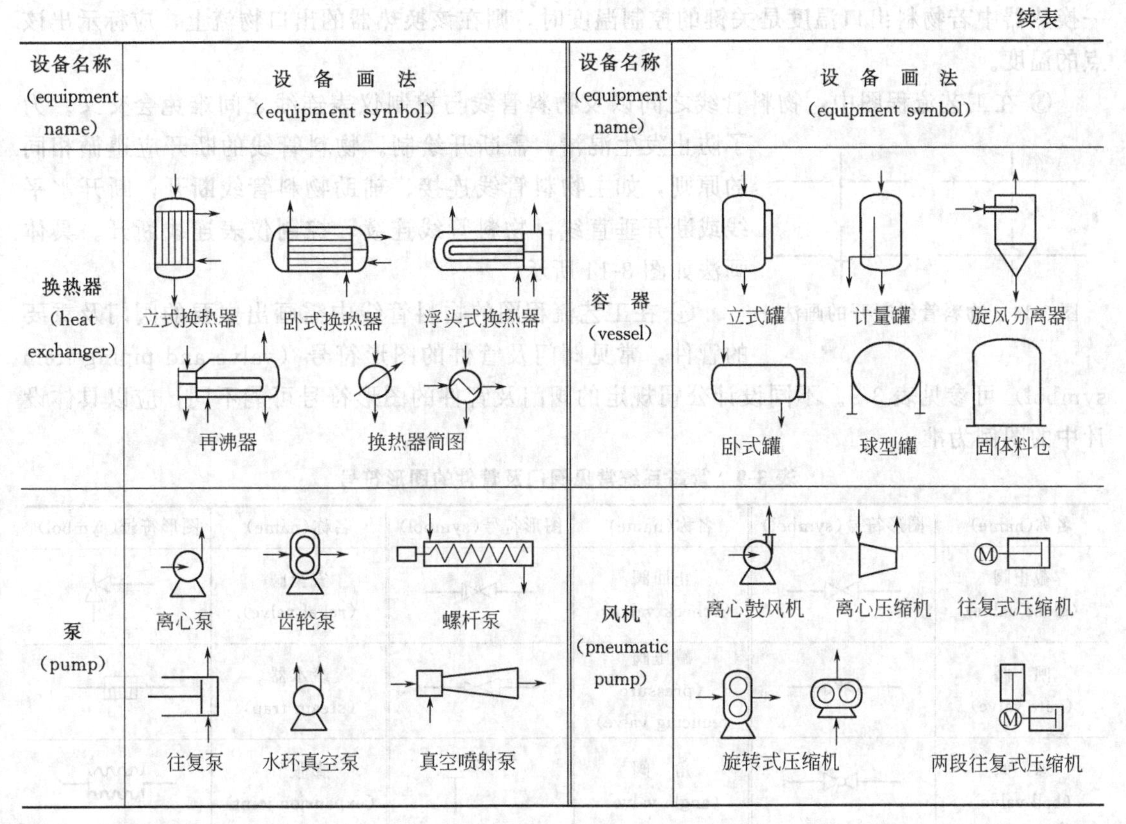

③ PFD应在设备一览表中标注出设备的外型尺寸。

④ 注明设备名称（equipment name）及位号（equipment number），其中设备分类代号可参见表3-8，标注方法可参见图3-13。不同设计公司对于设备代号的规定可能不同，标注方法也会有差异，应以具体设计中的注释或图例为准。

表3-8 设备分类代号（equipment designation）

设备分类 (type of equipment)	代号 (designation)	设备分类 (type of equipment)	代号 (designation)
反应器(reactor)	R	风机、压缩机(compressor)	C
换热器(heat exchanger)	E	工业炉	F
容器(vessel)	V	火炬、烟囱	S
塔设备(tower)	T	起重运输设备	L
泵(pump)	P	其他设备(others)	X

(2) 物料管线的表示方法

① 在工艺流程图中用带流向的粗实线作为物料管线（material piping）表示物流及流向。

② 每一物流需要定义一个物流号（material stream number），物流号放在菱形框或矩形框中，也可以写在物料管线上面或左侧，该物流号与物料平衡表中物流号相对应。对于关键的操作点，还应当表示出该物流点的温度或压力。例如在某

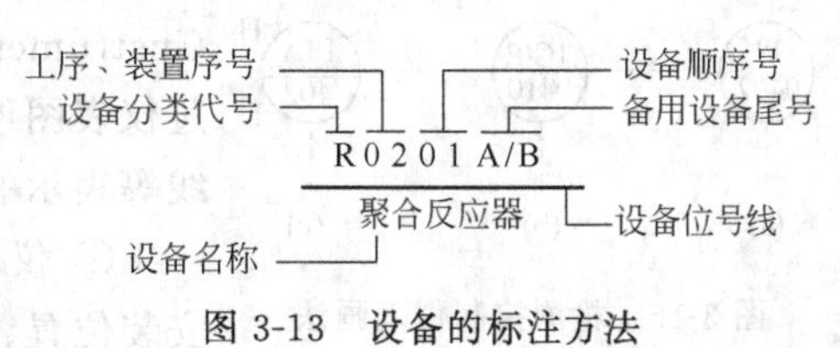

图3-13 设备的标注方法

一换热器中若物料出口温度是关键的控制温度时，则在该换热器的出口物流上，应标示出该点的温度。

③ 在工艺流程图中，物料管线之间以及物料管线与控制仪表连线之间难免会交叉。为了防止发生混淆，需断开绘制。物料管线的断开应遵循相同的原则，如主物料管线连接、辅助物料管线断开；断开水平线或断开垂直线；物料管线连续、控制仪表连线断开。具体画法如图 3-14 所示。

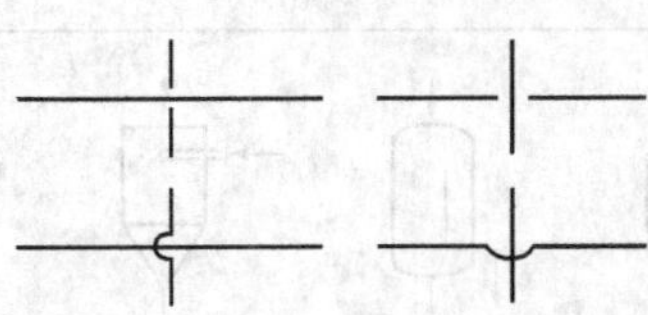

图 3-14　物料管线断开的画法

④ 在工艺流程图的物料管线中需画出主要的阀门及重要的管件，常见阀门及管件的图形符号（valve and piping item symbol）可参见表 3-9。不同设计公司规定的阀门及管件的图形符号可能不同，应以具体设计中的图例为准。

表 3-9　管路系统常见阀门及管件的图形符号

名称（name）	图形符号（symbol）	名称（name）	图形符号（symbol）	名称（name）	图形符号（symbol）
截止阀（globe valve）		止回阀（check valve）		安全阀（relief valve）	
闸　阀（gate valve）		减压阀（pressure reducing valve）		疏水器（steam trap）	
球　阀（ball valve）		角　阀（angle valve）		膨胀节（expansion joint）	
碟　阀（butterfly valve）		三通阀（T-valve）		软管（flexible tube）	
隔膜阀（diaphragm valve）		四通阀（four way valve）		大小接头（line size reducer）	

⑤ 当一张图不能完全表示出整个的流程时，可在适当部位断开，绘制成多张工艺流程图。多张图纸中物料管线的进出点用尖方框表示，并说明物料来或去的流程图号及来或去的设备位号，以便快速地在其他流程图中找到该物料管线的连接位置，从而使不同图纸中的物料连续起来，构成完整的工艺流程。具体画法见图 3-15。

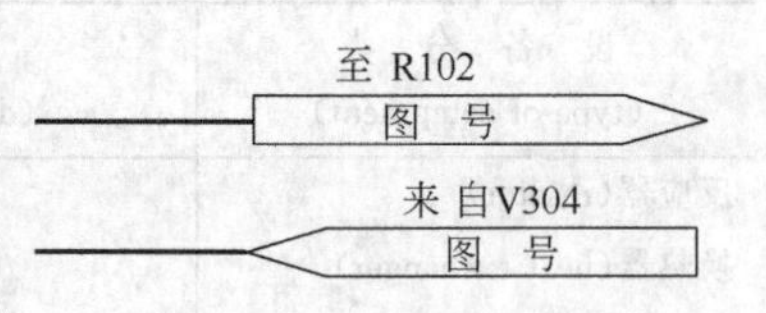

图 3-15　物料管线来去方向的画法

（3）控制方案表示方法

在流程图中应表示出主要设备的控制方案。控制方案的主要内容包括检测点（test point）、检测控制参数（test and control variable）、仪表功能（instrument function）、调节阀门（valve）、执行结构（actuator）、仪表安装位置（instrument position）等。在工艺流程图中，控制方案是通过仪表图形符号、调节阀门及执行机构的图形符号、仪表连线等表示的。

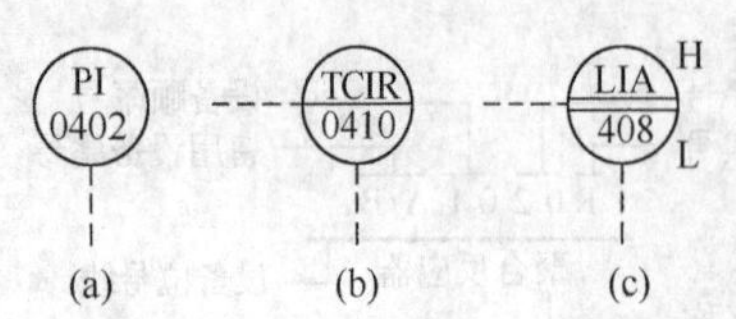

图 3-16　检测控制仪表画法

① 仪表图形符号（instrument symbol）应表示出仪表安装位置、检测控制参数、仪表功能等内容。仪表图形符号

由仪表安装位置图形符号和仪表位号组成，其画法如图 3-16 所示。常见仪表安装位置图形符号（instrument position symbol）如表 3-10 所示。

表 3-10 仪表安装位置图形符号

安装位置（position）	图形符号（symbol）	安装位置（position）	图形符号（symbol）	安装位置（position）	图形符号（symbol）
就地仪表（local field instrument）		控制室仪表盘面安装仪表（instrument on control room panel）	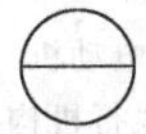	就地仪表盘面安装仪表（instrument on local panel）	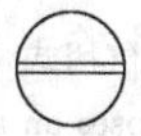
嵌在管路中的就地仪表（local field instrument In piping）	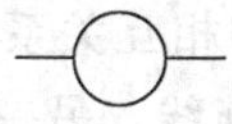	控制室仪表盘后安装仪表（instrument behind control room panel）	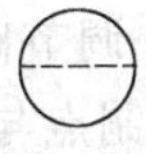	就地仪表盘后安装仪表（instrument behind local panel）	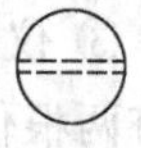

如图 3-16 所示，仪表位号（instrument number）由字母与数字两部分组成，字母写在仪表安装位置图形符号中的上半部，数字写在下半部。字母部分中第一个字母表示检测控制参数，如温度、压力、流量、液位高度等；第二个字母及以后各字母分别表示该参数所需的仪表功能，如：指示、记录、控制、报警、联锁等。常用检测控制参数代号和仪表功能代号（variables and functions designation）见表 3-11。通常仪表代号中数字部分的前两位表示仪表所在工序序号，后两位或三位表示其仪表序号。

表 3-11 常用检测控制参数及仪表功能代号

检测控制参数名称（variable name）	代号（designation）	仪表功能名称（variable name）	代号（designation）
温度	T(temperature)	指示	I(indication)
压力	P(pressure)	记录	R(recording)
液位	L(level)	控制	C(control)
流量	F(flow rate)	报警	A(alarm)
质量	W(weight)	高位报警	H(high limit)
速率(频率)	S(speed/frequency)	低位报警	L(low limit)
湿度(水分)	M(moisture/humidity)	联锁	S(serial,interlock)

每个仪表图形符号中只能有一个仪表代号，即一个检测控制参数，但该仪表的功能可以同时有多个。报警参数写在仪表图形符号右侧，上半部写高位报警参数值，下半部写低位报警参数值。如图 3-16（b）中的仪表图形符号表示该仪表为集中仪表盘面安装的仪表，其仪表代号为 TCIR0410，检测控制参数为温度，该仪表有控制、显示、记录功能，04 为仪表所在工序序号，10 为仪表序号。

在一个检测点若同时需要检测控制多个参数时，如在设备的某一位置同时需要检测控制温度、压力、液位高度时，应定义不同的仪表代号，用不同的仪表图形符号分别表示出，以便自控仪表设计时选用多个仪表。

② 各种调节阀门通常需配置执行机构（actuators of valve），调节阀门一般画在物料管线中，执行机构画在阀门上。以闸阀为例的执行结构的图形符号（actuator symbol）如表 3-12 所示。

表 3-12 执行机构的图形符号

执行机构（actuator）	图形符号（symbol）	执行机构（actuator）	图形符号（symbol）	执行机构（actuator）	图形符号（symbol）
气开式（opens on air failure）		电磁执行机构（solenoid）	S	活塞执行机构（piston）	
气闭式（closes on air failure）		电动机执行机构（motor）	M	通用执行机构（general）	

③ 仪表连线用于表示检测点、调节阀门及控制仪表之间的相互关系。一个控制仪表至少有两根仪表连线，一根为检测控制点与仪表图形符号之间的连线，另一根为仪表图形符号与控制阀门执行机构之间的连线，具体画法见图 3-16 及图 3-18。检测点可以在设备内，也可以在物料管线上。

对于复杂的控制来说，还应该用简单的文字表示出控制方案，如超驰（override）、分程（split-range）和重置（reset）等。

3.5.3.2 图例及注释（legend and note）

应注意的是，在工艺图纸中会涉及大量的设备、物料管线、管件及阀门、自控仪表等图形符号等。相同的物料、设备、仪表、管线等，在不同的设计单位或不同的参考资料中表示方法可能不同，但在一个工程设计过程中必须保持一致，并需要用图例说明各种图形符号等表示的具体内容是什么，以便于设计信息的交流。

无法用图形方式表明的设计数据和设计要求等，可用文字的形式一一说明。

3.5.3.3 标题栏和设备一览表（title panel and equipment date sheet）

标题栏在图纸的右下角，其格式与内容通常由各设计单位统一规定，一般包括设计单位名称、工程项目名称、图纸名称、图号、图纸比例、日期、设计、绘图、审核等人员的签名等。

工艺流程图的设备一览表通常放在标题栏上面，主要内容有序号（sequence number）、设备位号（equipment number）、设备名称（equipment name）、规格或型号（specification）、数量（quantity）、外型尺寸（outside dimension）、重量（weight）、设备图纸号（diagram number of equipment）、备注（note）等。

3.5.4 管道仪表流程图

3.5.4.1 绘制管道仪表流程图

管道仪表流程图（piping and instrument diagram，PID）又称带控制点的工艺流程图，主要是由工艺设计人员在施工图设计阶段完成的，是在工艺流程图（PFD）的基础上进一步深化绘制的施工工艺流程图纸。管道仪表流程图也是由物料流程示意图、图例及注释栏、设备一览表、标题四部分组成。相对于工艺流程图来说，其物料流程示意图部分内容更加具体和细化，化工装置中的任何一个管件或阀门在PID中都会有所表示。管道仪表流程图是配管和仪表专业开展工作的基本依据，所以内容需详尽。

PID中设备、管路、管件及阀门、自控仪表等的画法与PFD中基本相同，但内容上主要区别有以下几点。

(1) 设备

管道仪表流程图中需画出所有设备，包括所有备用设备、开停车及处理事故使用的设备等，不仅要表示出设备的基本外型，对设备的进出口位置、标高等也要表示清楚。另外，在该流程图中还标注有该设备的操作及设计条件，如温度、压力等。

(2) 管道

在管道仪表流程图中，对管道的描述更加具体。不但要有主要管道，还有次要管道、开车管道，旁路管道等，而这部分内容在PFD中可以不画出。常见管道线及仪表管线的画法参见表3-13。

表3-13　常见管线画法

管线类别 (type of piping)	管线画法 (piping symbol)	管线类别 (type of piping)	管线画法 (piping symbol)
主要管线 (main piping)	——————（粗实线）	蒸气伴热管线 (steam traced piping)	══ — — — —（实线下加虚线）
辅助管线 (assisted piping)	——————（细实线）	电伴热管线 (electrically traced piping)	══ —·—·—·（实线下加点划线）
电信号线 (electrical signal line)	— — — — — —	夹套管线 (jacked piping)	≡≡≡≡≡≡
气信号线 (pneumatic signal line)	—/——/——/——/—	毛细管 (capillary tube)	—×——×——×——×——×—

在管道仪表流程图中，要对所有管道进行明确的标注。水平绘制的管线，管道标注放在管线的上方，垂直绘制的管线，管道标注放在管线的左侧。管道标注（piping designation）内容包括管道号（piping number）、管道直径（piping diameter）、管道等级（piping specification）、保温/伴热要求（insulation/tracing requirement），具体方法如图3-17所示。

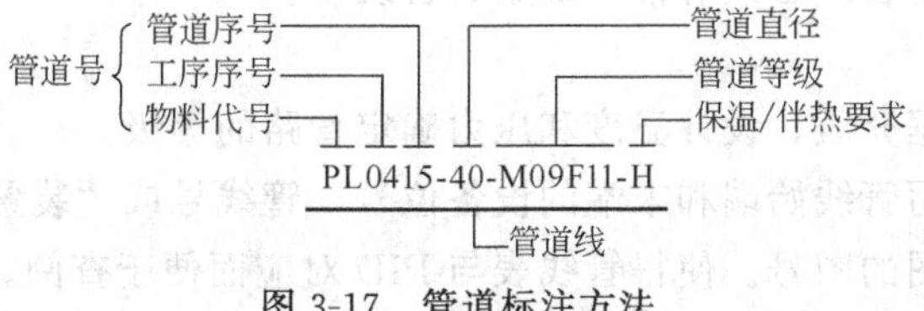

图3-17　管道标注方法

① 物料代号通常是该物料英文名称的缩写，常见的通用物料代号见表3-14。

② 管道直径。若标注管子的公称直径（nominal diameter）单位为公制mm时，可以直接写数字，不用注明单位；单位为英制英寸时，需在数字后加双撇，如4″。管径还可以用管道外径和管壁厚（mm）表示，如$\phi 57\times 3.5$。

③ 管道等级。主要表明管道压力等级、材质等内容，其具体规定比较复杂繁杂，此处从略，需要时可查阅有关设计资料。

表 3-14 常见物料代号

类 别	物料代号	名 称	类别	物料代号	名 称
空气	CA	压缩空气(compressed air)	水	CW	冷却水上水(cooling water)
	IA	仪表空气(instrument air)		CWR	冷却水回水(cooling water return)
	PA	工艺空气(process air)		HW	热水上水(hot water)
蒸汽	HS	高压蒸汽(high pressure steam)		HWR	热水回水(hot water return)
	IS	中压蒸汽(intermediate steam)		TW	脱盐水(demineralised water)
	LS	低压蒸汽(low pressure steam)		PW	生活水(potable water)
油	CO	调节油(control oil)		PW	工艺水(process water)
	LO	润滑油(lube oil)		FW	消防水(fire water)

④ 常用保温/伴热代号见表 3-15。

表 3-15 常用保温/伴热代号

代 号	保 温 要 求	代 号	保 温 要 求
H	保温(heat conservation)	E	电伴热(electrically traced)
R	保冷(refrigeration)	T	蒸汽伴热(steam traced)
D	防潮(anti-sweat)	J	蒸汽夹套保温(steam jacking)
P	防烫(personal protection)	A	隔音(acoustic insulation)

3.5.4.2 编制管线表

管线表是管道仪表流程图中全部管道的索引，它列有每根管线的技术数据，是管道仪表流程图不可分割的部分，在完成管道仪表流程图设计的同时，应完成管线表的编制。管线表中有以下主要内容。

① 管线号。每一个管线必须有惟一确定的管线号。

② 公称直径。

③ 管路等级。根据介质，设计温度和压力确定管路的等级。

④ 管线走向。填写管线始端和末端的设备位号，管线号或“装置边界”。

⑤ 管线仪表流程图的图号。使得管线表与 PID 对应而便于查阅。

⑥ 保温措施。填写保温材料的类别和厚度。

⑦ 操作条件。填写正常操作工况下的温度和压力值。

⑧ 介质类别。填写在管道内流动的介质名称及相态。

⑨ 吹扫条件。填写对管道进行吹扫所用的介质名称、温度及压力。

⑩ 设计条件。根据系统的安全性和操作的要求确定管道的设计条件。

⑪ 试压条件。

图 3-18、图 3-19 分别为工艺流程图（PFD）和管道仪表流程图（PID）应用实例。

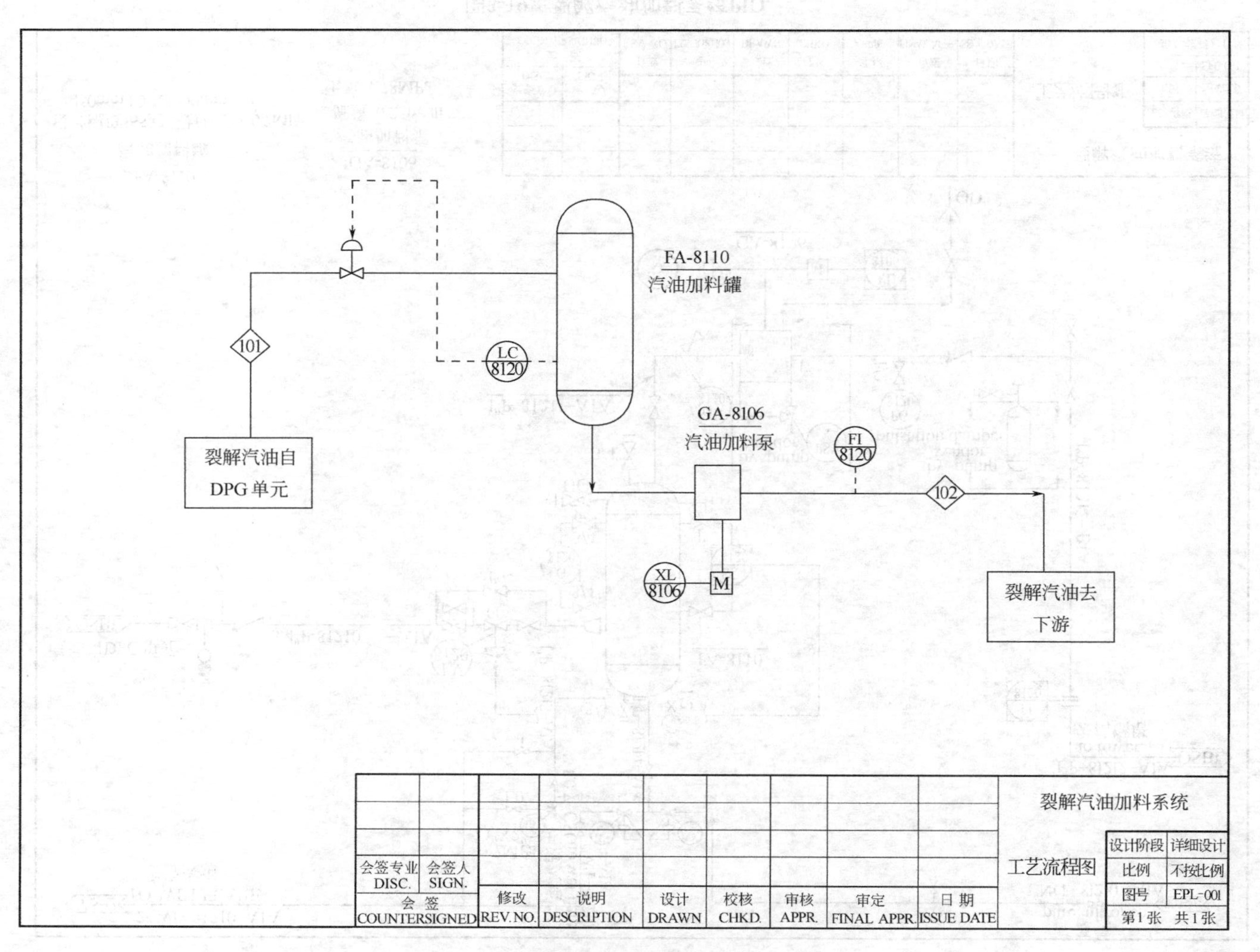

图3-18　裂解汽油加料系统PFD

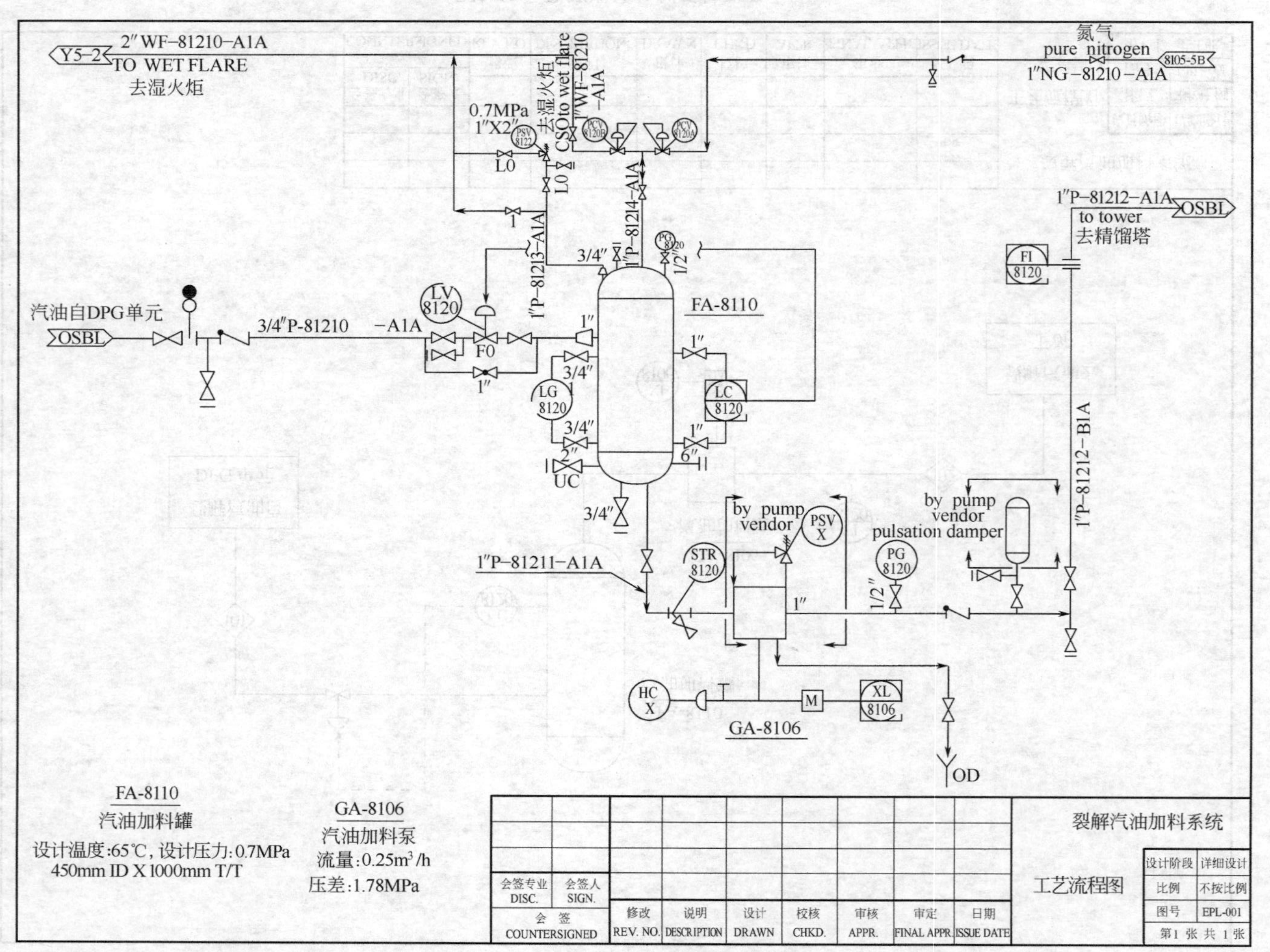

图3-19 裂解汽油加料系统PID

4 物料衡算

4.1 概述

4.1.1 定义、作用、依据

物料衡算（material balance calculation）顾名思义就是对进出生产装置、生产工序或单台设备的物料进行平衡计算。

化工设计过程中的三个主要工艺计算（“三算”）分别为物料衡算、热量衡算、设备工艺计算，其中物料衡算是在工艺流程确定后最先开始的工艺计算。物料衡算的主要内容是根据各种物料之间的定量转化关系，计算进出整个生产装置、生产工序或单台设备的各股物料的数量及组成。通常在完成物料衡算的同时，给出各股物料的相关参数及性质。物料衡算是整个工艺设计中非常重要的环节，其主要作用有：

① 为热量衡算、设备工艺计算、管道计算、辅助工序及公用工程设计计算、生产成本核算等提供依据；

② 在确定生产装置由几条生产线组成以及工艺参数的确定中起着非常重要的作用；

③ 是对整个设计进行考核评价的重要依据；

④ 是指导生产过程的重要依据。

物料衡算的理论依据是质量守恒定律（mass conversation law）。对于没有化学反应的生产过程来说，质量守恒定律为：进入一个装置的全部物料质量等于离开这个装置的全部物料质量再加上装置内积累起来的物料质量。写成公式为：

$$流入量=流出量+积累量+损失量 \tag{4-1}$$

$$input=output+accumulation+loss$$

对于有化学反应的过程来说，要将化学反应的计量关系结合到质量守恒定律中：

$$流入量+反应生成量=流出量+反应消耗量+积累量+损失量 \tag{4-2}$$

$$input+resultant\ by\ reaction=output+consumption\ by\ reaction+accumulation+loss$$

物料衡算对象可以是整个生产装置，也可以是一个生产工序或者是单台设备；可以是对总物料进行平衡计算，也可以对各组分进行平衡计算。对于没有化学变化及物理化学变化的密封设备或工序，可以不进行物料衡算，如泵、换热器等。对于只有物料损失的设备或工序，可以只做总物料衡算，如切粒机、打包机等。对有化学变化或物理化学变化的工序或设备，不仅要做总物料衡算，还要对各组分及组成分别进行物料衡算，如反应器、精馏塔、蒸发器、结晶器、干燥装置等。

4.1.2 基本概念

在化工计算中经常会遇到表示物料的数量、质量、生产技术等各种概念，如“量”（产量、流量、消耗量等），“比”（配料比、循环比、回流比等），“度”（纯度、浓度、湿度等），“率”（转化率、单程收率、回收率等）。这些概念与物料衡算密切相关，下面简述它们的主要含义。

流量（flow rate）指单位时间内物料流过设备的数量。可以是质量流量（物料衡算中用），也可以是体积流量（设备体积计算、管径计算中用）。

产量（producing capacity）指单位时间内生产装置生产出产品的数量，有年产量、月产量、日产量等。

消耗量（consumption）指生产单位数量产品所需原材料的数量。

损失量（loss）指生产单位数量产品损失掉原料的数量。

纯度（purity）指物料中含主要成分的百分比。

浓度（concentration）指单位体积溶液中含溶质的数量（质量浓度、摩尔浓度）。

配料比（material ratio）指进入生产装置的各种原料之间的比例关系（质量比、摩尔比）。

转化率（conversation）指反应物参加化学反应的百分率。

$$转化率=\frac{参加反应的反应物数量}{反应物起始数量}\times 100\% \tag{4-3}$$

选择性（selectivity）。对于复杂的反应过程，反应物经过化学反应不仅能生成目标产物还可能生成副产物。选择性就是生成目标产物的反应物数量占参加反应的反应物数量的百分比。

$$选择性=\frac{生成为目标产物的反应物数量}{参加反应的反应物数量}\times 100\% \tag{4-4}$$

单程收率（single-pass yield）指生成为目标产物的反应物数量占反应物起始数量的百分比。

$$单程收率=\frac{生成为目标产物的反应物数量}{反应物起始数量}\times 100\% \tag{4-5}$$

$$单程收率=转化率\times 选择性 \tag{4-6}$$

回收率（rate of recovery）指副产物或未参加反应的反应物经处理后可以重新利用的百分比。

以上只是对各个名词的定性说明，在不同的设计中它们的确切定义可能不同，因此在设计说明书中必须明确给出所涉及到的名词的确切定义。

4.1.3 计算基准与计算单位

在进行物料衡算时必须选择适当的计算基准（calculation basis）并确定计算单位（calculation unit）。不同的操作方式、不同的计算目的，选择的计算基准和计算单位是不同的。

对于连续生产过程，物料连续不断地流入生产装置，同时连续不断地流出，整套生产装置的操作状态不随时间变化而变化，属于定态操作过程，所以在做物料衡算时应选择时间作为计算基准。在做工艺设计计算时多用 $kg\cdot h^{-1}$、$kmol\cdot h^{-1}$、$m^3\cdot h^{-1}$ 等计算单位。

对于间歇生产过程，由于物料是一批批加入生产装置进行加工处理的，属于非定态操作过程。所以物料衡算基准应为“批”，以 $kg\cdot B^{-1}$、$kmol\cdot B^{-1}$、$m^3\cdot B^{-1}$ 等为计算单位。

在进行原料消耗计算、成本核算等时，可以以单位产品数量作为计算基准，用 $kg\cdot(kg\ 产品)^{-1}$、$kmol\cdot(kmol\ 产品)^{-1}$ 等作为计算单位。

在进行物料衡算时首先要选择适当的计算基准及计算单位，以便于计算与核对，其次在计算过程中要尽量保持计算基准与计算单位的一致性，最后在必要时应正确地进行计算基准或计算单位的换算。

4.1.4 计算步骤

在做物料衡算时应注意：计算公式要正确、层次条理要清晰、计算结果要准确、计算过程中要不断检查核对。物料衡算的大致步骤如下。

(1) 画出物料平衡关系示意图

详细了解工艺操作过程，根据工艺流程草图画出物料平衡关系示意图。为方便起见可以用方框表示设备或工序，无物料变化的设备或工序可省略不画。在物料流程示意图中应标出物流号（material stream number）、物流名称（material stream name）、物流流向（material stream direction）。

(2) 注明变化过程

明确物料在各工序、各设备中发生的化学变化及物理化学变化，写出主、副反应方程式。

(3) 收集数据资料

① 生产规模。设计任务书中规定的年产量或年处理量。

② 年工作日或年工作时数。年工作日主要是根据工厂检修时间、车间检修时间、生产过程及设备特点来确定。新建生产装置、连续操作过程、成熟生产工艺、高水平控制体系、低分子化学反应过程等生产装置的年工作日可取得较大。一般正常生产过程年工作日可采用330～350d，对于易出事故或需经常维修的生产装置，年工作日可采用约300d。由每天工作24h，可求得年工作时数。

对于间歇操作过程还需了解各工序或设备的操作周期（operating period），$h \cdot B^{-1}$。

③ 相关技术指标。原料消耗量、配料比、循环比、回流比、转化率、单程收率、回收率、各设备损失量等。

④ 质量标准。原料、辅助物料、中间产物、产品的规格。包括有效成分含量、杂质含量、混合物组成等。

⑤ 化学变化及物理化学变化的变化关系。确定各工序或各设备中化学变化计量关系（由化学反应方程确定）及组成变化的比例关系（由气液平衡关系、相变比例关系、溶解度等确定）。

(4) 选择计算基准与计算单位

在展开全面计算之前要明确计算基准，根据计算对象，选择一个统一的计算单位。例如生产任务的单位多是"万吨・年$^{-1}$"、"万吨・月$^{-1}$"、"吨・d^{-1}"等。在做连续生产过程的物料衡算时，应先根据年开工天数，将其换算成每小时产量$kg \cdot h^{-1}$，而在做间歇生产过程的物料衡算时，应先根据年开工天数及操作周期，将其换算成每批生产产品数量，$kg \cdot B^{-1}$。

整个计算过程应保持计算基准与计算单位的一致，避免出差错。根据特殊需要，局部工序或设备可另设基准和单位。

当间歇操作过程中各工序或设备操作周期不同时，或整体为连续操作过程但有局部设备为间歇操作时，一定要注意正确建立各工序或各设备之间的物料时间平衡关系。通过建立时间平衡关系使各工序或设备的处理物料能力相匹配，防止整套生产装置中的局部设备产生瓶颈现象。例如主工艺是连续操作，计算基准是时间，单位是$kg \cdot h^{-1}$，辅助工序（原料准备、副产物处理等）是间歇操作，计算基准是批，单位是$kg \cdot B^{-1}$，二者的计算基准与计算单位是不同的。换算的具体方法是：在较大的时间单位内（如："日"，d）建立连续操作与间歇操作对应的物料时间平衡关系，如：$kg \cdot d^{-1} \longleftrightarrow B \cdot d^{-1}$ 和 $kg \cdot B^{-1}$，然后以此换算主工艺与辅助工序的计算基准与计算单位。

（5）确定计算顺序

物料衡算的顺序可以由进入整个装置物料开始，顺物料流程逐个设备计算，直至流出装置的物料；也可以由流出整个装置的物料开始，逆物料流程逐个设备计算，直至流入装置的物料。顺流程计算过程概念清晰，符合物料流动顺序，容易理解，因此应尽量采用顺流程的计算顺序。对于已有生产装置进行标定或挖潜改造做物料衡算时，可直接采用顺流程计算的方法。对于待建生产装置的工艺设计，往往已知的是生产能力（年产量），因此必须知道主要原料消耗量（生产单位数量产品所需主要原料的数量），将已知的产量换算成单位时间处理原料量，才能采用顺流程的计算顺序。主要原料消耗量要根据各工序和各设备中产品与原料之间的化学、物理计量关系，以及物料损失量等参数进行计算。当工艺过程比较简单时，也可采用逆流程的顺序进行物料衡算。

在做物料衡算时，对于复杂的生产过程，可先将生产过程分解到工序，对各工序进行物料衡算，然后再将各工序分解到设备，对各设备进行物料衡算。对于简单生产过程可直接对整套装置中各设备进行物料衡算。

（6）全面展开计算

根据所收集的数据资料及选择的计算单位，按所确定的计算顺序，运用化学、化工及物化知识，逐个工序、逐台设备建立物料平衡关系式，进行物料平衡计算。在建立物料平衡关系式时，经常会用到以下约束关系式：

① 质量守恒约束式。对于每一个工序或设备，有总质量守恒约束及组分质量守恒约束（质量守恒定律）。

② 化学计量约束式。有化学反应发生时，反应物与生成物之间的转换关系服从化学计量关系。

③ 组分数量分率约束式。每一股物流的各组分摩尔分率之和恒等于1，或各组分质量分率之和恒等于1。

④ 设备约束式。描述设备操作特征的约束式，不同设备中的物料变化不同，其约束式也是不同的。常见的有进料比（任何两股流入物流的量之比）为常数；同一股物流分为多股物流时，分流后的物流与原物流的组成相同；相平衡关系；化学平衡关系；转化率及选择性等。

有时一个设备或工序的约束式不止一个，甚至非常复杂。

建立的物料平衡关系式如为显式计算公式时，逐一计算即可得到所有的物料平衡数据，如为隐式方程或隐式方程组时，可在 MathCAD 中选择相应的求解函数求解，也可用计算机高级语言编程计算。

（7）整理并校核计算结果

在物料衡算中，每对一个工序或一台设备进行物料衡算后，都应立即根据约束条件对计算结果进行物料平衡校核，确保每一步计算结果正确无误，避免错误延续，造成大量返工。

当计算全部结束后，应及时整理，编写物料衡算说明书。物料衡算说明书内容大致包括数据资料、计算公式、全部计算过程及计算结果等。

（8）绘制物料流程图，编写物料平衡表

根据物料衡算的结果绘制物料流程图，编写物料平衡表。物料流程图、物料平衡表是说明物料衡算结果的一种简捷而清晰的表示方法，它能够清楚地表示出各种物料在流程中的位置、数量、组成、流动方向、相互之间的关系等。物料流程图、物料平衡表既便于其他人员校核又便于后续设计工作的使用，同时也是生产装置建成后对其进行考核的重要依据，所以需将二者编入正式的设计文件中。

在物料衡算结束后，应利用计算结果，从经济技术的角度对全流程进行分析与评价，考查生产能力、生产效率、生产成本等是否符合预期的要求，物料消耗是否合理，工艺条件是否合适等。借助物料衡算还可以发现流程设计中存在的问题，并及时解决，从而使工艺流程设计更加合理。

下面以丙烯酸反相悬浮聚合制备高吸水树脂为例，对间歇聚合反应过程的物料衡算过程进行说明；以对苯二甲酸与乙二醇缩聚反应制备 PET 树脂为例，对连续聚合反应过程的物料衡算过程进行说明。这两个例子均是来自于实际生产过程的并经过一定程度的简化。

4.2 间歇聚合反应过程物料衡算示例

间歇操作过程物料是一批批加入生产装置中进行处理的，操作周期是由固定的操作程序组成的，通常包括进料、处理物料、出料、设备调整、等待等操作步骤。某个设备的所有操作所需时间加起来，作为该设备的一个操作周期。通常情况下，在确定工艺参数时，应尽量使各工序或设备的操作周期相同，特殊情况下允许不同。例如催化剂或其他特殊添加剂加入量很少，一次配制数量可供数批反应使用，此时催化剂配制操作周期与反应器操作周期不同。因此，间歇操作过程要特别注意各工序或设备之间的时间平衡问题。另外若根据物料衡算，各设备处理物料量差别很大，在这种情况下，有的设备可选用单台，有的设备可选用多台，需灵活处理。选用的多台设备可串联使用，也可并联使用，在工艺流程简述中及物料衡算时需加以说明。

丙烯酸反相悬浮聚合制备高吸水树脂的生产过程主要由以下工序组成：原料准备工序、聚合工序、分离工序、聚合物后处理工序。本例中只对聚合工序做物料衡算，其工艺流程草图见图 4-1。

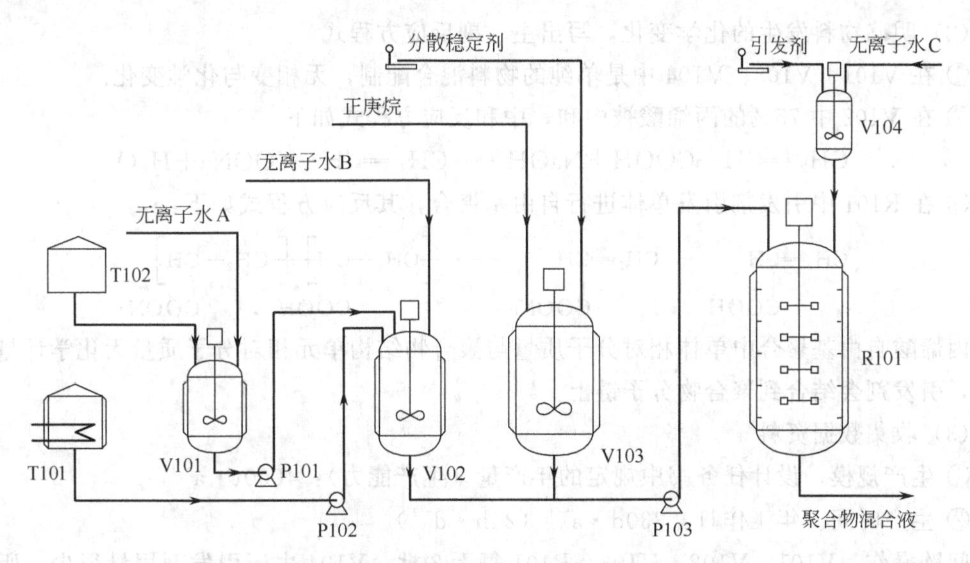

图 4-1　丙烯酸反相悬浮聚合间歇操作工艺流程草图

T101—丙烯酸贮罐；T102—浓 NaOH 溶液贮罐；V101—NaOH 溶液调配罐；V102—中和罐；V103—分散介质调配罐；V104—引发剂调配罐；R101—聚合反应器；P101，P102，P103—液体输送泵

工艺流程简述　来自 T101 中的纯丙烯酸用原料泵 P102 分批加入 V102 中。T102 中 NaOH 水溶液的浓度为 50%，它在 V101 中被稀释成浓度为 30%的溶液，然后按一定比例缓慢加入 V102 中与丙烯酸进行中和反应，得到中和度为 75%的丙烯酸与丙烯酸钠混合物（简称单体），再加入适量水，得到单体浓度为 45%的溶液。正庚烷与一定量的分散稳定剂在 V103 中进行配制得到分散液，其按比例与单体溶液共同进入反应器 R101 中，然后加入在 V104 中配制好的引发剂浓度为 50%的水溶液。反应大约进行 2.5h。反应结束后，聚合物混合液被送至分离工序及后处理工序进行分离、干燥、包装等处理，得到最终产物。正庚烷经蒸馏处理后循环使用。

下面介绍该工序工艺设计中的物料衡算过程。

（1）画出物料平衡关系示意图

如图 4-2 所示，对于物料数量与组成没有发生变化的设备可不做物料衡算，所以在物料平衡关系示意图中，可不画出 T101、T102、P101、P102、P103 等设备。

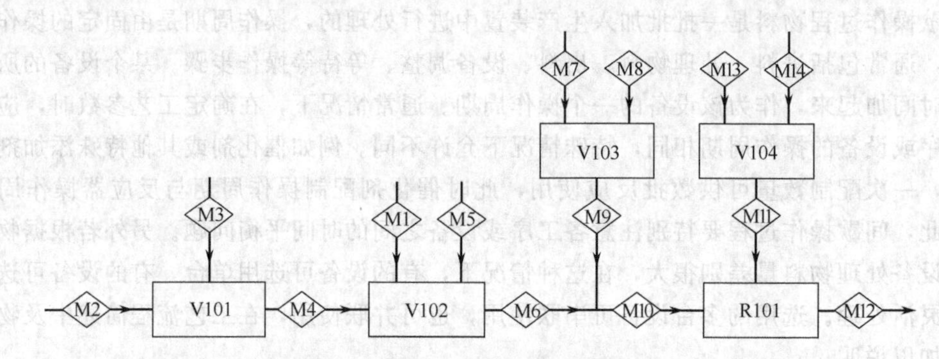

图 4-2　丙烯酸反相悬浮聚合间歇操作物料平衡关系示意图

M1—原料丙烯酸；M2—原料 NaOH 浓溶液；M3—无离子水 A；M4—中和用 NaOH 溶液；M5—无离子水 B；M6—单体溶液；M7—正庚烷；M8—分散稳定剂；M9—分散液；M10—待聚合溶液；M11—引发剂溶液；M12—聚合物混合液；M13—引发剂；M14—无离子水 C

（2）明确物料发生的化学变化，写出主、副反应方程式

① 在 V101、V103、V104 中是单纯的物料混合配制，无相变与化学变化。

② 在 V102 中 75%的丙烯酸被中和，中和反应方程式如下：

$$CH_2{=}CH{-}COOH + NaOH \longrightarrow CH_2{=}CH{-}COONa + H_2O$$

③ 在 R101 中引发剂引发单体进行自由基聚合，其反应方程式如下：

$$\underset{\displaystyle COOH}{CH_2{=}\underset{|}{CH}} + \underset{\displaystyle COONa}{CH_2{=}\underset{|}{CH}} \longrightarrow \left[CH_2{-}\underset{\displaystyle \overset{|}{COOH}}{CH} \right]_n \left[CH_2{-}\underset{\displaystyle \overset{|}{COONa}}{CH} \right]_m$$

丙烯酸自由基聚合中单体相对分子质量与聚合物结构单元相对分子质量无化学计量上的变化，引发剂会结合到聚合物分子链上。

（3）收集数据资料

① 生产规模。设计任务书中规定的年产量（生产能力）：$4000t \cdot a^{-1}$

② 生产时间。年工作日：$330d \cdot a^{-1}$（$24h \cdot d^{-1}$）

间歇操作，V101、V102、V103、R101 每天 8 批，V104 由于引发剂用量很少，所以每天配制一批即可。

③ 相关技术指标（表 4-1）

表 4-1　技术指标

项目内容	技术指标	项目内容	技术指标
聚合物后处理损失率	2%聚合物质量	引发剂用量	0.2%单体质量
丙烯酸中和度	75%(摩尔)	引发剂水溶液浓度	50%(质量)
原料 NaOH 水溶液浓度	50%(质量)	分散稳定剂用量	2%单体质量
中和用 NaOH 水溶液浓度	30%(质量)	分散介质(正庚烷)用量	与单体质量比为 4∶1
单体水溶液浓度	45%(质量)	正庚烷循环用量	90%正庚烷总用量

④ 质量标准。原料 NaOH 溶液浓度为 50%，其他原料均视为纯物质。因为只对聚合工序做物料衡算，所以不用考虑产品的其他质量指标。

⑤ 化学变化参数。加入的 NaOH 能够与丙烯酸完全反应，生成丙烯酸钠。各组分相对分子质量如下：

化合物	丙烯酸	NaOH	丙烯酸钠	水	单体混合物
相对分子质量	72	40	94	18	88.5

其中：75%中和的丙烯酸单体混合物的平均相对分子质量：72×0.25+94×0.75=88.5。

聚合反应过程中单体完全参加反应，转化率可视为 100%，单体混合物与聚合物之间无化学计量上的变化，但引发剂结合到聚合物分子链上，会使聚合物数量略有增加。

(4) 选择计算基准与计算单位

因为是间歇操作过程，所以基准为“批”，单位为 $B \cdot d^{-1}$。大部分设备的操作周期为 $8B \cdot d^{-1}$，只有 V104（引发剂调配罐）是 $1B \cdot d^{-1}$。但引发剂向 R101 进料周期仍与其他设备相同，所以在做物料衡算时，物料 M11 的数量仍以 $8B \cdot d^{-1}$ 计算。在做设备工艺计算时，V104 的体积大小应按 $1B \cdot d^{-1}$ 处理量进行计算。

(5) 确定计算顺序

由于产物与原料之间的化学计量关系比较简单，且整个工艺过程比较简单，容易得到产量与单体原料投料量之间的比例关系，所以采用顺流程的计算顺序。

(6) 计算主要原料（丙烯酸）投料数量

用顺流程的计算顺序进行物料衡算必须先求出主要原料（丙烯酸）每批投料量。该生产装置年产量 4000t，年开工 330d，每天生产 8 批，后处理中聚合物损失率 2%。

$$每批应生产聚合物数量=\frac{4000\times10^3}{330\times8\times0.98}=1546.07kg \cdot B^{-1}$$

① 引发剂（0.2%单体质量）全部结合到聚合物中；

② 单体 100%转化成聚合物，且单体相对分子质量与聚合物结构单元相对分子质量相同；

③ 丙烯酸相对分子质量：单体平均相对分子质量=72∶88.5。

$$丙烯酸投料量=\frac{1546.07}{(1+0.002)}\times\frac{72}{88.5}-1255.31kg \cdot B^{-1}$$

(7) 顺流程逐个设备展开计算

① V102（中和罐）物料衡算

已知：丙烯酸中和度=75%、丙烯酸相对分子质量=72、NaOH 相对分子质量=40、单体平均相对分子质量=88.5

M1（原料丙烯酸）$=1255.31kg \cdot B^{-1}$

M4（30%NaOH 溶液）：

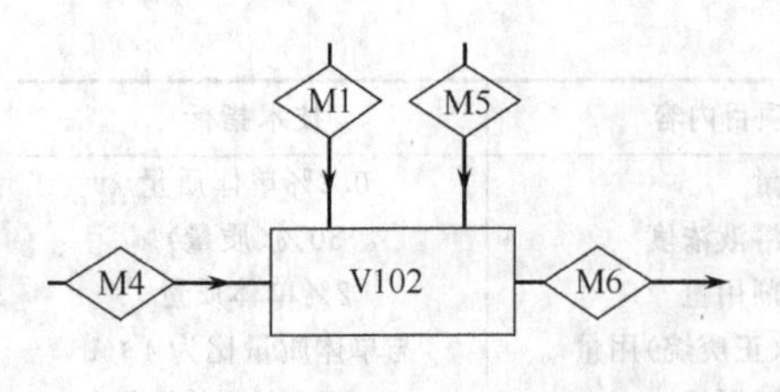

V102 物料平衡示意图

$NaOH$：$1255.31\times0.75\times\frac{40}{72}=523.05\text{kg}\cdot\text{B}^{-1}$

H_2O：$523.05\times\frac{0.7}{0.3}=1220.44\text{kg}\cdot\text{B}^{-1}$

合计：$523.05+1220.44=1743.49\text{kg}\cdot\text{B}^{-1}$

M6（45%单体溶液）

单体：$1255.31\times\frac{88.5}{72}=1542.99\text{kg}\cdot\text{B}^{-1}$

H_2O：$1542.99\times\frac{0.55}{0.45}=1885.87\text{kg}\cdot\text{B}^{-1}$

合计：$1542.99+1885.87=3428.86\text{kg}\cdot\text{B}^{-1}$

M5（无离子水 B）

对 V102 中组分水做物料衡算有：$水_{M5}=水_{M6}-水_{M4}-$中和反应生成水

中和反应生成水：$523.05\times\frac{18}{40}=235.37\text{kg}\cdot\text{B}^{-1}$

无离子水 B：$1885.87-1220.44-253.37=430.06\text{kg}\cdot\text{B}^{-1}$

对 V102 做全物料平衡计算，进行校核。由物料守恒定律应有：M1+M4+M5=M6

1255.31+1743.49+430.06=3428.86=M6（说明物料衡算是正确的）

② V101（NaOH 溶液调配罐）物料衡算

M4（30%NaOH 溶液）$=1743.49\text{kg}\cdot\text{B}^{-1}$

$NaOH$：$523.05\text{kg}\cdot\text{B}^{-1}$

H_2O：$1220.44\text{kg}\cdot\text{B}^{-1}$

M2（50%NaOH 浓溶液）

$NaOH$：$523.05\text{kg}\cdot\text{B}^{-1}$

H_2O：$523.05\text{kg}\cdot\text{B}^{-1}$

合计：$523.05+523.05=1046.10\text{kg}\cdot\text{B}^{-1}$

M3（无离子水 A）$=1220.44-523.05=697.39\text{kg}\cdot\text{B}^{-1}$

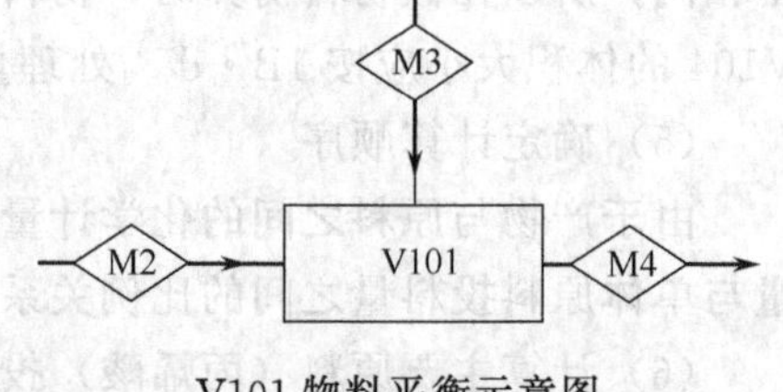

V101 物料平衡示意图

对 V101 做全物料平衡计算，进行校核。由物料守恒定律应有：M2+M3=M4

1046.10+697.39=1743.49（说明物料衡算是正确的）

③ V103（分散介质调配罐）物料衡算

已知：正庚烷∶单体=4∶1、分散稳定剂=2%单体质量

M7（正庚烷）$=1542.99\times4=6171.96\text{kg}\cdot\text{B}^{-1}$

循环正庚烷$=6171.96\times0.9=5554.76\text{kg}\cdot\text{B}^{-1}$

新鲜正庚烷$=6171.96\times0.1=617.20\text{kg}\cdot\text{B}^{-1}$

M8（分散稳定剂）$=1542.99\times0.02=30.86\text{kg}\cdot\text{B}^{-1}$

M9（分散液）$=6171.96+30.86=6202.82\text{kg}\cdot\text{B}^{-1}$

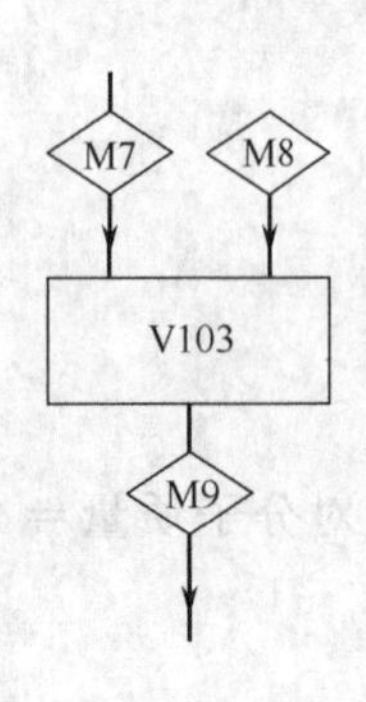

V103 物料平衡示意图

④ R101（聚合反应器）物料衡算

M10（待聚合液）=M4+M9

单体：$1542.99\text{kg}\cdot\text{B}^{-1}$

H_2O：$1885.87\text{kg}\cdot\text{B}^{-1}$

正庚烷：$6171.96\text{kg}\cdot\text{B}^{-1}$

分散稳定剂：30.86kg・B^{-1}

合计：1542.99＋1885.87＋6171.96＋30.86＝9631.68kg・B^{-1}

M11（引发剂水溶液）

已知：引发剂用量＝0.2%单体质量、引发剂水溶液浓度＝50%（质量）

引发剂：1542.99×0.002＝3.09kg・B^{-1}

H_2O：3.09kg・B^{-1}

合计：3.09＋3.09＝6.18kg・B^{-1}

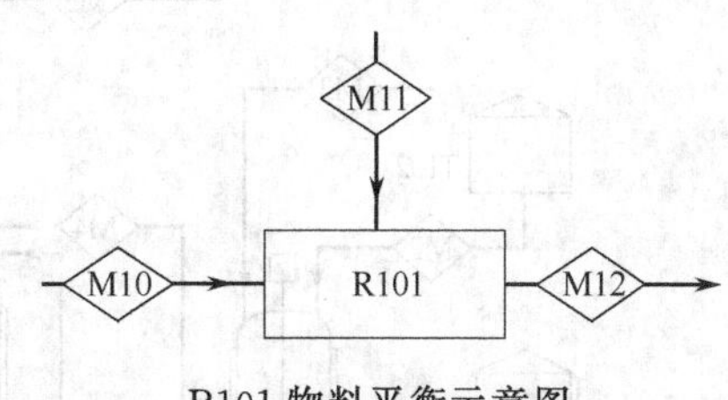

R101 物料平衡示意图

M12（聚合物混合液）

分散稳定剂：30.86kg・B^{-1}

正庚烷：6171.96kg・B^{-1}

H_2O：1885.87＋3.09＝1888.96kg・B^{-1}

聚合物：1542.99＋3.09＝1546.08kg・B^{-1}（与设计任务相符合）

合计：1546.08＋1888.96＋6171.96＋30.86＝9637.86kg・B^{-1}

对 R101 做全物料平衡计算，进行校核。由物料守恒定律应有：M10＋M11＝M12

9631.68＋6.18＝9637.86＝M12（说明物料衡算是正确的）

⑤ V104（引发剂调配罐）物料衡算

已知：引发剂溶液每天配制一批，供 8 批反应使用。

M13（引发剂）：3.09×8＝24.72kg・B^{-1}

M14（H_2O）：3.09×8＝24.72kg・B^{-1}

(8) 整理并校核计算结果

对聚合工序做全物料平衡计算（图 4-3），进行校核。由物料守恒定律应有：

M1＋M2＋M3＋M5＋M7＋M8＋M11＝M12

1255.31＋1046.10＋697.39＋430.06＋6171.96＋30.86＋6.18＝9637.86kg・B^{-1}

说明整个聚合工序的物料衡算过程是正确的。

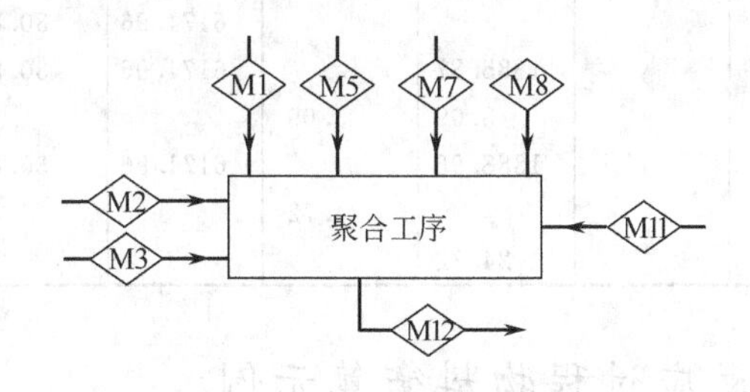

图 4-3 总物料平衡示意图

(9) 绘制物料流程图，编写物料平衡表

图 4-4 给出丙烯酸反相悬浮聚合间歇操作物料流程示意图，在通常的设计中，往往不单绘制物料流程图，而是在工艺流程图（PFD）中标明物流号，用 PFD 代替物料流程图并配合物料平衡表说明物料衡算结果。

表 4-2 为丙烯酸反相悬浮聚合间歇操作物料平衡表，为了以后各项工艺设计使用方便起见，往往在物料平衡表中还要注明各物料的工艺参数，如密度、温度、压力、黏度、比热容等，本表格中省略了这些内容。

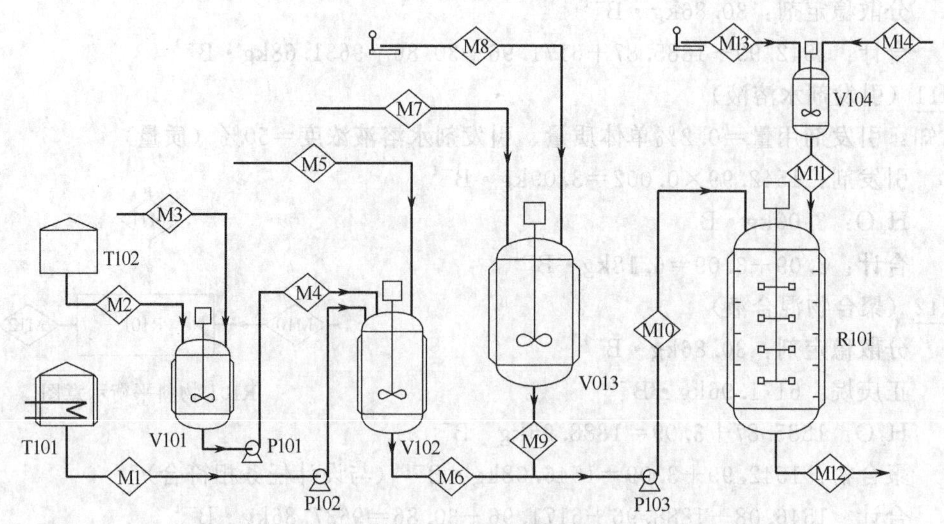

图 4-4　丙烯酸反相悬浮聚合间歇操作物料流程示意图

T101—丙烯酸贮罐；T102—浓 NaOH 溶液贮罐；V101—NaOH 溶液调配罐；
V102—中和罐；V103—分散介质调配罐；V104—引发剂调配罐；
R101—聚合反应器；P101，P102，P103—液体输送泵

表 4-2　丙烯酸反相悬浮聚合间歇操作物料平衡表　　　　单位：$kg \cdot B^{-1}$

物流号	丙烯酸	单体	NaOH	H_2O	引发剂	正庚烷	分散稳定剂	聚合物	合计
M1	1255.31								1255.31
M2			523.05	523.05					1046.10
M3				697.39					697.39
M4			523.05	1220.44					1743.49
M5				430.06					430.06
M6		1542.99		1885.87					3428.86
M7						6171.96			6171.96
M8							30.86		30.86
M9						6171.96	30.86		6202.82
M10		1542.99		1885.87		6171.96	30.86		9631.68
M11				3.09	3.09				6.18
M12				1888.96		6171.96	30.86	1546.08	9637.86
M13					24.72				24.72
M14				24.72					24.72

4.3　连续聚合反应过程物料衡算示例

PTA 直接酯化缩聚连续操作工艺采用高纯度对苯二甲酸（PTA）与乙二醇（EG）为原料，经过酯化反应阶段和缩聚反应阶段生成聚对苯二甲酸乙二醇酯（PET）。PET 是生产涤纶纤维的原料，涤纶是合成纤维中产量最大的品种。采用连续操作过程，单条生产线 PET 产量可高达每年 10 万吨。PET 的生产过程主要由浆料配制工序、聚合工序、切粒包装工序、回收工序四个工序组成。其中聚合工序的工艺流程草图见图 4-5，为了简化起见，次要设备和次要物料管线没有全部画出。

工艺流程简述　PTA 与 EG 及催化剂（Cat）在浆料配制工序按一定比例配制好后（浆料）连续送入缩聚工序。浆料依次进入第一酯化釜（R102）和第二酯化釜（R101）进行酯

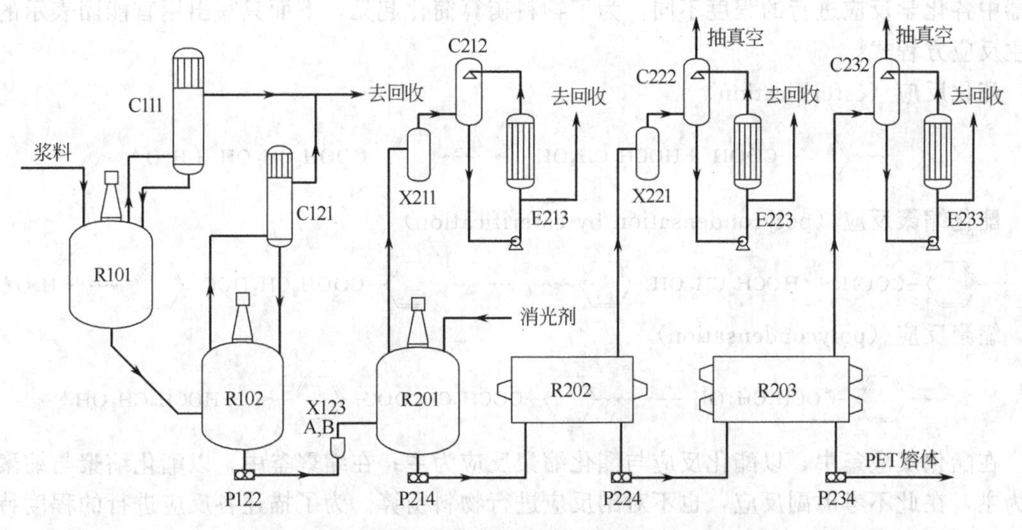

图 4-5　PTA 直接酯化缩聚连续操作工艺流程草图

R101，R102—酯化釜；R201，R202，R203—缩聚釜；C111，C121—精馏塔；X123A，B—过滤器；X211，X221—低聚物分离器；C212，C222，C232—乙二醇喷淋冷凝器；E213，E223，E233—乙二醇冷却器；P122，P214，P224，P234—物料输送泵

化反应，由于酯化反应温度高（220～260℃）酯化生成的水夹带着 EG 被蒸出反应器。为了保持两个反应釜的原料配比（EG 与 PTA 摩尔比）不变，水与 EG 混合蒸气分别在精馏塔（C111、C121）中进行分离。水由塔顶引出，送到系统外处理，EG 由塔底返回到各酯化釜中。酯化后的物料经过过滤器（X123A，B）过滤后送入第一缩聚釜（R201），同时加入消光剂（TiO_2），在常压条件下进行预缩聚反应。由 R201 出来的物料，先后进入 R202、R203 缩聚釜，在抽真空条件下进行缩聚反应，得到具有一定聚合度的 PET 熔体。由第一、二缩聚釜（R201、R202）蒸出的 EG 蒸气经过分离器（X211、X221）分离出夹带的少量的低聚物后，进入喷淋冷凝器（C212、C222）用 EG 进行冷凝。冷凝下来的 EG 通过循环泵经冷却器（E213、E223）冷却后循环使用，多余的 EG 送到 EG 回收装置处理。由 R203 抽出的 EG 蒸气量很少，且夹带的低聚物很少，所以可以直接进入喷淋冷凝器（C232）进行冷凝。

下面介绍该工艺过程的物料衡算过程。

（1）画出物料平衡关系示意图

完整的 PTA 直接酯化缩聚连续操作工序的物料衡算过程比较复杂，为了说明问题，在此只对流经反应器的物流进行物料衡算，流经反应器物料平衡关系简图见图 4-6。

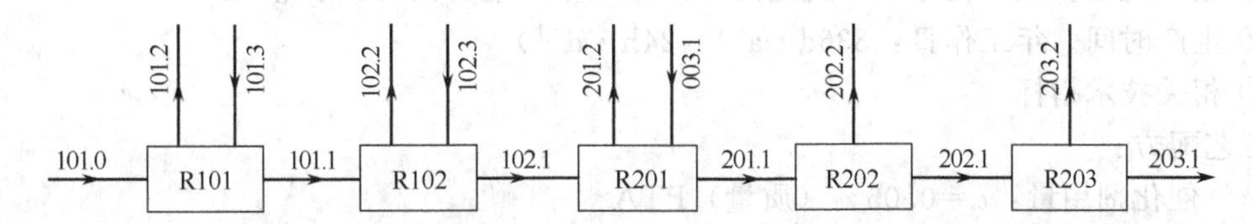

图 4-6　PTA 直接酯化缩聚连续操作主反应器物料平衡关系示意图

101.0—浆料；101.1，102.1—酯化产物；201.1，202.1—预缩聚物；203.1—PET 熔体；101.2，102.2，201.2，202.2，203.2—上升蒸气；101.3，102.3—回流 EG；003.1—消光剂

（2）明确物料发生的化学变化与物理化学变化，写出主、副反应方程式

① 化学变化。在 PET 合成过程中每一个反应器中都发生着同样的化学反应，只是各反

应器中各化学反应进行的程度不同。为了物料衡算简化起见，下面只写出用官能团表示的三个主反应方程式：

酯化反应（esterification）

$$\sim\!\!\sim\!\!\langle\bigcirc\rangle\!-COOH + HOCH_2CH_2OH \longrightarrow \sim\!\!\sim\!\!\langle\bigcirc\rangle\!-COOH_2CH_2OH + H_2O\uparrow$$

酯化缩聚反应（polycondensation by esterification）

$$\sim\!\!\sim\!\!\langle\bigcirc\rangle\!-COOH + HOCH_2CH_2OH\!-\!\langle\bigcirc\rangle\!\sim\!\!\sim \longrightarrow \sim\!\!\sim\!\!\langle\bigcirc\rangle\!-COOH_2CH_2OOC\!-\!\langle\bigcirc\rangle\!\sim\!\!\sim + H_2O\uparrow$$

缩聚反应（polycondensation）

$$2\ \sim\!\!\sim\!\!\langle\bigcirc\rangle\!-COCH_2CH_2OH \longrightarrow \sim\!\!\sim\!\!\langle\bigcirc\rangle\!-COCH_2CH_2OOC\!-\!\langle\bigcirc\rangle\!\sim\!\!\sim + HOCH_2CH_2OH\uparrow$$

在酯化反应釜中，以酯化反应与酯化缩聚反应为主；在缩聚釜中，以酯化缩聚与缩聚反应为主，在此不考虑副反应，也不对副反应进行物料衡算。为了描述各反应进行的程度特做如下定义：

$$酯化率：x=\frac{参加反应\ PTA(mol)}{PTA\ 初始(mol)}=\frac{PTA\ 初始(mol)-PTA\ 残留(mol)}{PTA\ 初始(mol)}=\frac{N_{T0}-N_T}{N_{T0}} \tag{4-7}$$

$$缩聚反应程度：p=\frac{生成\ PET\ 链节(mol)}{PTA\ 初始(mol)}=\frac{N_P}{N_{T0}} \tag{4-8}$$

乙二醇与 PTA 摩尔比：

$$M_r=\frac{N_{E0}}{N_{T0}} \tag{4-9}$$

平均聚合度：

$$\overline{X_n}=\frac{1}{1-p} \tag{4-10}$$

② 物理化学变化（相变化）。在各酯化釜中，由于反应温度高，高于水和 EG 的沸点，酯化生成的水被蒸出反应体系。由于气液平衡关系，所以反应液中仍含有少量的水。水在蒸出的同时，按气液平衡关系夹带出一定比例的 EG。为了保持酯化反应的原料配比，蒸出的 EG 经分离后全部返回到反应器中，所以各酯化反应器中 $M_r=M_{r0}$。

在缩聚反应釜中，为了使缩聚反应向生成聚合物的方向移动，需尽量降低反应液中 EG 的含量，所以缩聚阶段特别是在反应后期，需在高真空的条件下进行。各缩聚釜中生成的 EG 大部分被蒸出，使 $M_r<M_{r0}$，但由于气液平衡关系的存在，反应液中仍有少量的 EG。

（3）收集数据资料

① 生产规模。设计任务书中规定的年产量（生产能力）：10 万吨 · a^{-1}

② 生产时间。年工作日：336d · a^{-1}（24h · d^{-1}）

③ 相关技术指标

工艺配方：

催化剂用量：$c=0.05\%$（质量）PTA

消光剂用量：$d=0.5\%$（质量）PTA（配制成 20%EG 混合浆液）

投料配比：$M_{r0}=N_{E0}:N_{T0}=1.12$

切粒、包装工序物料损失率：$e=0.5\%$。

④ 质量标准（略）

⑤ 化学变化及物理化学变化的变化关系

化合物名称	对苯二甲酸	乙二醇	水	PET 链节	聚合物
相对分子质量符号	M_T	M_{EG}	M_W	M_P	M_{PET}
相对分子质量	166	62	18	162	19454

由于各反应器中发生的主要化学反应相同，但反应进行的程度（x、p）不同，所以各反应器中物质组成变化的计量关系是相同的，分别如下：

各反应器反应液中聚合物数量$=N_{T0}[M_T+(2x-p)M_{EG}-2xM_W]$ (4-11)

各反应器反应液中乙二醇数量$=N_{T0}(M_r-2x+p)M_{EG}$ (4-12)

酯化反应生成水数量$=2N_{T0}\Delta xM_W$ (4-13)

各酯化釜中水、EG 的汽化量和反应液中残留量由表 4-3 中参数计算。

各缩聚釜蒸出 EG 数量$=N_{T0}\cdot\Delta M_r\cdot M_{EG}$ (4-14)

表 4-3 各反应器工艺控制参数及相关的气液平衡数据

反应器位号	R101	R102	R201	R202	R300
x	0.89	0.97	0.99	1	1
p	0.75	0.87	0.96	0.984	0.9901
M_r	1.12	1.12	1.05	1.026	1.0099
$\overline{X_n}$	4.0	7.6923	25.0	62.5	101.0
抽出低聚物/%(质量)	0	0	0.1(a)	0.05(b)	0
H_2O 汽化/%(质量)	97	90			
汽相 EG/%(摩尔)	36.75	39.37			

（4）选择计算基准与计算单位

因为是连续操作过程，所以计算基准选时间，计算单位定为 $kg\cdot h^{-1}$。

（5）确定计算顺序

虽然整个工艺过程比较复杂，但可以得到产品产量与主要原料（PTA）投料量之间的比例关系，所以采用顺流程的计算顺序。

（6）计算主要原料（PTA）投料流量

PET 熔体流量与 PTA 理论投料流量（W_T'）的关系：

$$熔体流量=\frac{M_{PET}}{\overline{X_n}\times M_T}W_T'+(c+d)\times W_T'=\frac{19454}{101\times166}W_T'+0.0055W_T'=1.1658W_T'\ kg\cdot h^{-1}$$

$$PTA实际投料流量=\frac{W_T'}{(1-a)\times(1-b)}=\frac{熔体流量}{0.999\times0.9995\times1.1658}$$

$$=0.85905\times熔体流量\ kg\cdot h^{-1}$$

该生产装置年产量 10 万吨，年开工 336d，连续生产，切粒、包装工序物料损失率 0.5%。

$$PET熔体流量=\frac{100000\times10^3}{336\times24\times(1-0.005)}=12463.11kg\cdot h^{-1}$$

PTA 投料质量流量：$W_{T0}=12463.11\times0.85905=10706.44kg\cdot h^{-1}$

PTA 投料摩尔流量：$N_{T0}=10706.44\div166=64.4966kmol\cdot h^{-1}$

（7）顺流程逐个设备展开计算

① R101 物料衡算

101.0

PTA：$10706.44kg\cdot h^{-1}$

EG：$N_{T0}\times M_{r0}\times M_{EG}=N_{T0}\times1.12\times62=4478.64kg\cdot h^{-1}$

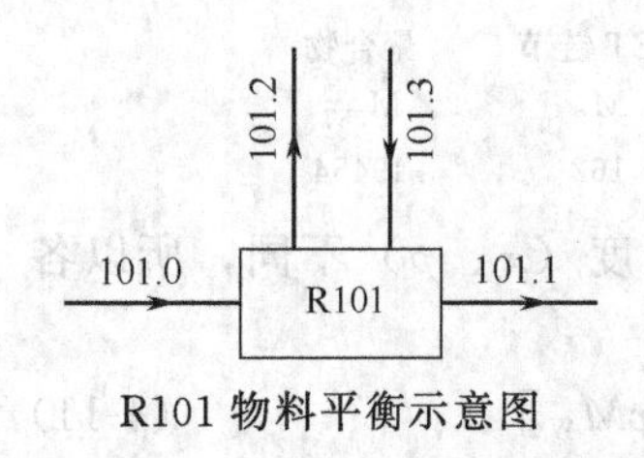

R101 物料平衡示意图

催化剂：$W_{T0}\times 0.05\%=5.35\mathrm{kg}\cdot\mathrm{h}^{-1}$

合计：$10706.44+4478.64+5.35=15190.43\mathrm{kg}\cdot\mathrm{h}^{-1}$

101.2

H_2O：$2N_{T0}\times\Delta x\times M_w\times 0.97=2N_{T0}\times 0.89\times 18\times 0.97$

$=2004.48\mathrm{kg}\cdot\mathrm{h}^{-1}$（酯化反应生成的水有97%被汽化）

EG：$2004.48\times\dfrac{0.3675}{1-0.3675}\times\dfrac{62}{18}=4011.60\mathrm{kg}\cdot\mathrm{h}^{-1}$（气相中EG摩尔分率为0.3675）

合计：$2004.48+4011.60=6016.08\mathrm{kg}\cdot\mathrm{h}^{-1}$

101.3

EG：$4011.60\mathrm{kg}\cdot\mathrm{h}^{-1}$（蒸出的乙二醇经分离后全部返回到反应器R101中，且无其他组分）

101.1

催化剂：$5.35\mathrm{kg}\cdot\mathrm{h}^{-1}$

H_2O：$2004.48\times 0.03\div 0.97=61.99\mathrm{kg}\cdot\mathrm{h}^{-1}$（反应液中水的残留量是生成水量的3%）

EG：$N_{T0}\times(M_r-2x+p)\times M_{EG}=N_{T0}\times(1.12-2\times 0.89+0.75)\times 62$

$=359.89\mathrm{kg}\cdot\mathrm{h}^{-1}$

聚合物：$N_{T0}\quad[M_T+(2x-p)M_{EG}-2xM_w]$

$=N_{T0}\times[166+(2\times 0.89-0.75)\times 62-2\times 0.89\times 18]$

$=12758.72\mathrm{kg}\cdot\mathrm{h}^{-1}$

合计：$5.35+61.99+359.89+12758.72=13185.95\mathrm{kg}\cdot\mathrm{h}^{-1}$

R101物料平衡验算：总进料量$=15190.43+4011.60=19202.03\mathrm{kg}\cdot\mathrm{h}^{-1}$

总出料量$=13185.95+6016.08=19202.03\mathrm{kg}\cdot\mathrm{h}^{-1}$

②R102物料衡算

102.2

H_2O：$(2N_{T0}\times\Delta x\times 18+61.99)\times 0.9=[2N_{T0}\times(0.97-0.89)\times 18+61.99]\times 0.9$

$=222.97\mathrm{kg}\cdot\mathrm{h}^{-1}$（R102中生成水加上R101中残留水的90%被蒸出）

EG：$222.97\times\dfrac{0.3937}{1-0.3937}\times\dfrac{62}{18}=498.70\mathrm{kg}\cdot\mathrm{h}^{-1}$

（气相中EG摩尔分率为0.3937）

合计：$222.97+498.70=721.67\mathrm{kg}\cdot\mathrm{h}^{-1}$

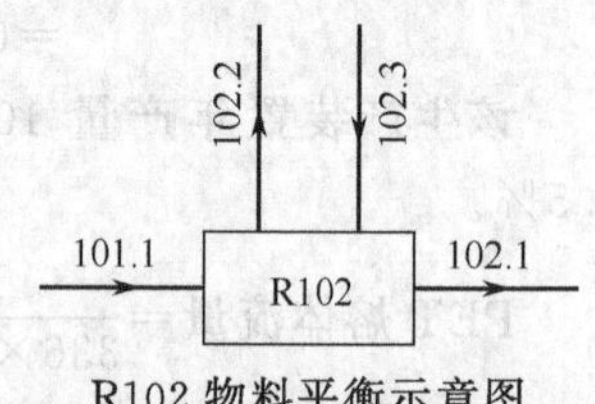

R102 物料平衡示意图

102.3　EG：$498.70\mathrm{kg}\cdot\mathrm{h}^{-1}$

102.1

催化剂：$5.35\mathrm{kg}\cdot\mathrm{h}^{-1}$

H_2O：$222.97\times 0.1\div 0.9=24.77\mathrm{kg}\cdot\mathrm{h}^{-1}$

EG：$N_{T0}\times(M_r-2x+p)\times M_{EG}=N_{T0}\times(1.12-2\times 0.97+0.87)\times 62$

$=199.94\mathrm{kg}\cdot\mathrm{h}^{-1}$

聚合物：$N_{T0}[M_T+(2x-p)M_{EG}-2xM_w]$

$=N_{T0}\times[166+(2\times 0.97-0.87)\times 62-2\times 0.97\times 18]$

$=12732.92\text{kg}\cdot\text{h}^{-1}$

合计：$5.35+24.77+199.94+12732.92=12962.98\text{kg}\cdot\text{h}^{-1}$

R102 物料平衡验算：总进料量$=13185.95+498.70=13684.65\text{kg}\cdot\text{h}^{-1}$

总出料量$=12962.98+721.67=13684.65\text{kg}\cdot\text{h}^{-1}$

③ R201 物料衡算

在 R201 中加入消光剂 EG 溶液（003.1）。由于抽真空会有少量聚合物被夹带出，使 201.1 中的 N_{T0} 减少为 N'_{T0}，同时夹带出极少量的消光剂及催化剂。

003.1 （20%消光剂-EG 混合浆液）

消光剂：$W_T\times0.005=53.53\text{kg}\cdot\text{h}^{-1}$

EG：$53.53\times0.8\div0.2=214.12\text{kg}\cdot\text{h}^{-1}$

合计：$53.53+214.12=267.65\text{kg}\cdot\text{h}^{-1}$

102.1 → R201 → 201.1；201.2 ↑；003.1 ↓

R201 物料平衡示意图

201.1 $N'_{T0}=0.999\times N_{T0}=64.4321\text{kmol}\cdot\text{h}^{-1}$

（由于抽真空带出低聚物引起）

消光剂：$53.53\times0.999=53.48\text{kg}\cdot\text{h}^{-1}$

催化剂：$5.35\times0.999=5.34\text{kg/h}$

EG：$N'_{T0}\times(M_r-2x+p)\times M_{EG}=N'_{T0}\times(1.05-2\times0.99+0.96)\times62$

$=119.84\text{kg}\cdot\text{h}^{-1}$

聚合物：$N'_{T0}\ [M_T+(2x-p)M_{EG}-2xM_w]$

$=N'_{T0}\times[166+(2\times0.99-0.96)\times62-2\times0.99\times18]$

$=12474.05\text{kg}\cdot\text{h}^{-1}$

合计：$53.48+5.34+119.84+12474.05=12652.71\text{kg}\cdot\text{h}^{-1}$

201.2

消光剂：$53.53\times0.001=0.05\text{kg}\cdot\text{h}^{-1}$

催化剂：$5.35\times0.001=0.01\text{kg}\cdot\text{h}^{-1}$

H_2O:$2N_{T0}\times\Delta x\times18+24.77=2N_{T0}\times(0.99-0.97)\times18+24.77=71.21\text{kg}\cdot\text{h}^{-1}$

（R201 中生成的水加上 R102 中残留的水全部被蒸出）

EG：$N_{T0}\times\Delta M_r\times M_{EG}+214.12=N_{T0}\times(1.12-1.05)\times62+214.12=494.04\text{kg}\cdot\text{h}^{-1}$

（随消光剂带入的乙二醇全部被蒸出）

聚合物：$12474.05\times0.001\div0.999=12.49\text{kg}\cdot\text{h}^{-1}$（抽真空带出低聚物的数量）

合计：$0.05+0.01+71.21+494.04+12.49=577.80\text{kg}\cdot\text{h}^{-1}$

R201 物料平衡验算：总进料量$=12962.98+267.65=13230.63\text{kg}\cdot\text{h}^{-1}$

总出料量$=12652.71+577.80=13230.51\text{kg}\cdot\text{h}^{-1}$

④ R202 物料衡算

在 R202 中由于抽真空会有少量聚合物被夹带出，使 201.1 中的 N'_{T0} 减少为 N''_{T0}。同时夹带出极少量的消光剂及催化剂。

202.1 $N''_{T0}=0.9995\times N'_{T0}=64.3999\text{kmol}\cdot\text{h}^{-1}$（由于抽真空带出低聚物引起）

消光剂：$53.48\times0.9995=53.45\text{kg}\cdot\text{h}^{-1}$

催化剂：$5.34\times0.9995=5.34\text{kg}\cdot\text{h}^{-1}$

EG：$N''_{T0}\times(M_r-2x+p)\times M_{EG}=N''_{T0}\times(1.026-2+0.984)\times62=39.93\text{kg}\cdot\text{h}^{-1}$

聚合物：N''_{T0}　$[M_T+(2x-p)M_{EG}-2xM_w]=N''_{T0}$　$\times[166+(2-0.984)\times62-2\times18]$
$=12428.67kg\cdot h^{-1}$

合计：$53.45+5.34+39.93+12428.67=12527.39kg\cdot h^{-1}$

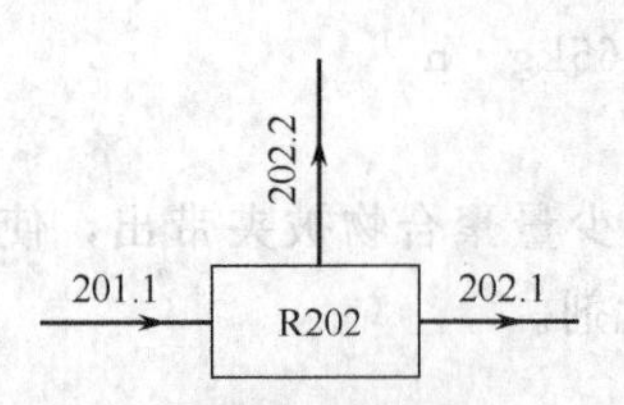

R202 物料平衡示意图

202.2

消光剂：$53.48\times0.0005=0.03kg\cdot h^{-1}$

催化剂：$5.34\times0.0005=0.00kg\cdot h^{-1}$

H_2O：$2N'_{T0}$　$\times\Delta x\times18=2N'_{T0}$　$\times(1-0.99)\times18$
$=23.20kg\cdot h^{-1}$

聚合物：$12428.67\times0.0005\div0.9995=6.22kg\cdot h^{-1}$

EG：N'_{T0}　$\times\Delta M_r\times M_{EG}=N'_{T0}$　$\times(1.05-1.026)\times62=95.88kg\cdot h^{-1}$

合计：$0.03+23.19+95.88+6.22=125.33kg\cdot h^{-1}$

R202 物料平衡验算：总进料量$=12652.72kg\cdot h^{-1}$

总出料量$=12527.39+125.33$
$=12652.72kg\cdot h^{-1}$

⑤ R203 物料衡算

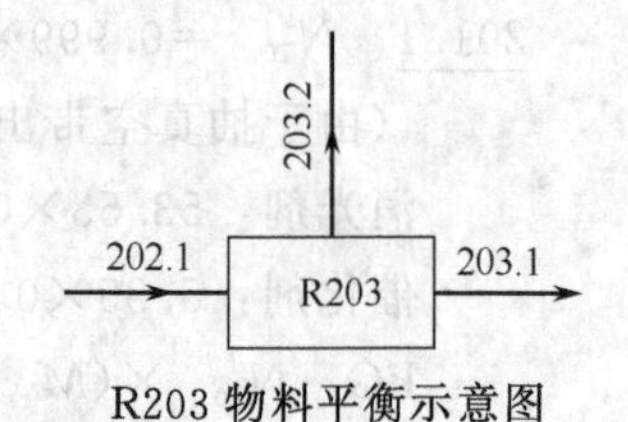

R203 物料平衡示意图

203.1　消光剂：$53.45kg\cdot h^{-1}$　Cat：$5.34kg\cdot h^{-1}$

EG：N''_{T0}　$\times(M_r-2x+p)\times M_{EG}=0kg\cdot h^{-1}$

聚合物：N''_{T0}　$[M_T+(2x-p)M_{EG}-2xM_w]$
$=N''_{T0}$　$\times[166+(2-0.9901)\times62-2\times18]=12404.31kg\cdot h^{-1}$

合计：$53.45+5.34+12404.31=12463.10kg\cdot h^{-1}$

203.2　EG：$=N''_{T0}$　$\times\Delta M_r\times62$
$=N''_{T0}$　$\times(1.026-1.0099)\times62$
$=64.28kg\cdot h^{-1}$

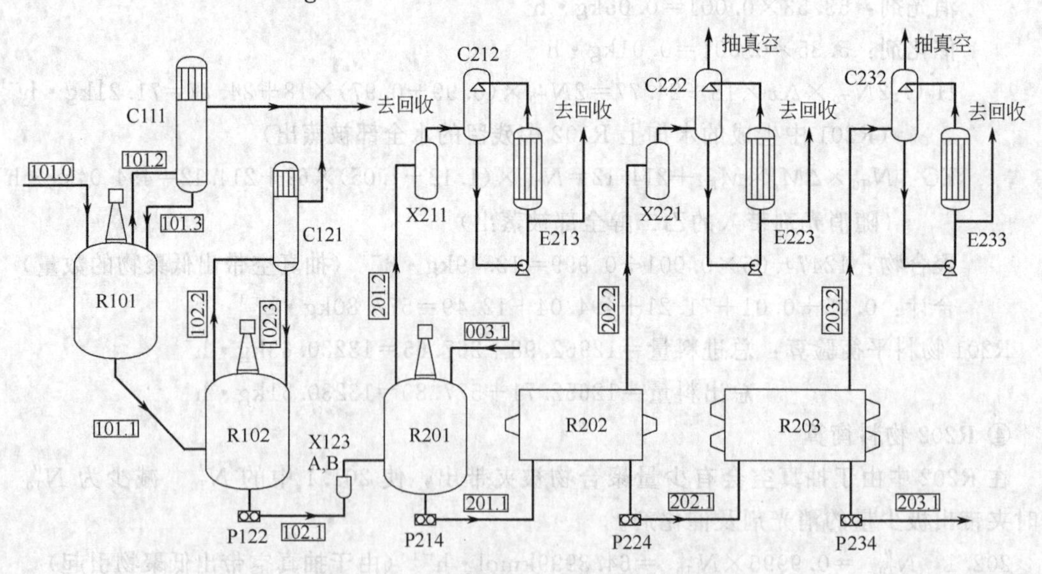

图 4-7　PTA 直接酯化缩聚连续操作物料流程示意图

R101，R102—酯化反应器；R201，R202，R203—缩聚反应器；C111，C121—精馏塔；X123A，B—过滤器；X211，X221—低聚物分离器；C212，C222，C232—乙二醇喷淋冷凝器；E213，E223，E233—乙二醇冷却器；P122，P214，P224，P234—物料输送泵

R203 物料平衡验算：总进料量＝12527.39kg・h^{-1}

总出料量＝12463.10＋64.28＝12527.38kg・h^{-1}

计算出的 203.1 的数量与开始计算时求出的 PET 熔体的流量相同，说明物料衡算的整个过程是正确的，也可以对进出整个体系物料做平衡验算说明计算过程是正确的。

(8) 绘制物料流程图（图 4-7)，编写物料平衡表（表 4-4)，该表格省略了物料温度、压力、密度、比热容、黏度等物性数据。

表 4-4　PTA 直接酯化缩聚连续操作物料平衡表　　单位：kg・h^{-1}

物流代号	PTA	EG	W	催化剂	消光剂	聚合物	合计
101.0	10706.44	4478.64		5.35			15190.43
101.1		359.89	61.99	5.35		12758.72	13185.95
101.2		4011.60	2004.48				6016.08
101.3		4011.60					4011.60
102.1		199.94	24.77	5.35		12732.92	12962.98
102.2		498.70	222.97				721.67
102.3		498.70					498.70
201.1		119.84		5.34	53.48	12474.05	12652.71
201.2		494.04	71.21	0.01	0.05	12.49	577.80
003.1		214.12			53.53		267.65
202.1		39.93		5.34	53.45	12428.67	12527.39
202.2		95.88	23.20		0.03	6.22	125.33
203.1				5.34	53.45	12404.31	12463.10
203.2		64.28					64.28

5 热量衡算

5.1 概述

热量衡算（heat balance calculation）是指根据能量守恒定律（energy conservation law）对设备在操作过程中传入热量或传出热量的平衡计算。对于单台设备的热量衡算可结合到物料衡算或设备的设计计算中，在设计文件中不单独列出。

5.1.1 热量衡算的内容及作用

(1) 为后续工艺设计提供依据

① 间歇操作过程的热量衡算

a. 计算高峰热负荷（最大传热速率）。由于间歇操作过程为非定态操作过程（non-steady state process），物料状态、化学变化和物理变化速率随时间变化而变化，因此必须用高峰热负荷计算设备传热面积、传热介质流量、工艺管径等，以满足最大操作负荷时的工艺要求。

b. 计算热负荷变化规律（传热速率随时间变化曲线），为控制方案的选择提供依据，如选用何种传热介质、传热介质的温度及范围、流量及范围等。

② 连续操作过程的热量衡算。由于连续操作过程为定态操作过程（steady state process），物料状态、反应状态等不随时间变化而变化，所以热负荷（传热速率）也不随时间变化而变化，因此连续操作过程热量衡算的内容主要是计算正常操作时的传热速率，为设备传热面积、传热介质流量、工艺管径等的计算及控制方案的选择提供依据。对于完整的工艺设计过程，还需计算连续装置开、停车时传热速率的变化情况，以便为辅助工艺控制过程的设计提供依据。

(2) 热量消耗的计算及能源的综合利用

热量消耗的计算主要是为经济核算等提供依据，因此需要按单位操作时间（批、天、月、年）或处理单位物质质量所需消耗热量进行计算。另外还需根据热量衡算的结果，解决能源合理应用的问题。

(3) 为其他专业的设计提供依据

提出传热介质的种类、相态、使用温度范围、使用压力范围、传热介质流量及用量、设备是否需要保温等设计条件，为公用工程、自控仪表等的设计提供依据。

5.1.2 热平衡方程

在化工过程中，各种热量之间的转换关系可以用热平衡方程表示：

$$\sum Q = \sum H_{出} - \sum H_{进} \tag{5-1}$$

其中 $\sum Q$——设备或系统与外界环境交换热量之和，通常包括热损失，kJ；

$\sum H_{出}$——离开设备或系统各股物料的焓之和，kJ；

$\sum H_{进}$——进入设备或系统各股物料的焓之和，kJ。

在解决实际问题时，热平衡方程写成以下形式更容易计算：

$$Q_T = Q_1 + Q_2 + Q_3 + Q_4 \tag{5-2}$$

式中　Q_T ——设备或系统内物料与外界交换热量之和（传入热量为正、传出热量为负），kJ；

Q_1 ——由于物料温度变化，系统与外界交换的热量（当有相变时，应分段计算，升温为正、降温为负），kJ；

Q_2 ——由于物料发生各种变化（化学反应、相变、溶解、混合等），系统与外界交换的热量（吸热为正、放热为负），kJ；

Q_3 ——由于设备温度改变，系统与外界交换的热量（设备升温为正、设备降温为负），kJ；

Q_4 ——设备向外界环境散失的热量（操作温度高于环境温度为正、操作温度低于环境温度为负），kJ。

（5-2）式还可以写成如下形式：

$$q_T = q_1 + q_2 + q_3 + q_4 \quad (\mathrm{kJ \cdot h^{-1}}) \tag{5-3}$$

（5-3）式中各项 q 的物理意义与（5-2）式中相对应，（5-2）式是按交换的热量（kJ）建立的热平衡方程式，（5-3）式是按传热速率（$\mathrm{kJ \cdot h^{-1}}$）建立的热平衡方程式，在实际设计中（5-3）式更具有使用意义。

5.1.3　各种热量的计算方法

（1）q_1 或 Q_1 的计算（显热）

根据物理化学的基础知识有：

① 恒容变化过程：$q_V = w\int_{T_1}^{T_2} C_V \mathrm{d}T$　或　$Q_V = W\int_{T_1}^{T_2} C_V \mathrm{d}T$　(5-4)

式中　C_V ——恒容热容，$\mathrm{kJ \cdot kg^{-1} \cdot ℃^{-1}}$；

T_1、T_2 ——物料进、出口温度，℃；

w ——物料质量流量，$\mathrm{kg \cdot h^{-1}}$；

W ——物料质量，kg；

q_V ——恒容变化过程中，系统与环境传热速率，$\mathrm{kJ \cdot h^{-1}}$；

Q_V ——恒容变化过程中，系统与环境交换热量，kJ。

② 恒压变化过程：$q_P = w\int_{T_1}^{T_2} C_P \mathrm{d}T$　或　$Q_P = W\int_{T_1}^{T_2} C_P \mathrm{d}T$　(5-5)

式中　C_P ——恒压热容，$\mathrm{kJ \cdot kg^{-1} \cdot ℃^{-1}}$；

q_P ——恒压变化过程中，系统与环境传热速率，$\mathrm{kJ \cdot h^{-1}}$；

Q_P ——恒压变化过程中，系统与环境交换热量，kJ。

③ 液体或固体：　$C_V \approx C_P$　(5-6)

④ 混合物料体系：　$C_{Pm} = \sum w_i C_{Pi}$　(5-7)

式中　w_i ——各组分质量分数；

C_{Pi} ——各组分恒压热容，$\mathrm{kJ \cdot kg^{-1} \cdot ℃^{-1}}$。

⑤ 间歇操作过程：　$q_1 = WC_P \dfrac{\mathrm{d}T}{\mathrm{d}t}$　(5-8)

式中　q_1 ——由于物料温度变化，系统与环境传热速率，$\mathrm{kJ \cdot h^{-1}}$；

$\frac{dT}{dt}$——物料温度随时间的变化速率，℃·h^{-1}。

升温时，q_1 或 $Q_1>0$，降温时，q_1 或 $Q_1<0$。

（2）q_2 或 Q_2 的计算（化学反应热、相变热、溶解热、混合热等）

① 当物料发生化学反应时：

$$q_2=\Delta H_r r_A V_R \tag{5-9}$$

式中 V_R——反应液体积，m^3；

r_A——化学反应速率，kmol·m^{-3}·h^{-1}；

ΔH_r——化学反应热，kJ·$kmol^{-1}$；

q_2——由于物料发生化学反应，系统与环境传热速率，kJ·h^{-1}。

或：

$$Q_2=\frac{W}{M}\Delta H_r\Delta x \tag{5-10}$$

式中 W——反应物质量，kg；

M——反应物的相对分子质量，kg·$kmol^{-1}$；

Δx——反应物转化率的变化；

Q_2——由于物料发生化学反应，系统与外界交换热量，kJ。

吸热反应 q_2 或 Q_2 为正，放热反应 q_2 或 Q_2 为负。

② 当物料发生其他物理变化时：

$$q_2=\sum w_i\Delta H_i \tag{5-11}$$

式中 w_i——发生某种变化的物质的质量流量，kg·h^{-1}；

ΔH_i——单位物质发生该变化吸收或放出的热量，kJ·kg^{-1}。

变化过程为吸热过程时，$q_2>0$，变化过程为放热过程时，$q_2<0$。当物料发生相变时，传热方向如下：

$$\text{固体}\underset{\text{放热}}{\overset{\text{吸热}}{\rightleftharpoons}}\text{液体}\underset{\text{放热}}{\overset{\text{吸热}}{\rightleftharpoons}}\text{气体}$$

（3）q_3 或 Q_3 的计算（设备温度变化）

$$q_3=\sum W_i C_{Pi}\frac{dT_m}{dt} \tag{5-12}$$

式中 W_i——设备各部分的质量，kg；

C_{Pi}——设备各部分的热容，kJ·kg^{-1}·$℃^{-1}$；

$\frac{dT_m}{dt}$——设备温度随时间变化速率，℃·h^{-1}；

q_3——由于设备变温，系统与环境传热速率，kJ·h^{-1}。

或：

$$Q_3=\sum W_i C_{Pi}\Delta T_m \tag{5-13}$$

式中 ΔT_m——设备温度变化前后的温差，℃。

通常在间歇操作过程中，物料起始时的温度与终止时的温度是不同的，设备的温度也随之而变化，因此间歇操作 $q_3\neq0$。若物料变化前后温度差别较大，则需要在下批投料前调整设备的温度，以保证每一个操作周期物料的温度变化过程相同。对于连续操作，由于操作过程是在定态条件下进行的，物料温度与设备温度都不随时间而变化，此时 $q_3=0$。但在开停车或排除故障时 $q_3\neq0$。设备升温，$q_3>0$，设备降温，$q_3<0$。

（4）q_4 或 Q_4 的计算（热损失）

$$q_4=3.6\times\sum S_i\alpha_i(T_i-T_0) \tag{5-14}$$

式中　S_i ——设备各部分的表面积，m^2；

α_i ——设备各部分表面对环境的传热系数，$W \cdot m^{-2} \cdot ℃^{-1}$；

T_i ——设备各部分表面温度，℃；

T_0——环境温度，℃；

q_4 ——热损失速率，$kJ \cdot h^{-1}$。

或：
$$Q_4 = 3.6 \times \sum A_i \alpha_i (T_i - T_0) \times t \tag{5-15}$$

式中　t ——操作时间，h。

当设备表面与环境温差较大时，应在设备外面包上保温介质。此时，保温层外部的温度与设备裸露处的温度是不同的，各部分热损失应分别计算。

空气自然对流，$T_w < 150℃$条件下，在平壁保温层外：

$$\alpha_T = 9.8 + 0.07(T_w - T_0)(W \cdot m^{-2} \cdot ℃^{-1}) \tag{5-16}$$

在圆管或圆筒保温层外：

$$\alpha_T = 9.8 + 0.052(T_w - T_0)(W \cdot m^{-2} \cdot ℃^{-1}) \tag{5-17}$$

式中　T_w ——设备表面温度，℃。

设备操作温度高于环境温度时，$q_4 > 0$，设备操作温度低于环境温度时，$q_4 < 0$。在实际设计中，若设备有保温层时，为简化计算，常取热损失速率为总传热速率的10%。

(5) 搅拌热的考虑

搅拌设备中的物料为低黏度流体时，搅拌热可忽略不计。但对于自由基本体聚合、熔融缩聚、高浓度溶液聚合等，当转化率较高时，反应液黏度较高，此时由于搅拌器与流体之间的摩擦和不同流速流体之间的内摩擦而产生的热量对反应温度的影响是不容忽略的。例如在间歇缩聚反应后期，虽然反应体系温度高于280℃，有一定的热损失，但由于熔体黏度高，搅拌热大，因此无需加热就可保持反应温度。有时控制不当，反应温度还会自动冲过反应温度设定的上限值。

在做热量衡算时应该考虑搅拌热的贡献，但搅拌热的影响因素比较复杂，与反应器的结构、搅拌器的结构、搅拌器转速、流体的流动性能等因素有关，因此往往由现场操作测得，或根据经验采取相应的措施，保证反应温度控制在设定范围内。

5.1.4　传热介质的用量

(1) 传热介质用量的计算

$$G_h = \frac{q_T}{\Delta H + C_P \Delta t} \tag{5-18}$$

式中　G_h ——传热介质的流量，$kg \cdot h^{-1}$；

ΔH ——传热介质相变热，$kJ \cdot kg^{-1}$；

C_P ——传热介质的比热，$kJ \cdot kg^{-1} \cdot ℃^{-1}$；

Δt ——传热介质进出口温差，℃。

若传热介质相变温度介于其进出口温度之间，则需分段计算。

传热介质可以是起加热作用，也可以是起冷却作用。传热方式可以是间接加热方式（通过传热面传热），也可以是直接加热方式（直接与物料混合）。无论那种情况，传热介质用量的计算方法基本相同。

(2) 燃料消耗量的计算

$$G_B = \frac{q_T}{\eta_B Q_B} \tag{5-19}$$

式中 G_B ——燃料消耗量，$kg \cdot h^{-1}$；

η_B ——燃烧炉的热效率；

Q_B ——燃料的发热值，$kJ \cdot kg^{-1}$。

(3) 电能消耗量的计算

$$E = \frac{q_T}{3600\eta} \tag{5-20}$$

式中 E ——电消耗功率，kW；

η ——用电设备的电功效率（一般取 0.85～0.95）。

5.2 单台设备的热量衡算

5.2.1 基本步骤

① 全面了解物料在各个设备中发生的化学变化及物理变化，凡是与外界有热量交换的设备均需要进行热量衡算。

② 确定计算对象、计算目的、计算内容及计算单位。

根据计算对象（连续操作还是间歇操作、是单台设备还是全系统）和计算目的（为操作过程的控制提供设计依据还是进行能量消耗及成本核算）确定计算内容。若计算能量消耗及成本核算，则按（5-2）式对传热量进行平衡计算，计算单位为 kJ、$kJ \cdot B^{-1}$、$kJ \cdot kg^{-1}$ 等。若计算传热面积或传热介质流量等，则应按（5-3）式对传热速率进行平衡计算，计算单位通常为 $kJ \cdot h^{-1}$。若为间歇操作，则应按高峰热负荷的传热速率计算传热面积。

③ 收集数据

a. 工艺参数：温度、压力、反应程度等。

b. 物料衡算的结果：处理量（流量或数量）、组成、变化数量等。

c. 各种物性数据：热容、反应热、相变热、溶解热等。

④ 列出热量平衡关系式。

⑤ 逐项计算各热量的数值及传递方向，按传递方向确定（5-3）式或（5-2）式等号右侧各热量的正负号。

⑥ 求出与外界的传热量、传热速率、传热方向。

由（5-3）式或（5-2）式右侧各项热量加和后得到的 q_T 或 Q_T 若为正值，说明需由外界向系统内提供热量，此时需使用加热介质；若为负值，说明需由系统内向外界撤除热量，此时需使用冷却介质。

⑦ 归纳整理计算结果。

5.2.2 反应器热量衡算示例

例 5-1 间歇反应器（B. R.）等温反应过程的热量恒算

在一个间歇操作的反应器进行二级恒温变容反应过程，反应动力学方程如下：

$$r_A = -\frac{dN_A}{Vdt} = kC_A^2 \quad 或 \quad r_x = \frac{dx}{dt} = kC_{A0}\frac{(1-x)^2}{(1+\varepsilon x)} \tag{a}$$

其中，反应物初始浓度 $C_{A0}=4\text{kmol}\cdot\text{m}^{-3}$，反应速率常数 $k=0.2080\text{m}^3\cdot\text{kmol}^{-1}\cdot\text{h}^{-1}$，体积收缩系数 $\varepsilon=-0.2$，反应温度 $T_R=80℃$。该反应为吸热反应，反应热 $\Delta H_R=5.41\times10^4\text{kJ}\cdot\text{kmol}^{-1}$，反应物相对分子质量 $M=60$，反应液起始混合密度 $\rho_0=970\text{kg}\cdot\text{m}^{-3}$，每批投料量 $W_0=3880\text{kg}$，反应终点转化率 $x=0.8$、反应器的总传热系数 $K=500\text{W}\cdot\text{m}^{-2}\cdot℃^{-1}$。用 $T_S=130℃$ 的水蒸气加热，忽略设备升温需要的热量及热损失，计算反应器的传热面积。

解：该反应过程为间歇操作，属于非定态操作过程。对（a）式进行数值积分可得到转化率与反应时间关系式：

$$t=kC_{A0}\int_0^x\frac{(1+\varepsilon x)}{(1-x)^2}\mathrm{d}x \tag{b}$$

有关动力学模拟计算过程可参见例 11-1。

用（5-3）式进行热平衡计算，因为是恒温反应，所以 $q_1=0$。按题意 $q_3=0$、$q_4=0$。因此有：

$$q_T=q_2=\Delta H_R r_A V_R \tag{c}$$

式中反应速率用（a）式计算，变反应反应液的体积为：

$$V_R=V_{R0}(1+\varepsilon x)=\frac{W_0}{\rho_0}(1+\varepsilon x) \tag{d}$$

反应器的传热面积（S）可由传热速率方程计算：

$$q_T=3.6KS\Delta t=3.6KS\ (T_S-T_R) \tag{e}$$

由于反应物浓度随时间变化，反应速率随时间变化，所以传热速率（q_T）及所需的传热面积（S）也随时间变化，因此必须按所需最大传热面积设计反应器的传热面积。详细计算过程见书中所附光盘，计算结果见图 5-1。

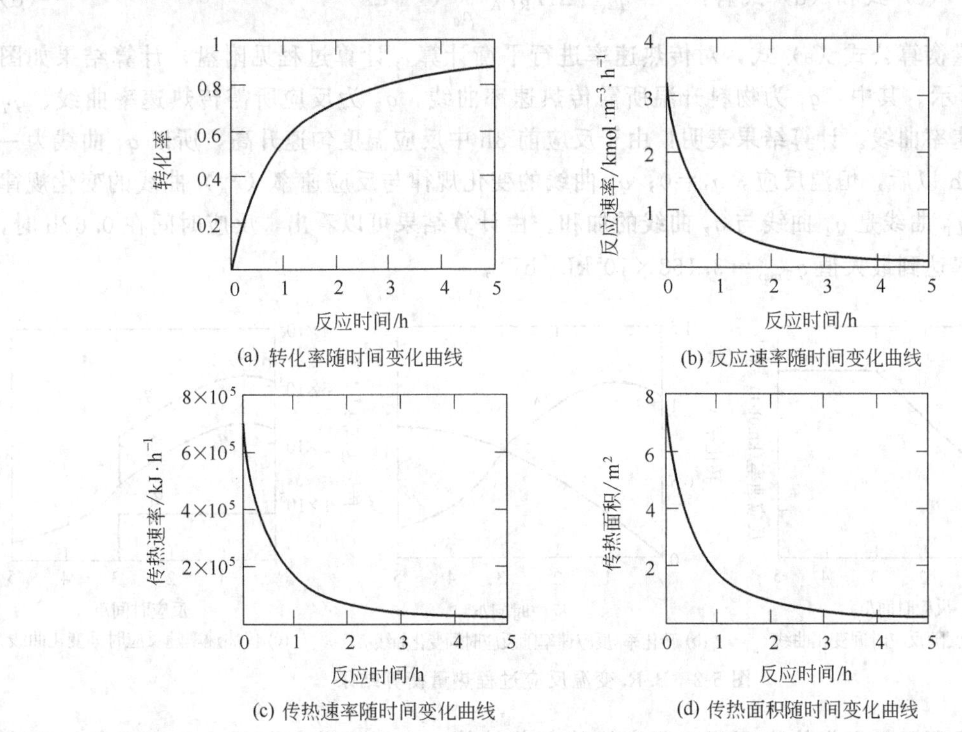

图 5-1　B. R. 恒温反应过程热量衡算结果

由图 5-1 的计算结果可以看出反应起始时反应速率最快，传热速率最快，$q_{\mathrm{Tmax}}=7.201\times 10^5\mathrm{kJ}\cdot\mathrm{h}^{-1}$，对应的最大传热面积为 8.00 m^2。

例 5-2 间歇反应器变温反应过程的热量恒算

在例 5-1 题中的反应体系中采用升温的方法控制反应的进行，升温曲线如图 5-2（a）中的曲线。反应液混合比热 $C_{\mathrm{Pm}}=2.09\mathrm{kJ}\cdot\mathrm{kg}^{-1}\cdot℃^{-1}$、反应频率因子 $A=5.66\times 10^7\mathrm{m}^3\cdot\mathrm{kmol}^{-1}\cdot\mathrm{h}^{-1}$、反应活化能 $E=57\mathrm{kJ}\cdot\mathrm{mol}^{-1}$、其他有关数据取自例 5-1。

① 用饱和水蒸气加热，水蒸气与反应液温度差恒定为 50℃，计算反应器的传热面积；

② 用 130℃饱和水蒸气加热，计算反应器的传热面积；

③ 用 130℃饱和水蒸气加热，计算水蒸气的流量及每批反应水蒸气的总用量。

解：①通过对该反应过程的模拟计算可得到转化率与时间关系，该计算过程比较复杂，具体方法见例 11-2。在例题 11-2 模拟计算结果基础上，用（5-3）式对每批反应过程的传热速率进行平衡计算，按题意 $q_3=0$、$q_4=0$，得到以下关系式：

$$q_{\mathrm{T}}=q_1+q_2 \tag{a}$$

由（5-8）式有：

$$q_1=WC_{\mathrm{Pm}}\frac{\mathrm{d}T}{\mathrm{d}t} \tag{b}$$

按图 5-2（a）中的温度控制曲线，升温速率随时间的关系为：

$$\begin{cases}\dfrac{\mathrm{d}T_{\mathrm{R}}}{\mathrm{d}t}=10 & (t\leqslant 3\mathrm{h})\\[2ex] \dfrac{\mathrm{d}T_{\mathrm{R}}}{\mathrm{d}t}=0 & (t>3\mathrm{h})\end{cases} \tag{c}$$

由例 5-1 中（c）式和（d）式有：

$$q_2=\Delta H_{\mathrm{R}}r_{\mathrm{A}}\frac{W_0}{\rho_0}(1+\varepsilon x) \tag{d}$$

用热量衡算公式（a）式，对传热速率进行平衡计算，计算过程见附盘，计算结果如图 5-2（c）所示。其中：q_1 为物料升温所需传热速率曲线，q_2 为反应所需传热速率曲线、q_{T} 为总传热速率曲线。计算结果表明：由于反应前 3h 中反应温度匀速升高，所以 q_1 曲线为一水平线，3h 以后，恒温反应，$q_1=0$；q_2 曲线的变化规律与反应速率（r_{A}）曲线的变化规律相似；而 q_{T} 曲线是 q_1 曲线与 q_2 曲线的加和。由计算结果可以看出，反应时间在 0.62h 时，总传热速率达到最大值 $q_{\mathrm{Tmax}}=3.163\times 10^5\mathrm{kJ}\cdot\mathrm{h}^{-1}$。

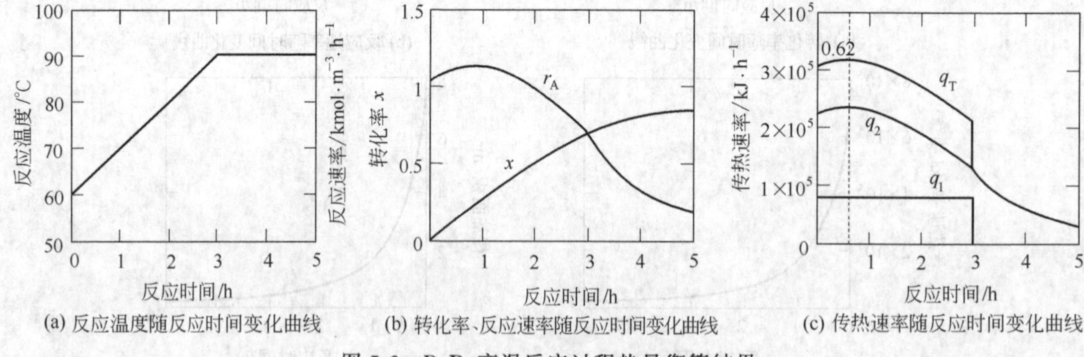

(a) 反应温度随反应时间变化曲线 (b) 转化率、反应速率随反应时间变化曲线 (c) 传热速率随反应时间变化曲线

图 5-2 B.R. 变温反应过程热量衡算结果

反应器所需的最大传热面积应用高峰热负荷计算，由于水蒸气与反应液温度差恒定为 50℃，所以有：

$$S_{\max}=\frac{q_{\mathrm{Tmax}}}{3.6K\Delta T}=\frac{q_{\mathrm{Tmax}}}{3.6K(T_S-T_R)}=\frac{3.163\times10^5}{3.6\times500\times50}=3.51\mathrm{m}^2$$

比恒温反应过程所需传热面积小一半多。

② 用130℃饱和水蒸气加热，计算反应器的传热面积。

由于水蒸气温度不变，反应温度升高，所以传热介质与物料的温差随反应时间延长而降低。所需传热面积随反应时间的变化由下式计算：

$$S(t)=\frac{q_T}{3.6K\Delta T(t)}=\frac{q_T(t,x)}{3.6K[T_S-T_R(t)]} \tag{e}$$

计算过程见附盘，计算结果见图5-3中的曲线。可以看出，反应时间为1.84h，所需传热面积最大，为3.0m²。

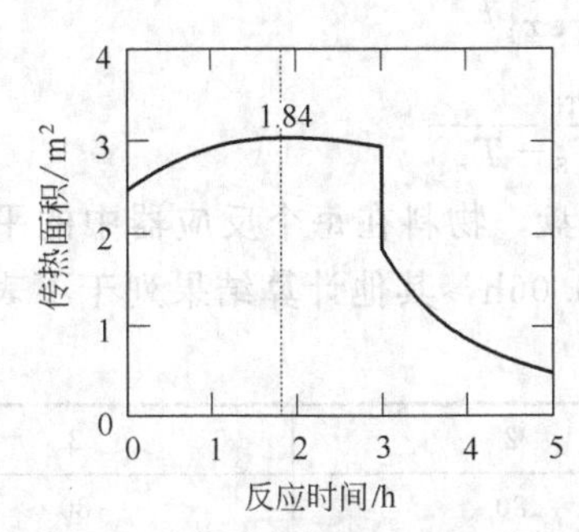

图5-3 所需传热面积随时间变化曲线

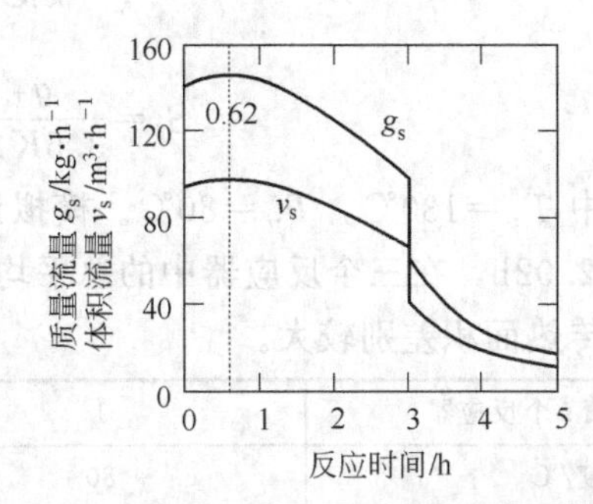

图5-4 所需水蒸气流量随时间变化曲线

③ 用130℃饱和水蒸气加热，计算水蒸气流量的变化及每批反应水蒸气总用量。

查手册，130℃饱和水蒸气冷凝热 $\Delta H_s=2177.6\mathrm{kJ\cdot kg^{-1}}$，密度 $\rho_s=1.494\mathrm{kg\cdot m^{-3}}$，用(5-18)式计算反应过程中水蒸气的质量流量并转换成体积流量，计算结果见图5-4。水蒸气用量随反应时间而变化，反应时间在0.62 h，水蒸气质量流量最大为145.24 kg·h⁻¹，水蒸气体积流量最大为97.22m³·h⁻¹。由该计算结果，可以进行配管计算及自控阀门的选择。

用(5-2)式对每批反应过程进行热量交换的平衡计算：

$$Q_T=Q_1+Q_2 \tag{f}$$

由(5-5)式：
$$Q_1=W_0\int_{T_1}^{T_2}C_P\mathrm{d}T=W_0C_{Pm}(T_2-T_1) \tag{g}$$

由(5-10)式：
$$Q_2=\Delta H_R\frac{W_0}{M}\Delta x \tag{h}$$

每批反应所需总传热量：

$$Q_T=Q_1+Q_2=3880\times2.09\times(90-60)+5.41\times10^4\times\frac{3880}{60}\times0.8=3.042\times10^6\mathrm{kJ\cdot B^{-1}}$$

每批反应水蒸气的总用量：
$$G_S=\frac{3.042\times10^6}{2177.6}=1397\mathrm{kg\cdot B^{-1}}$$

例5-3 多釜串联连续反应器的热量恒算

在例5-1题的反应体系中采用三釜串联理想混合反应器连续操作，物料在三个反应器中的平均停留时间相同，要求出口转化率达到80%，均用130℃水蒸气加热，各反应器的总传热系数相同 $K=500\mathrm{W\cdot m^{-2}\cdot ℃^{-1}}$，进料流量 $w=4433\mathrm{kg\cdot h^{-1}}$，其他有关数据取自例5-1。采用两种温度控制方案，计算各反应器传热面积。

① 物料预热至80℃后加入第一反应器，三个反应器反应温度均为80℃。

② 物料预热至 60℃后加入第一反应器，三个反应器反应温度分别为 70℃、80℃、90℃。

解：①各反应器反应温度均为 80℃

该反应过程为连续操作，属于定态操作过程，反应状态不随时间变化而变化，在各反应器中的平均停留时间及出口转化率的计算方法见例 11-10。在例 11-10 计算结果的基础上，用（5-3）式进行热量衡算，式中 $q_{1i}=0$、$q_{3i}=0$、$q_{4i}=0$。由于是变容反应，所以对各反应器应有：

$$q_{Ti}=q_{2i}=\Delta H_r r_{Ai} V_{Ri}=\Delta H_r r_{Ai}\frac{w}{\rho_0}(1+\varepsilon x_i) \qquad (a)$$

$$r_{Ai}=k_i C_{Ai}^2=k_i C_{A0}^2\left(\frac{1-x_i}{1+\varepsilon x_i}\right)^2 \qquad (b)$$

$$S_i=\frac{q_{Ti}}{3.6K\Delta T}=\frac{q_{Ti}}{3.6K(T_S-T_{ri})} \qquad (c)$$

其中 $T_S=130$℃，$T_{ri}=80$℃。模拟计算过程见附盘，物料在每个反应器中的平均停留时间为 2.02h，在三个反应器中的总平均停留时间为 6.06h，其他计算结果列于下表，三个反应器传热面积差别较大。

第 i 个反应器	1	2	3
反应温度/℃	80	80	80
传热速率/$kJ\cdot h^{-1}$	2.760×10^5	1.130×10^5	5.459×10^4
传热面积/m^2	3.066	1.256	0.617

② 各反应器反应温度不相同

由于各反应器中反应温度不同，所以 $q_{1i}\neq0$、$q_{2i}\neq0$，其中 q_{1i} 可由下式计算：

$$q_{1i}=wC_p(T_{ri}-T_{ri-1}) \qquad (d)$$

$$q_{Ti}=q_{1i}+q_{2i} \qquad (e)$$

各反应器的传热速率用（e）式计算，传热面积用（c）式计算，其中 $T_S=130$℃，$T_{r0}=60$℃，而 $T_{r1}\sim T_{r3}$ 分别取 70℃，80℃，90℃。模拟计算过程见附盘，物料在反应器中的总平均停留时间为 5.67h，其他计算结果列于下表。由于各反应器传热面积相近，所以三个反应器的传热面积可以设计为相同。

第 i 个反应器	1	2	3
反应温度/℃	70	80	90
q_{1i}/$kJ\cdot h^{-1}$	9.256×10^4	9.256×10^4	9.256×10^4
q_{2i}/$kJ\cdot h^{-1}$	1.883×10^5	1.173×10^5	0.669×10^5
总传热速率/$kJ\cdot h^{-1}$	2.809×10^5	2.099×10^5	1.596×10^5
传热面积/m^2	2.601	2.332	2.216

6 设备工艺计算

设备工艺计算是在确定了设备的操作工艺参数及进行了物料衡算、热量衡算的基础上进行的。其内容主要是确定设备的类型、规格、主要工艺尺寸、设备台数等，其目的是为设备机械设计、车间平面布置、配管设计等提供设计依据。

化工设备按设计制造过程可分为定型设备（标准设备）和非定型设备（非标设备）两大类。化工工艺设计中的设备工艺计算应包括定型设备的选型、配台和非定型设备的工艺设计。

定型设备（prototype equipment）是由设备生产厂家标准化地、系列化地、成批地制造的，其特点是具有通用性，且造价低。定型设备有产品目录或样本手册，有不同的型号、系列、规格及不同的生产厂家。若决定采用定型设备，则只需根据工艺要求选择适当的设备型号及规格，确定设备台数即可。通常泵、换热器、储罐等设备有大量的定型设备可供选择。相对于非定型设备来说，由于定型设备的造价较低，通用性好，所以在可能的情况下，应尽量选用定型设备。

非定型设备（non-prototype equipment）是根据生产工艺的具体要求进行设计加工制造的，这类设备是化工生产中专用的特殊设备。选用非定型设备，首先要根据工艺要求进行设备的工艺设计（确定设备的类型、主要工艺尺寸等），然后由设备专业人员进行设备的机械设计，再由设备制造工厂进行加工制造，所以这类设备造价较高，通用性差。反应器、精馏塔、特殊的换热器等通常属于非定型设备。对于非定型设备在设计时也应尽量选用标准部件，以降低制造成本，如封头、管口直径、搅拌桨等。

6.1 设备选型及设计的原则

化工设备是进行化工生产过程的物质基础，它对装置的生产能力、操作过程的稳定性和可靠性、产品的质量等都起着重要的作用，因此设备工艺计算是工艺设计中的重要环节。设备选型与设计应遵循如下原则。

① 合理性。设备必须满足工艺设计的一般要求，设备要与工艺流程、生产规模、操作条件、控制水平等相适应，同时又能充分发挥每个设备的生产能力。在设计中特别要注意各设备之间生产能力和操作方式的协调关系，防止在整个生产装置中的某个设备处出现瓶颈现象。

② 先进性。设备的运转可靠性、自控水平、生产能力、生产效率等要尽可能达到先进水平。

③ 安全性。生产过程稳定，有一定的弹性。工人在操作时劳动强度小，便于操作。安全可靠，无事故隐患，尽量避免高温高压操作，尽量不使用有毒有害的设备材料。

④ 经济性。设备投资费用和操作费用要低。设备易于加工、维修及更新，且没有特殊的维护要求，对建筑地基和厂房等无苛刻要求。但在实际设计中投资费用与操作费用的降低往往是互相矛盾的，应根据具体情况进行合理的选择。

下面重点介绍反应器及其他常见典型设备的工艺设计与选型的方法。

6.2 反应器的工艺设计

反应过程是整个化工生产过程中决定产品最终产量与质量的关键环节，反应器（reactor）则是实现反应过程的核心设备，所以反应器设计水平的高低将直接影响产品质量与产量，影响生产效益与生产水平。

与一般的化学反应相比，聚合反应过程的特点是反应机理复杂，产品质量指标多，大多数反应体系随聚合反应的进行黏度急剧上升，物料粘壁现象严重，搅拌流动困难，传热传质不均匀等。这些特点给聚合反应器的设计带来更大的难度，因此如何选择反应器的类型及结构，并对反应器进行合理可靠的工艺设计是整个装置设计是否成功的关键。

由于聚合反应过程复杂，不同的聚合过程，动量传递、热量传递、质量传递要求差异性很大，所以聚合反应器的类型是多种多样的，并且具有很强的专用性。常见的聚合反应器以搅拌釜反应器为主，此外还有管式反应器、塔式反应器及各种特殊形式的反应器。绝大多数聚合反应器属于非定型设备，需要针对具体生产过程进行工艺设计。

6.2.1 基本要求及设计依据

反应器工艺设计时除需满足设备工艺设计的基本原则外，还必须满足以下具体要求。

(1) 产品质量与产量的要求

首先应根据不同反应的特点及对产品质量和产量的要求，选择适当的反应器类型，然后根据工艺参数中的反应时间（间歇操作）或停留时间（连续操作）及物料衡算中的每批反应数量（间歇操作）或流量（连续操作），确定反应器所需要的体积、台数、串并联方式、反应器的几何尺寸等。

(2) 物料流动的要求

为了使物料在反应器中充分接触、均匀混合，达到强化传热、传质及表面更新的目的，通常物料要处于一定的流动状态。对于釜式反应器，多设有搅拌装置，用于强制物料流动。对于管式反应器，采用外加泵的方法调节物料的流量及流速。

(3) 热量传递的要求

聚合反应过程常伴随有热传递现象。连锁聚合通常是放热反应，且放热集中，因此需要及时撤热。缩聚反应往往是在高温下进行的，需要供热，且传热速率比较平缓。针对不同反应过程的传热特点和物料的特性，选择不同的传热方式，提供足够的传热面积及传热介质的流量，以确保工艺参数的实现。

(4) 过程操作与控制的要求

聚合反应过程中工艺物料的进出、传热介质的进出、反应过程的观测与控制（视镜、测控口）、设备的安装与维修（人孔、手孔）、操作过程的安全装置（安全阀、放空口）等，都需要在反应器的不同位置设置不同尺寸的工艺管口。

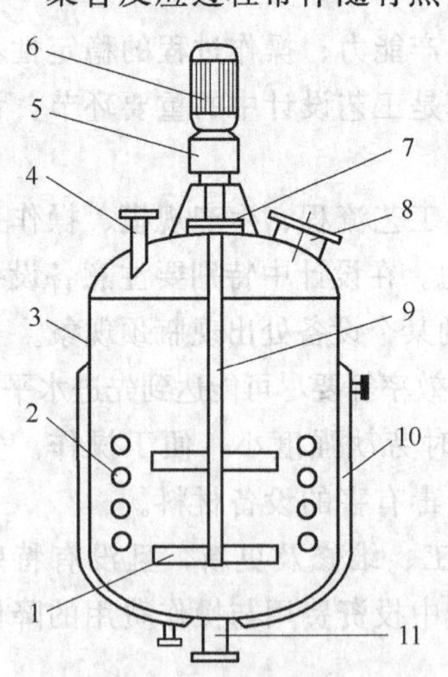

图 6-1 釜式反应器

1—搅拌桨；2—加热盘管；3—釜体；4—进料口；5—传动装置；6—电机；7—轴封；8—人孔；9—搅拌轴；10—夹套；11—出料口

6.2.2 聚合反应器的类型及特点

(1) 釜式反应器（tank reactor）

釜式反应器的基本结构如图 6-1 所示。这类反应器通常设有搅拌装置，所以又称为搅拌釜反应器（stirred-tank reactor）。搅拌装置的主要作用是强制物料流动，强化传热与传质效果；使物料充分接触，均匀混合；强化表面更新作用，有利于小分子组分汽化；使非均相物料分散。因此搅拌釜反应器对各种反应体系适应性强，操作弹性大，适用温度和压力范围广，既可用于间歇操作，又可用于连续操作。用于间歇操作时，生产灵活性大，更换品种方便，适应市场需求能力强。用于连续操作时，反应器操作过程稳定，产品质量均一，且多釜串联连续操作产量大，因此，搅拌釜反应器在聚合物合成中广泛使用。据统计搅拌釜反应器在聚合反应器中占 80%～90%，如乙烯、丙烯、氯乙烯、苯乙烯、醋酸乙烯、丙烯腈等的聚合釜，聚酯合成中的聚合釜，以及丁苯橡胶、氯丁橡胶、顺丁橡胶合成中的聚合釜都采用搅拌釜反应器。在聚合物生产过程中，除聚合反应器外，还有一些带搅拌装置的容器，如原料配制槽、溶解槽等。

随着化学反应技术理论的发展，为增大产量、降低成本，搅拌釜反应器日趋大型化。如悬浮法生产聚氯乙烯的聚合釜已发展到 $200m^3$。我国自行设计的间歇聚酯装置的聚合釜也发展到 $10m^3$。大大提高了产量与产品的均一性，同时降低了生产成本。

(2) 管式、塔式反应器（tubular reactor、tower reactor）

与搅拌釜反应器相比较，管式（塔式）聚合反应器的构造比较简单，这种反应器一般用于处理黏度较低的均相反应物料。它属于连续操作反应器，原料从反应器的一端连续地进入，在反应器内完成升温、反应等过程，产物与未反应的单体从另一端连续排出。在反应器内，物料的流动接近于平推流，返混程度不大，因此物料的浓度与温度沿反应器轴向分布。可根据加料速度来控制物料在反应器中的停留时间，也可按工艺要求分段控制反应温度。当反应器长径比较小时，为防止物料形成沟流，在反应器内可设置多层隔板。聚合管式反应器的基本结构如图 6-2 所示。管式（塔式）反应器约占聚合反应器的 10%～20%。如乙烯高压聚合、苯乙烯本体聚合、己内酰胺开环聚合、尼龙 66 的预缩聚等的反应器型式为管式（塔式）反应器。

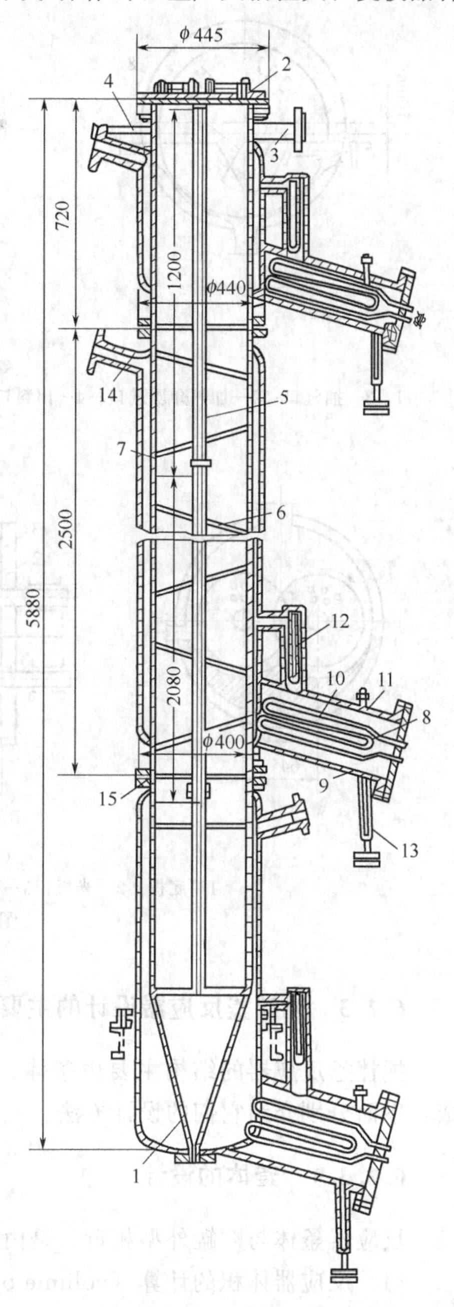

图 6-2　管式反应器

1—锥形底；2—顶盖；3—加料口；4—供氮接管；5—挡板管；6—挡液板；7—带夹套的管体；8—加热装置；9—加热室；10—电热棒；11—联苯进口管；12—温度计套管；13—联苯出口管；14—联苯蒸汽出口管；15—连接法兰

(3) 特种反应器（special reactor）

对于处理高黏度的聚合体系，如本体聚合或缩聚反应的后期，物料的黏度可达 500～5000Pa·s，此时，应采用特殊型式的反应器。例如螺杆型反应器（尼龙 66 的后缩聚反应采用的双螺杆反应器）、表面更新型反应器（聚酯生产中后缩聚反应采用的单轴或双轴卧式反应器），如图 6-3 所示。

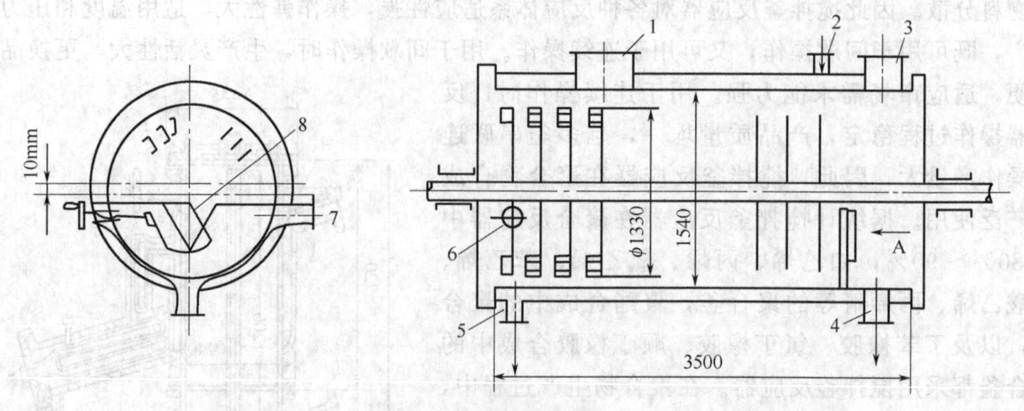

(a) 单轴卧式反应器

1，3—抽气口；2—加热介质进口；4—出料口；5—加热介质出口；6—进料口；7—固定挡板；8—活络堰板

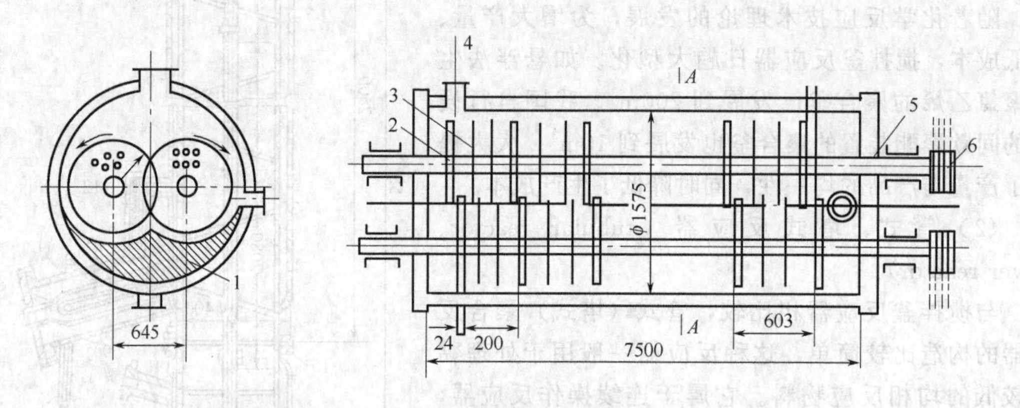

(b) 双轴卧式反应器

1—底板；2—光板；3—孔板；4—进料口；5—搅拌轴；6—传动链

图 6-3　卧式反应器

6.2.3　搅拌釜反应器设计的主要内容

搅拌釜反应器的结构主要由釜体、搅拌装置、传热装置、工艺接管、轴密封装置等组成，下面分别介绍它们的设计方法。

6.2.3.1　釜体的设计

反应器釜体与贮罐外型相近，是由圆形直筒部分与上下封头组成，如图 6-1 所示。

(1) 反应器体积的计算（volume of reactor）

① 间歇操作

a. 根据年产量确定日产量 W_d，$kg \cdot d^{-1}$

b. 确定生产周期或每天生产批数

$$\tau_T = \tau_R + \tau_a \tag{6-1}$$

式中　τ_T ——一个生产周期的时间，h；

τ_R ——反应达到预期转化率所需反应时间，h；

τ_a ——投料、出料、物料升（降）温、设备升（降）温等辅助操作时间，h。

$$\alpha=\frac{24}{\tau_T} \tag{6-2}$$

式中　α ——每天生产批数，$B \cdot d^{-1}$。

c. 选择反应器装料系数

$$\varphi=\frac{V_R}{V_T} \tag{6-3}$$

式中　V_R ——反应液体积（反应液体积变化时，按反应液最大体积计算），m^3；

V_T ——反应器实际体积，m^3。

搅拌釜反应器，φ 取 0.7～0.8，有起泡或沸腾时，φ 取 0.4～0.6。

d. 计算反应器体积及台数

$$V_R=\frac{W_d\tau_T}{\rho_m \times 24} \quad 或 \quad V_R=\frac{W_d}{\rho_m\alpha} \tag{6-4}$$

$$V_T=\frac{V_R}{\varphi} \tag{6-5}$$

式中　ρ_m ——反应液混合密度，$kg \cdot m^{-3}$。

若设计任务的产量大，需选用多台反应器时，间歇操作通常是多台反应器并联使用。为便于设备设计与制造，降低设备费，可取每个反应器体积（V_{Ti}）相同，此时：

$$V_{Ti}=\frac{V_R}{n_T} \tag{6-6}$$

式中　n_T ——反应器台数，个。

② 连续操作

a. 根据年产量确定每小时处理物料量 w_d，$kg \cdot h^{-1}$；

b. 确定物料平均停留时间 τ（无辅助操作时间），h；

c. 确定装料系数 φ（同间歇操作）；

d. 计算反应器体积及台数。

连续操作反应液体积计算公式如下：

$$V_R=\frac{\omega_d\tau}{\rho_m} \tag{6-7}$$

反应器实际体积计算公式同间歇操作的计算公式（6-5）。连续操作通常是多个反应器串联使用，也可取每个反应器体积相同。

(2) 釜体外形尺寸的设计（shape dimension）

① 确定封头型式。封头（end plate）是化工设备的重要组成部分，它与圆形直筒部分一起组成设备的外壳，如储罐、塔设备、换热器、反应器等设备的釜体均是由筒体与封头组成的。

搅拌釜反应器常用的封头型式有标准椭圆封头、蝶封头、锥封头等，对于一般的贮罐，还可以采用平封头，它们的基本设计参数见表 6-1，形状见图 6-4。

a. 标准椭圆封头（standard ellipse head）如图 6-4（a）所示，由椭圆曲面及圆筒形直边两部分组成。椭圆曲面部分是长轴与短轴之比为 2∶1 的半椭圆弧线，围绕椭圆短轴轴线旋转而形成的曲面。标准椭圆封头的直边高度与封头的直径有关，如表 6-2 所示。从力学角度，标准椭圆封头的应力分布比较均匀，封头的强度与和与其相连接的筒体强度相等，所以搅拌釜反应器和压力容器的封头大都选用标准椭圆封头。椭圆封头的具体设计标准可参见附录。

表 6-1　各种封头的设计参数

封头名称	封头高度(h)	封头侧面积(S)	封头体积(V)	封头名称	封头高度(h)	封头侧面积(S)	封头体积(V)
半球封头	$0.5D$	$1.571D^2$	$0.2618D^3$	标准椭圆封头	$0.25D$	$1.083D^2$	$0.131D^3$
60°锥封头	$0.866D$	$1.571D^2$	$0.2267D^3$	碟封头	$0.225D$	$1.063D^2$	$0.122D^3$
120°标准锥封头	$0.3754D$	$1.123D^2$	$0.1397D^3$	球面封头	$0.134D$	$0.842D^2$	$0.0539D^3$
90°锥封头	$0.5D$	$1.111D^2$	$0.1309D^3$	平封头	0	$0.785D^2$	0

注：所有计算公式均不包括封头直边高度部分，D 为反应器釜体直径。

表 6-2　标准椭圆封头直边高度与直径的关系

设备直径/mm	300、350	400、450	500～2200	2200～3200	＞3200
直边高度/mm	25	25、40	25、40、50	40、50	50

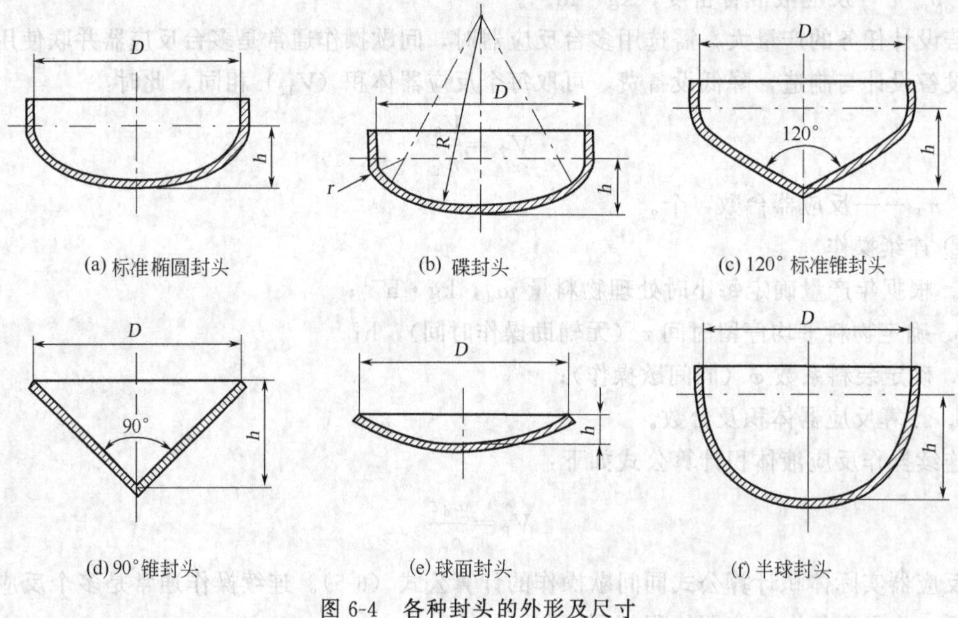

图 6-4　各种封头的外形及尺寸

b. 碟封头（dished head）是由三段圆弧连接成的曲线沿轴线旋转而形成的曲面，如图 6-4（b）所示。由于在曲率半径不同的两个曲面连接处存在着弯曲应力，所以强度不如标准椭圆封头。但二者的外形非常接近，当标准椭圆封头模具加工困难时，可用碟封头代替。

c. 锥形封头（conical head）如图 6-4（d）所示。由于几何形状的原因，应力分布不均匀，但加工简单，造价低，通常用于固体物料的存放，锥度越小，排料越通畅。在特殊情况下，也可以用于压力较低的反应器中。如间歇缩聚反应器，由于反应产物黏度高，排料困难，所以采用 120°标准锥封头作为下封头以便于出料，如图 6-4（c）所示。

d. 球面封头（spherical head）一般用于卧式容器的两端封头，如图 6-4（e）、（f）所示。除标准椭圆封头外，碟封头和 120°标准锥封头等也有一段圆筒形直边部分，在设计工艺管口位置时，应注意避开反应釜直筒部分与封头部分的连接位置。

② 确定封头与筒体的连接方式。封头与筒体的连接形式有两种：焊接连接和法兰连接。法兰连接便于设备内部结构的安装与检修，但造价较高，密封性能较差；焊接连接设备结构简单、造价低、密封性能好，但不利于设备安装与检修，为此常在釜体上封头上开设人孔。一般来说，对于搅拌釜反应器，若反应器直径较大，对密封要求较高时，应采用焊接连接。若直径较小，内部结构比较复杂，对安装和检修要求较明确时，可采用法兰连接。容器法兰及垫片的设计标准参见附录。

容器法兰的密封面型式有平面、凹凸面和榫槽面三种（图 6-5），其中榫槽面法兰密封性能最好，平面法兰最差，但平面法兰造价低，因此可根据设备的性能要求进行选择。

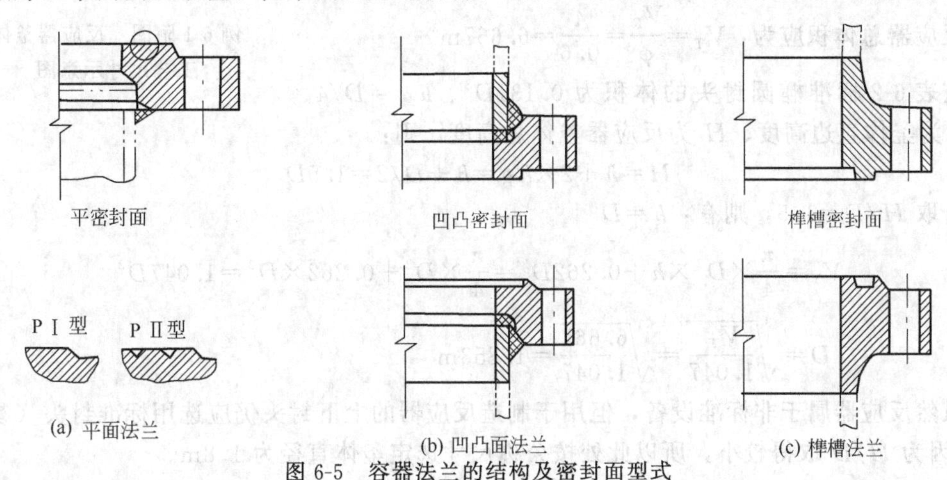

图 6-5 容器法兰的结构及密封面型式

③ 选择长径比（H/D）。

H ——釜体总高度（height，包括封头高度），m；

D ——釜体直径（diameter），m。

H/D 小（矮胖型），釜内液体比表面积大，表面更新容易，小分子组分易汽化；搅拌轴相对较短，搅拌装置旋转稳定；搅拌桨直径大，需要搅拌功率高；对传热面积的增加不利；传热距离较长，传热效果差。

H/D 大（瘦高型），釜内液体比表面积小，有利于气体吸收；搅拌轴较长，加工困难，且旋转不稳定；单位反应器体积夹套传热面积较大，传热距离较短，传热效果较好。表 6-3 列出了几种搅拌反应器釜体的长径比。

表 6-3 几种搅拌反应器釜体的长径比

种 类	物料类型	H/D
一般搅拌罐	液-固、液-液	1～1.5
	气-固	1～2
发酵罐		1.7～2.5

④ 计算并选择釜体内径。

⑤ 计算釜体直边高度。

⑥ 计算最高液位、最低液位。

⑦ 画出反应器几何外型示意图。

下面举例说明搅拌釜反应器外型尺寸设计计算方法。

例 6-1 有一变容反应体系，采用搅拌釜反应器，日产量 $W_d=26.6t\cdot d^{-1}$，间歇操作。$\tau_R=3h$、$\tau_a=0.5h$、$\rho_m=970kg\cdot m^{-3}$、体积收缩系数 $\varepsilon=-0.2$、$\varphi=0.6$、$H/D=1.5\sim2$，上下封头均用标准椭圆封头，如本题附图所示，确定反应器几何外型尺寸。

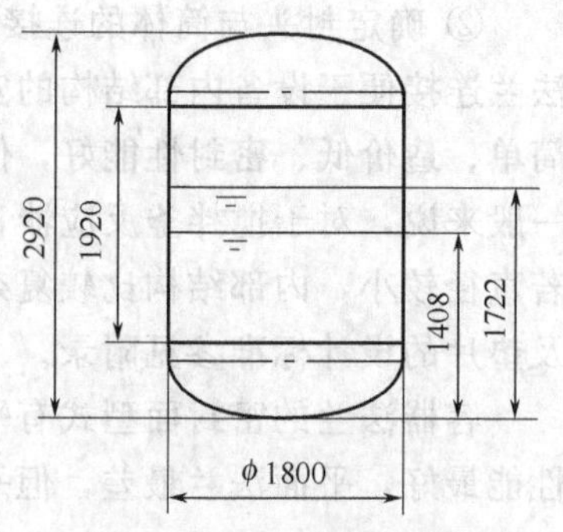

例 6-1 附图　反应器釜体工艺尺寸示意图

解：间歇操作周期：$\tau_T=\tau_R+\tau_a=3+0.5=3.5h$

反应液体积：$V_R=\dfrac{W_d\tau_T}{\rho_m\times24}=\dfrac{26.6\times10^3\times3.5}{970\times24}\approx4.000m^3$

反应器总体积应为：$V_T=\dfrac{V_R}{\varphi}=\dfrac{4}{0.6}=6.667m^3$

查表 6-2 标准椭圆封头的体积为 $0.131D^3$、$h_{封}=D/4$。

令：h 为釜体直边高度、H 为反应器釜体总高度，则：

$$H=h+2\times h_{封}=h+D/2=1.5D$$

若取 $H/D=1.5$，则有：$h=D$

$$V_T=\frac{\pi}{4}\times D^2\times h+0.262D^3=\frac{\pi}{4}\times D^3+0.262\times D^3=1.047D^3$$

$$D=\sqrt[3]{\frac{V_T}{1.047}}=\sqrt[3]{\frac{6.667}{1.047}}=1.853m$$

虽然反应器属于非标准设备，但用于制造反应器的上下封头仍应选用标准封头（参见附录）。因为 H/D 取得较小，所以此处按公称尺寸选定釜体直径为 1.8m。

釜体的直边高度为：$h=\dfrac{V_T-2\times V_{封}}{0.785\times D^2}=\dfrac{6.667-2\times0.131\times1.8^3}{0.785\times1.8^2}=2.020m$

釜体实际高度为：$H=h+2\times h_{封}=2.020+2\times1.8/4=2.920m$

根据表 6-1 取封头直边高度为 50mm，釜体圆形直筒部分高度：$2.020-2\times0.05=1.920m$

反应器的实际体积为：$V_T=\dfrac{\pi}{4}\times D^2h+0.262\times D^3=0.785\times1.8^2\times2.02+0.262\times1.8^3=6.666m^3$

反应器实际长径比：$H/D=2.92/1.8=1.622$。

最高液位：$h_{max}=h_{封}+\dfrac{V_R-V_{封}}{0.785\times D^2}=0.45+\dfrac{4-0.131\times1.8^3}{0.785\times1.8^2}=1.722m$

最低液位：$h_{min}=h_{封}+\dfrac{(1+\varepsilon)\times V_R-V_{封}}{0.785\times D^2}=0.45+\dfrac{(1-0.2)\times4-0.131\times1.8^3}{0.785\times1.8^2}=1.408m$

反应器的几何外型示意图及设计尺寸见本题附图。

6.2.3.2 搅拌装置的设计

搅拌釜反应器中的搅拌器（stirrer）通常由搅拌桨叶和搅拌轴等组成，通过搅拌器的旋转向流体输入机械能，从而使流体产生流动。流体在流动过程中进行动量、热量、质量传递及化学反应，因此搅拌器的主要功能有以下几项。

① 混合功能。使浓度、重度、温度、黏度不同的物料混合均匀。

② 搅动功能。使物料强烈流动及表面更新，提高传热、传质速率。

③ 分散功能。使气体、液体、固体小颗粒分散在液体介质中，增加不同物质的接触面，提高相间传质、传热速率。

④ 悬浮功能。使固体颗粒或小液滴均匀地悬浮在连续的液相中。

不同的反应体系，对搅拌器功能要求不同。例如均相反应体系以混合、搅动功能为主；非均相体系，四个功能均要求，特别是对分散与悬浮功能的要求更显突出；连续操作对搅拌器混合功能要求比间歇操作要高，以保证物料连续进入反应器后能够迅速混合均匀；聚合反应过程多为高黏体系，流动混合及传热传质十分困难，搅拌功率很大，因此对搅拌器功能的要求与低黏体系有很大差别。

搅拌桨叶的型式及尺寸、搅拌桨叶的层数及安装位置、搅拌器转速、搅拌附件的安装与否等是决定液体流动特性的本质因素，进而影响搅拌器功能的实现。

（1）搅拌器的结构型式

按搅拌桨叶（stirrer vane）的结构型式将常见的搅拌器分类如表 6-4 中所示。表 6-4 还给出了常见搅拌桨叶的设计尺寸及安装尺寸，可供设计时参考使用。本书附盘中给出了常见搅拌桨三维模型及动画的多媒体课件。

表 6-4 搅拌桨叶的结构型式及设计参数

型式		结构	设计参数
桨式		(a) 平桨 (b) 斜桨	$Z=2\sim4$ $d/D=1/4\sim1/2$ $b/d=1/10\sim1/4$ $C/D=0.5\sim0.75$ $u_t=1.5\sim3m/s$
涡轮桨	开启式	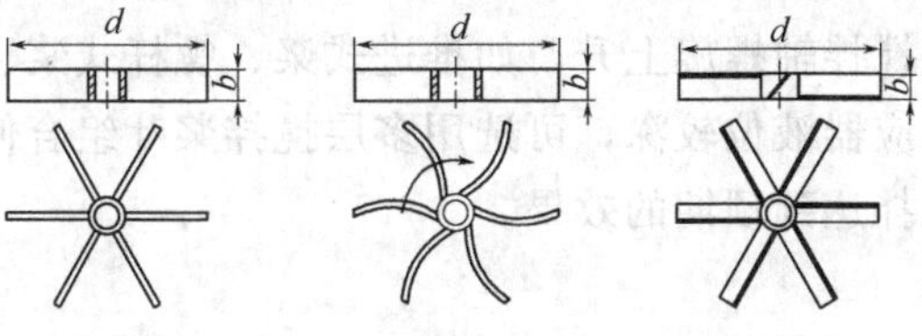 (a) 直叶 (b) 弯叶 (c) 斜叶	$Z=4\sim8$ $d/D=1/4\sim1/2$ $b/d=1/8\sim1/5$ $C/D=1$ $u_t=2\sim10m/s$
涡轮桨	圆盘式	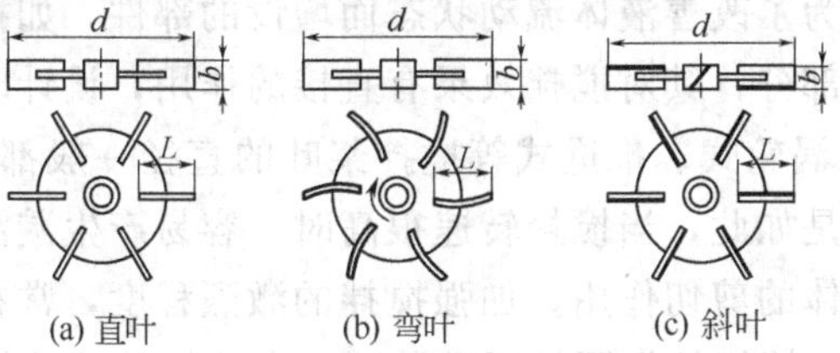 (a) 直叶 (b) 弯叶 (c) 斜叶	$d:L:b=20:5:4$ 其他参数同上
锚式桨 框式桨		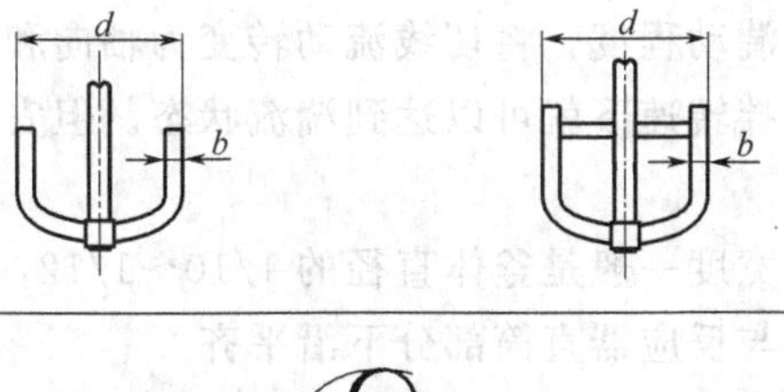	$d/D=0.95$ $b/d=1/14\sim1/10$ $u_t=0.15\sim0.5m/s$
推进式桨 （螺旋桨）		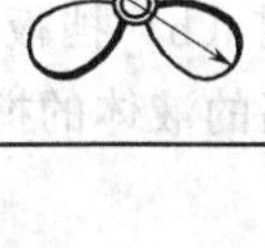	$Z=3$ $d/D=1/4\sim1/3$ $s/d=1$ $C/D=1$ $u_t=5\sim15m/s$

续表

型式	结构	设计参数
螺带式桨	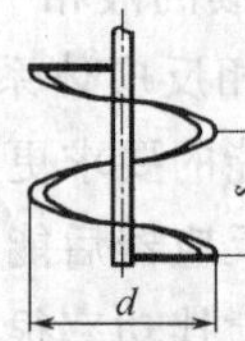 s d 单螺带 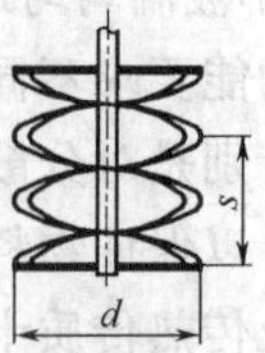 s d 双螺带	$Z=1$、2 $d/D=0.95$ $b/d=1/10$ $s/d=1$ $u_t<2\text{m/s}$
螺杆式桨	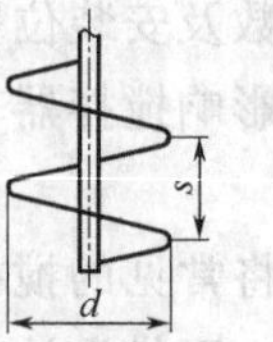 s d	$s/d=1$ 有导流筒

注：D—釜体直径；d—搅拌桨叶直径；b—搅拌桨叶宽度；Z—搅拌桨叶数；C—搅拌叶距釜底距离；s—螺旋叶面桨的螺距；u_t—搅拌桨叶端线速度。

搅拌桨叶与搅拌轴之间的夹角不同，对流体产生的搅拌效果不同，按此原则可将搅拌桨大致分为三类。

平叶桨：搅拌桨叶与搅拌轴平行，以剪切作用为主，流动类型为径向流动，如平桨、直叶或弯叶涡轮桨、锚式桨、框式桨等。

折叶桨：搅拌桨叶与搅拌轴有一定的夹角，以循环流动为主，流动类型为轴向流动，如斜桨、开启式折叶涡轮桨和圆盘式折叶涡轮桨等。

螺旋叶面桨：搅拌桨叶绕搅拌轴螺旋上升，如推进式桨、螺杆式桨、螺带式桨等。

若瘦高型反应釜或大型反应器液位较深，可选用多层搅拌桨叶组合使用，而且可选用不同的搅拌桨叶进行组合，使搅拌达到预期的效果。

(2) 搅拌附件的设置

当搅拌桨叶直径比反应器内径小很多时，为达到更好的搅拌效果，通常需设置搅拌附件。搅拌附件是指在搅拌釜内为了改善液体流动状态而增设的部件，如挡板、导流筒等。搅拌附件是搅拌装置的重要组成部分，其对搅拌效果有直接的作用，设计时必须重视。

① 挡板（baffle）。桨式、涡轮式、推进式等搅拌桨叶的直径一般都比釜体直径小较多，尤其是推进式桨和涡轮式桨更是如此，当搅拌转速很高时，容易产生漩涡，大大降低了液体内部的混合效果。为了增加液体的剪切作用，加强搅拌的激烈程度，常在釜体内靠近器壁的地方装上挡板，如图 6-6 所示。挡板的作用是可避免液体在旋转的搅拌轴中心形成液面凹陷的漩涡现象，增大被搅拌液体的湍动程度，将切线流动转变为轴向和径向流动，改善搅拌效果。安装了挡板后，在较小的搅拌转速下就可以达到湍流状态。但安装挡板后，流动阻力增加，搅拌功率增加。

挡板的数目一般都是四块，宽度一般是釜体直径的 1/10～1/12，高黏流体可小到 1/20。挡板的上端与静液面平齐，下端与反应器直筒部分下沿平齐。

如图 6-6 所示，挡板主要有三种方式。图（a）紧贴着釜壁且垂直于釜壁的挡板，主要用于低黏度的均相流体的搅拌，效果显著。图（b）挡板与釜壁有一定的距离，且挡板垂直于釜壁，用于含有固体颗粒的液体或黏度较高的液体的搅拌，可以避免固体颗粒堆积和液体粘壁现象，挡板与釜壁的缝隙约为板宽的1/6。图（c）挡板与釜壁倾斜安装，并留有一定间隙，既可以较好地避免固体颗粒的堆积或黏液产生死角，还可以降低流动阻力。

在层流区（$N_{Re}<20$）搅拌时，一般不需要安装挡板。对高黏流体（黏度＞60Pa·s)，通常采用具有刮壁效果的搅拌桨，如筐式桨、锚式桨、螺带式等，此时不设置挡板。

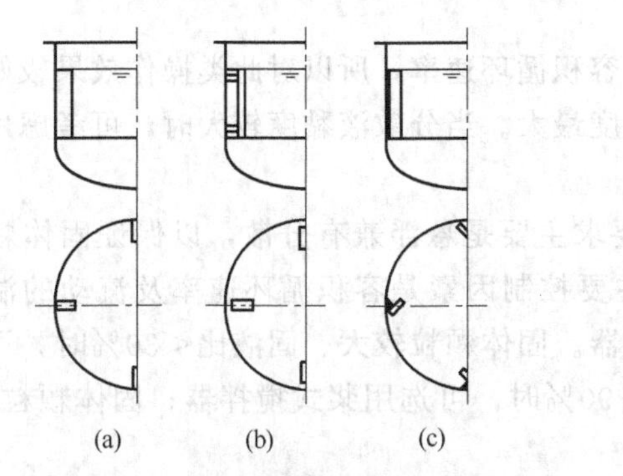
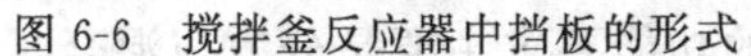

图 6-6 搅拌釜反应器中挡板的形式

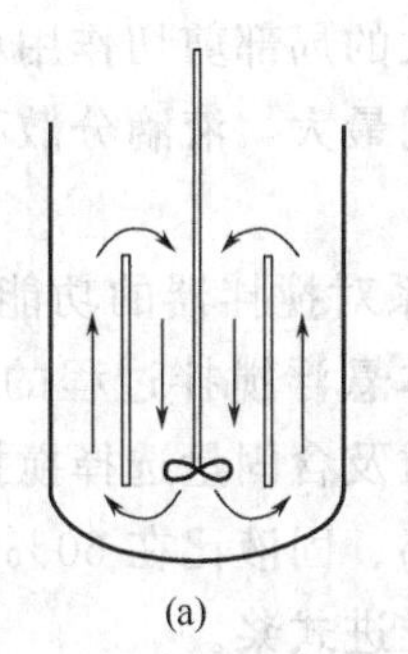
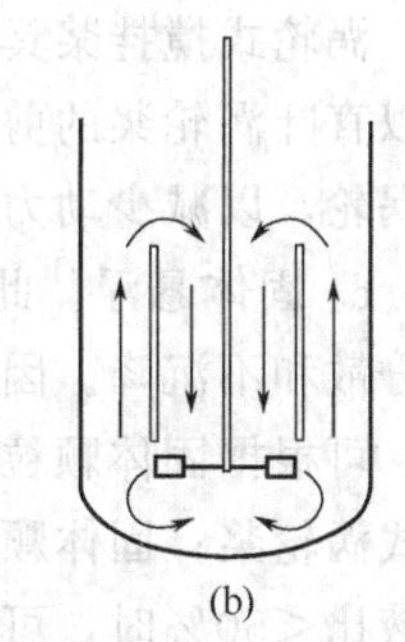

图 6-7 导流筒的安装方式

② 导流筒（guide shell)。无论采用何种型式的搅拌桨叶，釜内流体总是从各个方向流向搅拌器，所以不同位置的液体流动行程长短不一，部分流体会走短路。在需要控制釜内液体循环流量和循环方向时，可在釜内设置导流筒。

导流筒一般是一个圆筒，有时也可以利用换热环或密集排列的蛇形换热盘管作导流筒。通常导流筒的上端都低于静液面，且在筒身上开有槽或孔，当液面降落时，液体仍可从槽或孔进入筒内，如图6-7所示。图（a）推进式搅拌桨叶安装在导流筒套内或略低于导流筒的下端，图（b）涡轮式或桨式搅拌桨叶常置于导流筒的下端。导流筒直径的大小应使筒内外液体流量相近，即筒内外横截面面积相近，此时导流筒的直径约为釜径的70%。

安装导流筒后，一方面可以提高对釜内液体的搅拌程度，加强搅拌器对液体的剪切作用，另一方面由于限定了液体的循环路径，确立了充分循环的流型，使反应器内所有物料均能通过导流筒内的强烈混合区，减少流体走短路的机会。

(3) 搅拌装置设计的主要步骤

反应器中搅拌桨叶的型式、尺寸、有无挡板或导流筒、搅拌转数等因素，都将直接影响流体的流动特性，影响传热、传质效果，进而影响反应的进行。但这些影响因素极其复杂，尚无成熟的设计方法，大都依靠实际经验、工业实例的剖析、反应器的放大技术等进行设计。

① 收集相关的资料数据。反应体系物性数据（黏度、密度、数量、表面张力、物料组成、固体颗粒含量、粒状物料在悬浮介质中的沉降速率等）、反应体系对搅拌的要求、反应器的几何尺寸（反应釜的体积、直径、长径比、液位高度等）、有无相应的生产实例等。

② 选择搅拌桨叶型式，确定搅拌叶尺寸。可根据不同体系对搅拌功能的要求选择搅拌桨叶的型式，一些典型搅拌体系可参考下面经验选型。

a. 均相液体的混合。此类体系对搅拌功能要求比较简单，以混合、搅动功能为主，搅拌过程的主要控制因素是液体在反应器中的容积循环速率。

假如对达到完全混合的时间没有严格的要求，任何类型的搅拌器都可以选用。低黏度液体通常可选用桨式（斜桨）、推进式桨、涡轮桨等。湍流流动时，最好加挡板。

b. 非均相液体的混合。此类体系搅拌的目的主要是使不互溶的液体能很好地均匀分散，如悬浮聚合、乳液聚合等。搅拌器的功能要求主要是分散、悬浮。为保证液体能分散成细滴，要求搅拌器有较大的剪切作用。为保证液滴在釜内均匀地悬浮分散，还要求搅拌器有较大的容积循环速率。因此非均相液体混合搅拌过程的主要控制因素是液滴的大小及容积循环速率。

涡轮式搅拌桨具有较大的局部剪切作用和容积循环速率，所以对此类操作效果较好。其中以直叶涡轮桨的剪切作用最大，液滴分散程度最大。当分散液黏度较大时，可考虑用后弯叶涡轮，以减少动力消耗。

c. 固体悬浮。此类体系对搅拌器的功能要求主要是悬浮兼有分散，以保证固体颗粒均匀分散和不沉降。因此固体悬浮搅拌过程的主要控制因素是容积循环速率及流动的湍流程度，可根据固体颗粒的性质及含固量选择搅拌器。固体颗粒较大、固液比＜30%时，可选用开式涡轮桨；固体颗粒较小、固液比在60%～90%时，可选用桨式搅拌器；固体颗粒较小，固液比＜50%时，可选用推进式桨。

d. 气体吸收及气-液相反应。此类操作对搅拌器的功能要求主要是分散与混合，以保证气体进入液体后被打散，进而分散成更小的气泡，使气泡能均匀地分散在液体中。搅拌过程的主要控制因素是局部的剪切作用、容积循环速率以及高转数。

这类操作以圆盘式涡轮最理想，特别是在湍流区操作使用时，可防止气体由喷气圈进入搅拌区，然后从搅拌桨叶中央的固体旋转处走短路，降低吸收效果。

e. 高黏度反应体系。这是聚合物合成中常见的搅拌体系（本体聚合、溶液聚合、熔融缩聚）。由于体系的黏度较大，不能有太大的剪切速率，否则易造成摩擦生热，另外还会使搅拌轴承受较大的扭矩，搅拌功率大，能量消耗大，因此高黏体系需在很低的转速下搅拌。在低搅拌转数条件下，物料处于层流状态，单靠流动是不能满足混合的需要的，所以需要有较大的推动面积及搅拌直径。另外最好使用有刮壁效果的搅拌桨，可以防止产生死角。随着黏度的增加，可依次选用下列搅拌器：涡轮式、锚式、框式、螺杆、螺带、特殊型高黏度搅拌器（圆盘式搅拌器）。

对于均相聚合体系，随反应的进行，体系的黏度是逐渐增加的，而且反应前期与反应中后期差别很大。为满足不同黏度条件下对搅拌效果的需求可以采取的措施有：改变搅拌转速（前期黏度低，采用高搅拌转速；后期黏度高，采用低搅拌转速）；改变搅拌器型式（多釜串联，每釜选择不同的搅拌器型式及转速）等。

选定搅拌器型式后，可参考表6-4或根据有关设计资料计算搅拌桨叶的几何尺寸及安装位置。

③ 设计搅拌附件。对于小尺寸搅拌桨（桨式、涡轮式、推进式、螺杆式等）通常需要设置搅拌附件，而具有刮壁作用的搅拌桨（锚式、筐式、螺带式等），则不能设置搅拌附件。

④ 确定搅拌转数。搅拌效果是借助流体在釜内流动而达到的，而釜内流体的流速分布、流体的流动循环速率等都与搅拌器的转速（speed of stirrer）直接相关，所以搅拌转速是决定搅拌器能否实现其功能的重要参数。确定搅拌转速的主要步骤如下。

a. 根据搅拌要求选择搅拌等级。根据搅拌效果可将搅拌操作分为均相混合搅动型和非均相悬浮型两大类。不同搅拌类型对搅拌等级的要求见表6-5和表6-6。表6-7给出了聚合物生产中搅拌装置设计参考标准。

表 6-5　不同搅拌级别的搅拌效果（均相混合搅动型）

搅拌级别	搅　拌　效　果
1 2	1～2 级搅拌适用于混合密度及黏度差很小的液体 2 级搅拌可以把能够互相混合的、密度差别小于 0.1，黏度差别小于 100 倍的液体混合均匀，液面平坦
3 4 5 6	3～6 级搅拌为多数间歇反应器所需要的搅拌级别 6 级搅拌可以将密度差别小于 0.6、黏度差别小于 1 万倍的液体混合均匀。可使沉降速度小于 1.2m·min^{-1} 的微量固体(<1%)保持悬浮。液体黏度小时，液面呈波浪形
7 8 9 10	7～10 级搅拌多用于连续操作、聚合反应等搅拌要求较高的搅拌 10 级搅拌可以将密度差别小于 1.0、黏度差别小于 10 万倍的液体混合均匀。可使沉降速度小于 1.8m·min^{-1} 的微量固体(<2%)保持悬浮。液体黏度小时，液面产生大浪涛

表 6-6　不同搅拌级别的搅拌效果(非均相悬浮型)

搅拌级别	搅　拌　效　果
1～2	1～2 级只适用于颗粒悬浮要求最低的情况 1 级搅拌的能力是使具有一定沉降速度的颗粒全部在容器中运动，使沉积在容器底部边缘的颗粒作周期性的悬浮
3～5	3～5 级搅拌适用于多数化工过程对颗粒悬浮的要求，固体溶解是典型实例 3 级搅拌的能力是使具有一定沉降速度的颗粒全部离开器底，在一定程度上悬浮。至少使 1/3 料层(液位)高度的浆料保持均匀悬浮，使浆料容易从器底放出
6～8	6～8 级搅拌使颗粒悬浮程度接近均匀 6 级搅拌的能力是使 95%料层高度的浆料保持均匀悬浮，使浆料可以方便地在 80%料层高度处放出
9～10	9～10 级搅拌可以使颗粒悬浮达到最均匀的程度 9 级搅拌的能力是使 98%料层高度的浆料保持均匀悬浮，用溢流方法可以方便地将浆料放出

表 6-7　聚合物生产中搅拌装置设计参考标准

设备		过程描述	设计分类	主要的设计变量	搅拌级别	说明
聚合釜	本体聚合	聚合物是熔融状态，或者可溶于单体中(例：聚苯乙烯，聚酯等)	混合、搅动	最高黏度	8～10	随聚合过程的进行黏度逐渐增大。黏度在 75Pa·s 以下，可用涡轮式搅拌器。反应器容积受传热限制
		聚合物不溶于单体(例：聚氯乙烯)	固体悬浮	沉降速度	10	桨叶端速影响聚合物颗粒的大小
	溶液聚合	单体及聚合物可溶于溶剂，(例：聚丁二烯)	混合、搅动	最高黏度	8～10	可用变速搅拌器
		单体可溶于溶剂，而聚合物不溶(例：聚丙烯)	固体悬浮	沉降速度	9～10	
	乳液聚合	用表面活性剂将单体乳化在水中(例：聚丙烯酸酯类、聚醋酸乙烯、丁二烯-苯乙烯共聚物、聚氯乙烯)	混合、搅动(作均相处理)	黏度按 1Pa·s 计算	6～10	表面活性剂是影响颗粒大小的主因。桨叶端速应小于 240m/min，否则会破坏乳液的稳定性
	悬浮聚合	单体先是液滴后聚合为固体粒子(例：聚氯乙烯，聚苯乙烯)	固体悬浮	沉降速度	8～10	桨叶端速会影响液滴的大小，影响聚合物粒子大小，可用变速搅拌器

续表

设备	过程描述	设计分类	主要的设计变量	搅拌级别	说明
气提器	单体自聚合物中气提出	固体悬浮	沉降速度	6～9	可按液体表面运动相同进行放大
混合槽、洗涤槽离心机加料槽	搅拌，使聚合物悬浮	固体悬浮	沉降速度	2～6	级别取决于对悬浮均匀程度的要求
产品贮存罐	聚合物悬浮液或乳液的存放	固体悬浮、混合、搅动	沉降速度和黏度	2～3	如聚合物有黏性，需较高的搅拌级别
浆料罐	炭黑浆料，PTA-EG浆料、二氧化钛浆料等固-液浆料的贮存	固体悬浮	沉降速度	2～4	
凝聚罐	胶料的化学或蒸汽凝聚	固体悬浮	沉降速度	9～10	为使凝聚胶料保持碎块状，搅拌级要求高
胶粒罐	胶粒的洗涤及悬浮	固体悬浮	沉降速度	6～8	

b. 选择流体总体流速 $\bar{u}$。不同搅拌级别对应的流体总体流速 $\bar{u}$ 见表 6-8。

表 6-8　不同搅拌级别对应的总体流速（$\bar{u}$）

搅拌级别	1	2	3	4	5	6	7	8	9	10
总体流速/$m \cdot min^{-1}$	1.8	3.7	5.5	7.3	9.2	11.0	12.8	14.6	16.5	18.3

c. 计算搅拌桨叶排出流量 q_d。搅拌桨叶排出流量的计算：

$$q_d = \bar{u}\left(\frac{\pi d^2}{4}\right) \ (m^3 \cdot min^{-1}) \tag{6-8}$$

式中　$\bar{u}$ ——总体流速，$m \cdot min^{-1}$；

d ——搅拌桨直径，m。

d. 确定搅拌转速 n。混合搅动型的搅拌器可根据搅拌雷诺数及排出流量数的关系确定搅拌转速，图 6-8 是涡轮搅拌桨的排出流量数与雷诺数的关系曲线。排出流量数与雷诺数的定义式如下：

搅拌雷诺数：

$$N_{Re} = \frac{\rho n d^2}{\mu} \tag{6-9}$$

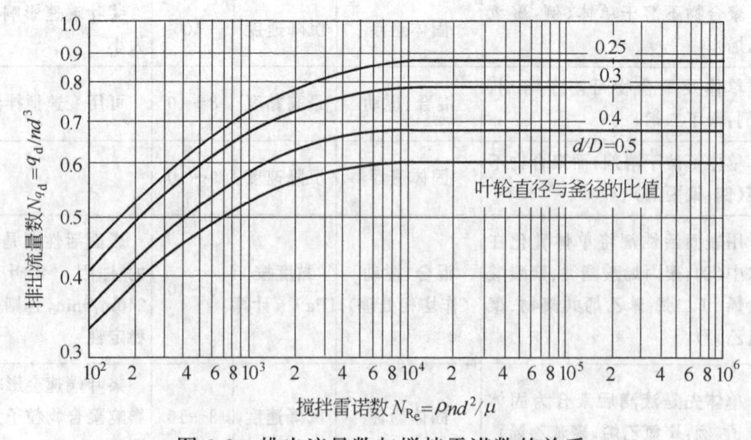

图 6-8　排出流量数与搅拌雷诺数的关系

排出流量数：
$$N_{q_d}=\frac{q_d}{nd^3} \tag{6-10}$$

式中 ρ ——反应液混合密度，$kg \cdot m^{-3}$；

μ ——反应液黏度，$Pa \cdot s$；

n ——搅拌器转速，min^{-1}。

悬浮型搅拌器还需考虑颗粒的沉降速率等后才能确定搅拌转速，详细见有关搅拌反应器设计的参考书。

⑤ 计算搅拌功率。搅拌器是在搅拌电机带动下旋转的，因此计算搅拌器旋转所需要的功率，以便选择合适的电机，为搅拌器提供足够的能量，保证搅拌器稳定的转动。搅拌功率的计算还可为搅拌器的机械设计提供依据。搅拌电机所需功率由三部分组成。

a. 搅拌桨叶克服流体流动阻力所消耗的能量，简称搅拌器轴功率（P_a，kW）。

搅拌器轴功率占搅拌电机功率消耗的主要部分，且计算难度较大，详细计算方法可参考有关书籍或设计手册。

b. 搅拌轴密封所消耗的功率（P_m，kW）。密封装置主要有两种形式，选用填料密封时 $P_m=10\%\sim15\%P_a$，选用机械密封时 $P_m=2\%P_a$。

c. 机械传动消耗的功率（P_e，kW），也可用传动效率（$\eta_传$）表示。通常取 η 为 0.8～0.95，η 还可从设计手册或电机产品样本中获得。

$$P=\frac{P_a+P_m}{\eta_传}\ (kW) \tag{6-11}$$

式中 P ——搅拌器电机功率，kW。

6.2.3.3 传热装置的设计

任何一个化学反应过程常伴随有放热（heat liberation）或吸热（heat absorption）现象，因此反应器大都设有传热装置，提供足够的传热面积，以便使冷介质或热介质通过传热装置将物料放出的热量带走或向物料提供热量，确保反应在预定的反应温度下进行。

(1) 传热装置的形式

① 夹套传热。在釜体外侧安装各种形状的钢结构，使其与釜体表面形成密闭的空间，在此空间内通入传热介质，这种结构通常称为夹套（jacket），常见的夹套型式如图 6-9 所示。

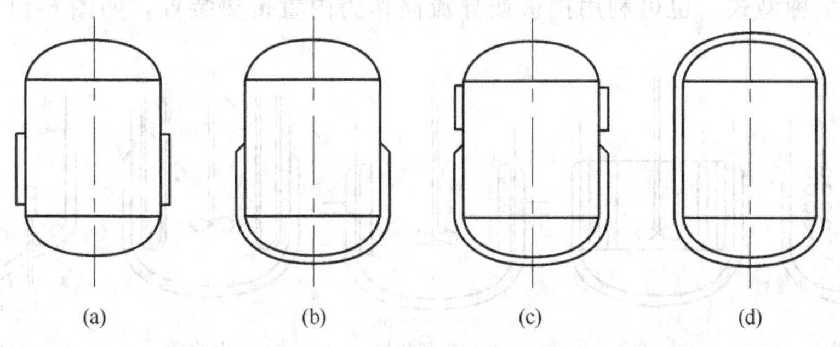

图 6-9 常见整体夹套型式

图（a）中只有一部分直边釜壁外有夹套，用于传热面积不大的情况下。图（b）中一部分直边釜壁和下封头外有夹套，这是最常见的夹套型式。通常情况下，夹套高度应高于液面高度，以便于提供最大的传热面积，但当反应体系为热敏体系时，夹套高度应低于液面高度。图（c）夹套型式便于釜体轴向分段控制温度。图（d）为全包式夹套。例如 PET 合成中的缩聚反应器，反应过程有气体蒸出，且易夹带低聚物，采用图（d）的夹套方式，可以使低聚物遇到热的上封头时熔融，流回到反应液中，防止物料挂壁。另外这种夹套方式用于气相反应时，有最大的传热面积。应该注意的是，液相反应时，无论哪种夹套方式，真正有效的传热面积应是与反应液实际接触的夹套部分的传热面积。采用整体夹套，传热介质是气相或气体冷凝时，气体上进下出。传热介质是液体时，为使液体充满夹套，液体应下进上出。

与反应器釜体直径选择的原则相同，夹套直径也应按公称尺寸选取，有利于按标准选择夹套的封头。具体方法，可在确定内釜体直径的基础上，按表 6-9 选取。

表 6-9　夹套直径与内釜体直径的关系

釜体内直径/mm	500～600	700～1800	2000～3000
夹套直径/mm	$D+50$	$D+100$	$D+200$

采用整体夹套，传热介质是液体时，液体在夹套内流速慢，传热效率低，液体易走短路，釜壁温度分布不均匀等，此时可在夹套内设置螺旋导流板，如图 6-10（a）所示。另外还可采用焊接螺旋半圆管或螺旋角钢的结构代替整体夹套，如图 6-10（b）～（d）所示。这种夹套形式不但能大大提高传热介质的流速，强化传热效果，使釜壁温度分布均匀，而且能提高内釜体的强度和刚度。

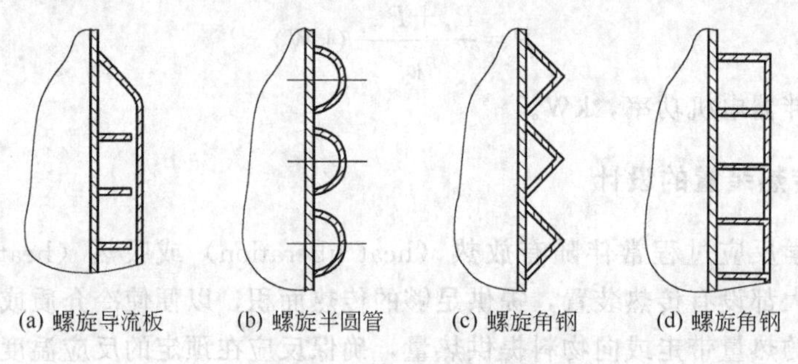

图 6-10　其他夹套型式

② 内置传热装置。当需要的传热面积较大，单靠夹套面积不能满足需求时，可采用内置传热装置的方法增加传热面积。内置传热器的主要型式有蛇管（盘管）式、列管式、直管式、传热环等多种型式，也可利用挡板或导流筒作为内置传热装置，如图 6-11 所示。

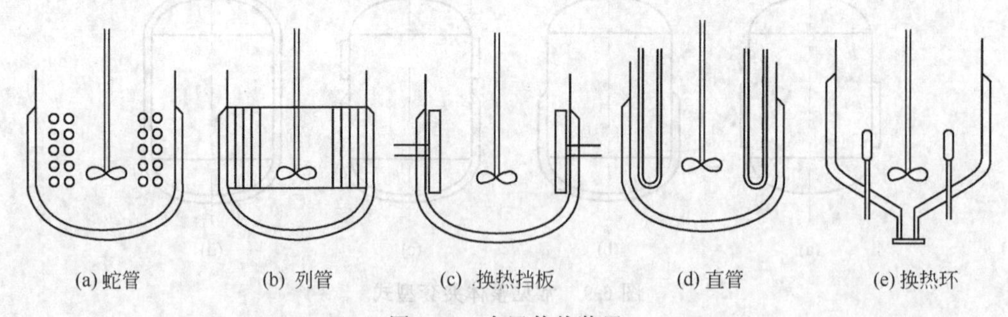

图 6-11　内置传热装置

蛇管式（coil pipe）传热装置沉浸在物料中，无散热损失。由于缩短了传热距离，所以传热均匀，另外可起到导流筒的作用，强化搅拌效果，但维修麻烦。对于高黏度体系来说，易挂壁、易结垢，不适宜使用。相对于其他内置式传热装置来说，列管式（tube array）传热装置能提供非常大的传热面积，缺点是不适于高黏反应体系。以 PTA 为原料的聚酯合成中连续酯化反应过程，反应前期反应体系的黏度不大，但由于 PTA 溶解、水和 EG 蒸发等需要吸收大量的热量，一般的传热装置很难达到对传热面积的需求，此时可采用列管式内置传热装置。对于聚合反应过程，当反应釜直径较大、反应液黏度较高、搅拌转速较慢时，即使夹套传热面积已经够用，但由于传热距离较远，传热效果较差，易造成反应液温度分布不均匀。此时可在反应器内设置换热环等，其目的主要是缩短传热距离，改善传热效果。

(2) 传热面积的计算

要计算反应器传热装置的传热面积，首先要计算总传热系数 K，它不仅与釜内流体及传热介质的性质和流动状态有关，还与釜壁材质及结垢等因素有关。计算公式如下：

$$\frac{1}{K}=\frac{1}{\alpha_i}+\frac{1}{\alpha_o}+\sum\frac{\delta}{\lambda} \tag{6-12}$$

其中：K ——总传热系数，$W \cdot m^{-2} \cdot ℃^{-1}$；

α_i、α_o——釜壁内侧、外侧对流传热系数，$W \cdot m^{-2} \cdot ℃^{-1}$；

$\sum\frac{\delta}{\lambda}$——釜壁固体部分（包括结垢部分）的总热阻，$m^2 \cdot ℃ \cdot W^{-1}$；

δ ——各固体部分的厚度，m；

λ ——相应的热导率，$W \cdot m^{-1} \cdot ℃^{-1}$。

式中传热膜系数（α_i、α_o）的计算是非常困难的，特别是在反应器传热装置的计算中，因此大都采用估算或根据放大原则由工业生产装置的数据推算出来，这一点在设计时必须充分考虑到。

通常可采用在夹套内设置导流板或安装扰流喷嘴的方法，提高传热介质的湍动程度，提高 α_o 值。对于低黏度体系，如悬浮聚合、乳液聚合等，在强制搅拌的作用下，α_i 可达约 2000 $W \cdot m^{-2} \cdot ℃^{-1}$，不构成热阻的主要部分。当体系黏度增加，搅拌转速降低，α_i 迅速降低，可使总传热系数下降到小于 100 $W \cdot m^{-2} \cdot ℃^{-1}$，而这一点是很难克服的。另外由于有机固体的热导率较小，因此最严重的传热阻力是附着在釜内壁上的聚合物结成的垢层，它会大大降低总传热系数。防止聚合物在釜内壁上结垢可采取的主要措施有：提高釜内壁的光洁度；在釜内壁上涂覆阻垢剂；使用刮壁式搅拌器，如框式、锚式、螺带式搅拌器；定期清洗釜内壁等。

搅拌反应器传热面积的计算与一般的传热面积的计算基本相同，计算公式如下：

$$q_{max}=KS\Delta t_m \tag{6-13}$$

式中 q_{max} ——最大传热速率，$kJ \cdot h^{-1}$；

S ——所需传热面积，m^2；

Δt_m ——釜内液体与传热介质的对数平均温差，℃。

$$\Delta t_m=\frac{(T-t_1)-(T-t_2)}{\ln\left(\frac{T-t_1}{T-t_2}\right)} \tag{6-14}$$

式中 t_1、t_2 ——传热介质进、出口温度，℃；

T ——反应液温度，℃

反应器连续操作时，式（6-13）中的传热速率用稳定操作时的传热速率即可，而间歇操作时，传热速率一定要用高峰热负荷进行计算，以保证提供足够的传热面积，具体计算方法可参见第5章有关内容。

例 6-2 用悬浮法生产PVC，间歇操作，每批投料量 $W_B = 4400\text{kg} \cdot \text{B}^{-1}$，总转化率 $x = 0.95$，反应时间 $\theta = 6\ \text{h}$，高峰时的反应速率是平均反应速率的2.67倍，聚合反应热 $\Delta H = -30.32\ \text{kJ} \cdot \text{mol}^{-1}$，反应温度 $T = 50℃$，总传热系数 $K = 320\text{W} \cdot \text{m}^{-2} \cdot ℃^{-1}$，冷却水入口温度 $t_1 = 5℃$，冷却水进出口温差为4.5℃。求：总传热面积。

解：氯乙烯的相对分子质量：$M = 62.5\text{kg} \cdot \text{kmol}^{-1}$

平均反应速率：$\bar{r} = \dfrac{W_B \Delta_x}{\theta M} = \dfrac{4400 \times 0.95}{6 \times 62.5} = 11.15\text{kmol} \cdot \text{h}^{-1}$

高峰时的反应速率：$r_{max} = 2.67 \times 11.15 = 29.77\text{kmol} \cdot \text{h}^{-1}$

最大传热速率：$q_{max} = r_{max} \times \Delta H = -29.77 \times 30.32 \times 10^3 = -9.026 \times 10^5 \text{kJ} \cdot \text{h}^{-1} = -2.507 \times 10^5\ \text{W}$

冷却水出口温度：$t_1 = 5 + 4.5 = 9.5℃$

对数平均温差：$\Delta t_m = \dfrac{(T-t_1)-(T-t_2)}{\ln\left(\dfrac{T-t_1}{T-t_2}\right)} = \dfrac{(50-5)-(50-9.5)}{\ln\left(\dfrac{50-5}{50-9.5}\right)} = 42.71℃$

总传热面积：$S = \dfrac{q_{max}}{K \Delta t_m} = \dfrac{2.057 \times 10^5}{320 \times 42.71} = 15.05\text{m}^2$

6.2.3.4 工艺管口的设计

在搅拌釜反应器上设置适当的工艺管口，是保证生产正常进行的必要条件。搅拌釜反应器常开设的工艺管口有液体物料进出管口、传热介质进出管口、气体进出管口、观测口、仪表测量口、安全装置口、人孔等。这些工艺管口的直径、安装方位及位置、安装方式等与工艺条件、操作过程、设备力学强度、配管设计等因素有关。工艺管口直径的计算方法可参见第8章内容。

(1) 液体物料进料管口

液体物料一般从釜体上部加入，所以进料管口设在釜盖上。为了防止液体物料沿釜壁流动，可将进料管口伸进反应器内，有时还可将进料管口插入反应液中。为了防止液体物料飞溅到釜壁上，可将出口端向搅拌轴方向做成45°的切口，如图6-12 (a) 所示。

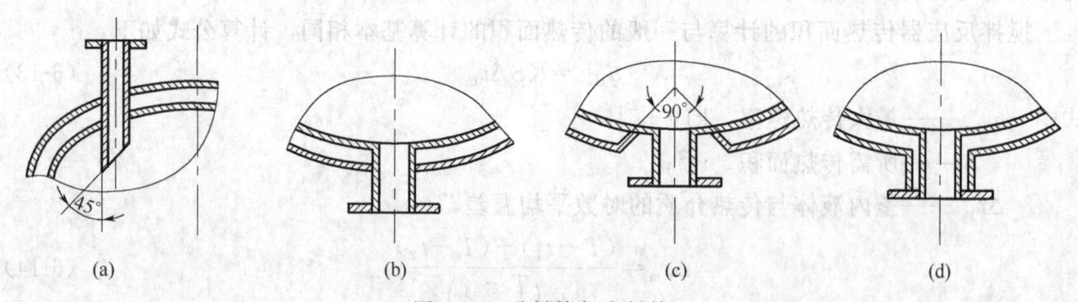

图 6-12 进料管与出料管

(2) 液体物料出料管口

出料口大都设在反应器底部，为了保证出料完全，应设置在反应器的最低位置。聚合反应出料时液体黏度高，为保证出料通畅，可在出料管口外设套管，通入加热介质，如图6-12

中（b）～（d）所示。若采用反应器上部或侧面出料的操作方式，需在反应器最低处设置排料管口，以便于维修设备时将物料排放干净。

连续操作时，可根据物料的体积流量直接计算进、出物料管口的直径。间歇操作时，应先确定进、出物料所用的时间，然后根据进、出物料的数量计算体积流量，再计算进、出物料管口的直径。而物料的流速应根据物料的性质选择（参见表 8-4）。

（3）气体物料进、出管口

气体进、出管口一般设在釜盖上，常见的有蒸汽口、抽真空口、压缩空气进口、惰性气体进口等。气体管口管径的计算方法同液体管口管径的计算。

（4）仪表测量口

反应器常用的仪表测量口有测温口、测压口、液位测量口等。这些测量口的直径通常是有规范的。测温口一般设在反应器的底部，温度计需插入反应液中。为保护温度计，可将温度计放入金属套管中，然后插入反应液中。测压口设在反应器釜盖上。

（5）安全装置口

由于反应器一般为密闭式操作，反应器过程有时带正压或负压，有时有气体产生等，为了操作安全，需在釜盖上设置安全阀口或放空口等。

（6）观测口（视镜）

一般设在反应器釜盖上，通常同时设置两个或两个以上［图 6-13（a）、（b）］。一个用于打灯光，其他的用于观察反应器内物料的变化情况。当反应温度较高时，视镜内外温差较大，易在镜片上结露，妨碍观察，此时可安装双层的保温视镜。

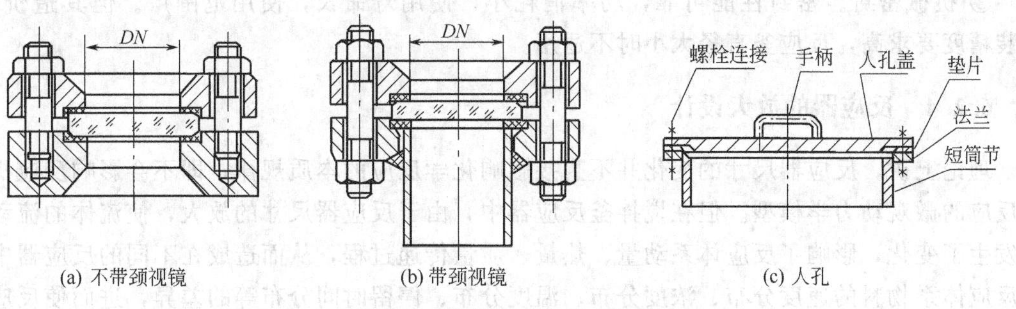

图 6-13　视镜与人孔基本结构

（7）人孔

为了便于搅拌器、搅拌附件、内置传热装置等的安装、清洗、维修等操作，应尽量在搅拌釜反应器釜盖上开设人孔图 6-12（c）。人孔有圆形和长圆形两种，圆形人孔制造方便，应用较为广泛，其公称直径一般为 400～600mm。长圆形人孔虽然制造复杂，但对壳体强度影响较小，多用于小直径（≤900mm）反应器釜盖上，尺寸一般为 400mm×300mm，短轴应与釜体的轴线平行。直径太小的反应器，则不宜开设人孔，此时反应釜的上封头与釜体的连接方式应采用法兰连接。

视镜、人孔、手孔的设计标准见附录，设计时可参考使用。

（8）飞机管架

由上面的叙述可以看出，大部分工艺管口都设置在釜盖上，给反应釜的机械设计带来困难。当工艺管口过多时，可将部分物料性质相近的工艺管口组合在一起，做成组合管架（飞机管架），减少釜盖的开口，如图 6-14 所示。一般分别将液体物料进料管口组合在一起，将气体进出管口和测压口、安全阀口、放空口等组合在一起。

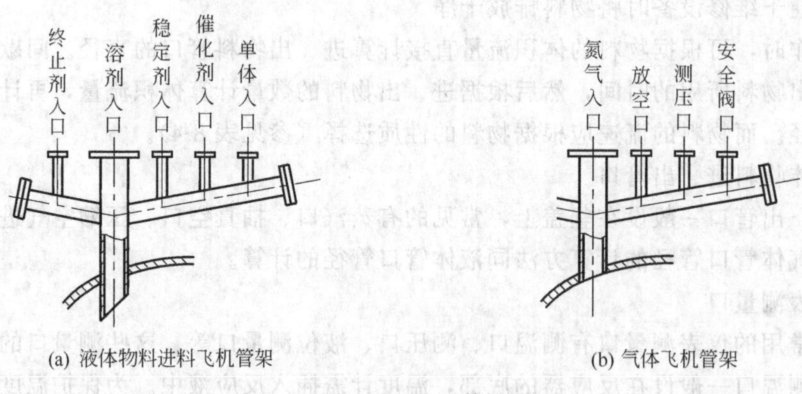

图 6-14　飞机管

6.2.3.5　轴密封装置

搅拌釜反应器的釜体是静止的，搅拌轴是旋转的，搅拌轴与釜体之间需有密封装置，以防止气体泄露，同时还可以保证釜内的压力或真空度满足工艺要求。轴密封装置主要有如下两种形式。

① 填料密封。优点是结构简单，填料拆装方便，造价低。但使用寿命短，密封性能较差，功率消耗较大。

② 机械密封。密封性能可靠，功率消耗小，使用寿命长，使用范围广。但其造价高，安装精度要求高，反应釜直径太小时不适用。

6.2.4　反应器的放大设计

理论上讲，反应器尺寸的变化并不直接影响化学反应的本质规律，即不会影响反应机理及反应的微观动力学模型。但在搅拌釜反应器中，由于反应器尺寸的放大，使流体的流动状况发生了变化，影响了反应体系动量、热量、质量传递过程，从而造成在不同的反应器中相同反应体系物料的速度分布、浓度分布、温度分布、停留时间分布等的差异，进而使反应的宏观过程发生变化。化工生产过程成功放大的标志是将小规模生产装置的生产过程在大规模的生产装置中同样实现，成功的关键则是放大技术的正确与否。

在 3.3 节中曾提到反应装置的放大设计与工艺参数确定的方法相似，都有两种方法：数学模拟放大法与逐级经验放大法。对于低黏度反应体系，假设物料充分混合均匀，反应过程只受动力学因素控制，因此可以直接使用微观动力学模型对反应器进行放大设计。对于实际反应器，由于物料很难达到理想混合的程度，要想使用数学模拟放大法对反应器进行放大设计，就必须建立综合数学模型，在对反应的微观动力学进行定量描述的同时，还要定量描述物料在反应器中的速度分布、浓度分布、温度分布、停留时间分布等情况。对于聚合反应器来说，由于物料黏度高，综合数学模型的建立几乎也是不可能的，因此聚合反应器通常采用逐级经验放大法进行放大设计。

逐级经验放大法属于相似放大，其基本原理是对于相同的反应体系，若在不同的反应器中物料的速度分布、浓度分布、温度分布、停留时间分布等相似，则二者中的反应过程也相似，因此相似放大原理可以不依赖对反应机理及微观动力学的研究。例如对于均相搅拌釜反应器，若能达到理想混合（不存在浓度分布和温度分布），则大小反应器只要反应温度及反应时间或停留时间相同，就可以保持化学反应相似。表 6-10 简单介绍了搅拌釜反应器釜体、搅拌装置等放大设计的原则和放大计算公式。

表 6-10　釜体及搅拌装置的放大

放大对象	放大原则	放大公式	适用体系
釜体几何尺寸	几何相似(长径比相同)	$\Phi_1=\Phi_2$	
搅拌叶几何尺寸	几何相似	$\frac{D_2}{D_1}=\frac{d_2}{d_1}=\frac{b_2}{b_1}$	
搅拌转速 $n_2=n_1\left(\frac{D_1}{D_2}\right)^m$	混合时间相同	$m=0$、$n_2=n_1$	可互溶液体的混合 气-液操作
	对流体的剪切速率相同(叶端线速度相同)	$m=1$、$n_2=n_1\frac{D_1}{D_2}$	流速敏感型操作(产品对剪切作用敏感)
	费鲁德准数相同 $N_{Fr}=\frac{Dn^2}{g}$	$m=\frac{1}{2}$、$n_2=n_1\left(\frac{D_1}{D_2}\right)^{1/2}$	液-液分散操作 气-液分散操作 固-液分散操作
	颗粒悬浮程度相同 颗粒悬浮程度$\propto n^{3.75}D^{2.81}$	$m=\frac{3}{4}$、$n_2=n_1\left(\frac{D_1}{D_2}\right)^{3/4}$	固-液分散操作
	单位体积输入功率相同 $p\propto n^3D^5$	$m=\frac{2}{3}$、$n_2=n_1\left(\frac{D_1}{D_2}\right)^{2/3}$	也可用于搅拌功率的放大估算

注：Φ—釜体长径比（H/D）；H—釜体总高度；D—釜体直径；d—搅拌桨叶直径；b—搅拌桨叶宽度；n—搅拌器转速。

表 6-11　S 的取值范围

机理类型	机　理	S 值
传热机理	强制对流	0.2～0.5
	自然对流	0.01～0.55
	冷　凝	0.23
控制机理	管内湍流	
	强制自然对流	0.25
	冷凝、沸腾	
	通过翅管	
	快速搅拌夹套釜	0.5
	温和自然对流	
	通过排管流动	
	强烈搅拌的蛇管或夹套釜	0.33
	中等自然对流	

反应器体积发生变化时，总传热系数相应变化，使传热面积不能依据物料数量的变化比例或反应器几何尺寸变化比例进行放大。总传热系数的放大计算公式：

$$\frac{K_2}{K_1}=\left(\frac{D_1}{D_2}\right)^S \tag{6-15}$$

式中，K 为总传热系数，$W \cdot m^{-2} \cdot ℃^{-1}$。在不同的传热条件下，$S$ 取不同值（表 6-11）。

对已有的反应器进行核算，求出该反应器的总传热系数 K_1，根据传热条件由表 6-11 选取 S 值，用（6-15）式求出 K_2 值，然后按（6-13）式计算放大后的反应器的传热面积。

6.3 流体输送机械的选型设计

6.3.1 流体输送方式

任何一个化工生产装置都是由许多生产设备按一定顺序通过管道连接起来的。在生产过程中流体在管道中流动，从一个设备输送到另一个设备中，这一过程称为流体输送。流体输送是要有动力来源的，常见的动力来源有以下三种方式。

(1) 重力流程

各设备之间的水平位置高度不同，水平位置高的设备中的流体会在重力作用下自动流入水平位置低的设备中。重力流程在各设备之间无需提供流体输送设备，减少了物料流动的中间环节，但要有较高的厂房结构。例如原料液计量罐安装位置高于反应器，则原料液可以在重力作用下，从计量罐自动流入反应器。

(2) 静压差流程

流体靠设备之间的静压差从一个设备流入另一个设备。静压差流程在各设备之间无需提供流体输送设备，且对厂房高度无特殊要求。例如向设备内通入一定压力的惰性气体，使设备之间产生压差，使流体从一个设备流入另一个设备。再例如聚酯合成的连续直接酯化工艺流程是由多个反应器串联操作的，如图 4-5 所示。根据反应工艺参数，由前向后各反应器的压力是依次降低的，如表 6-12 所示。因此酯化反应阶段和预缩聚阶段各反应器中的物料可在静压差作用下流动，反应器之间无须液体输送机械。但第二缩聚釜物料黏度较大，流体流动阻力较大，所以在第二缩聚釜与终缩聚釜之间还需设置熔体输送泵。

表 6-12 各反应器压力表

反应器名称	第一酯化釜	第二酯化釜	预缩聚釜	第二缩聚釜	终缩聚釜
压力(表)/MPa	0.25	0.17	0.02	−0.08	−0.999

在上述两种流程中，设备之间水平位置高度差或静压差的大小必须保证提供足够的能量，以使流体能够克服在管道中流动的阻力。

(3) 动力流程

当高度差或静压差不能满足流体输送所需能量时，须向流体提供外功。向流体输入外功的机械称为流体输送机械（fluid transportation machinery）。

化工生产过程中输送的流体类型有液体、气体、液-固混合流体、气-固混合流体。这些流体的物理性质、流动性能及流体输送条件等差别很大，流体输送机械必须能够满足不同性质流体输送的要求。输送液体的机械称为泵（pump），气体输送机械按出口压强分为通风机（fan）、鼓风机（blower）、压缩机（compressor）、真空泵（vacuum pump）。流体输送机械是化工生产装置中最常用的设备，其类型及规格繁多，所以通常情况下，流体输送机械属于定型设备。一些泵及风机的设计参数见附录，选择泵的型号时可供参考。

6.3.2 液体输送机械

6.3.2.1 泵的类型

泵是用于输送液体或固液混合流体的机械，是化工生产装置中使用最多的设备。由于输送的液体的性质差异很大，所以泵的种类非常多，化工生产中常见的泵的种类及性能特点等列于表 6-13 中。

表 6-13　各类化工用泵特点及适用范围

<table>
<tr><td colspan="2" rowspan="2">泵的类型</td><td>离心式(centrifugal)</td><td colspan="2">离心—正位移式
(centrifugal-positive displacement)</td><td colspan="2">正位移式(positive displacement)</td></tr>
<tr><td>离心泵
(centrifugal pump)</td><td>轴流泵
(axial flow pump)</td><td>漩涡泵
(vortex pump)</td><td>往复泵
(reciprocating pump)
隔膜泵
(diaphragm pump)</td><td>齿轮泵
(gear pump)
螺杆泵
(screw pump)</td></tr>
<tr><td rowspan="3">流量</td><td>均匀性</td><td>均匀</td><td>均匀</td><td>均匀</td><td>脉动</td><td>尚可</td></tr>
<tr><td>恒定性</td><td colspan="3">随管路特性而变</td><td colspan="2">恒定</td></tr>
<tr><td>体积流量
/(m³/h)</td><td>范围大,易达大流量
5～30000</td><td>大流量
约 60000</td><td>小流量
0.4～20</td><td colspan="2">流量较小
1～600</td></tr>
<tr><td colspan="2">输出压头</td><td>不易达到高压头
10～600m(多级)</td><td>低
2～20m</td><td>较高,单级
可达 100m 以上</td><td colspan="2">范围大,压头高,0.3～60MPa</td></tr>
<tr><td colspan="2">效率</td><td>稍低,越偏离额定值越小</td><td>稍低,高效区窄</td><td>低</td><td>高</td><td>较高</td></tr>
<tr><td rowspan="4">操作</td><td>流量调节</td><td>小幅度调节用出口阀,很简便;大幅度调节,调节泵转速</td><td>小幅度调节用旁路阀,有些泵可以调节叶片角度</td><td>用旁路阀调节</td><td>小幅度调节,用旁路阀;大幅度调节,可调节转速、行程等</td><td>用旁路阀调节</td></tr>
<tr><td>自吸作用</td><td>一般没有</td><td>没有</td><td>部分型号有</td><td>有</td><td>有</td></tr>
<tr><td>启动</td><td>出口阀关闭</td><td>出口阀全开</td><td>出口阀全开</td><td>出口阀全开</td><td>出口阀全开</td></tr>
<tr><td>维修</td><td>简便</td><td>简便</td><td>简便</td><td>麻烦</td><td>较简便</td></tr>
<tr><td colspan="2">结构与造价</td><td colspan="2">结构简单,体积小,运转平稳,造价低廉</td><td>结构紧凑简单,加工要求较高</td><td>结构复杂,振动大,体积庞大,造价高</td><td>结构紧凑,加工要求较高</td></tr>
<tr><td colspan="2">适用范围</td><td>流量与压头适用范围广,尤其适用于黏度低、流量较大、出口压头较低的各种流体</td><td>黏度低,流量大,压头低</td><td>流量小、压头高的清洁液体</td><td>黏度高、流量小、压头高;隔膜泵用于悬浮液;计量泵计量准确,便于流量调节</td><td>黏度高、膏状、液-固浆料等流体,流量小,压头高</td></tr>
</table>

6.3.2.2　选泵的主要步骤

(1) 收集基础数据

① 被输送物质的性质。温度、组成、密度、黏度、蒸气压、腐蚀性、毒副作用等。

② 泵的工作任务。正常流量、最大流量、最小流量。

③ 泵的工作环境。环境温度、湿度、海拔高度等。

④ 被输送物质的特殊性质。是否含有固体、颗粒大小、固体含量等，是否含有气体、气体含量等。

(2) 确定泵的流量及扬程

① 流量 (flow rate, Q_v)。泵在单位时间内抽吸或排出液体的体积，$m^3 \cdot h^{-1}$ 或 $L \cdot min^{-1}$。

泵的流量是由设计任务决定的，选择泵的型号时应以最大流量或正常流量的 1.1～1.2 倍为依据。

② 扬程（pump lift，H_e）。单位重量（1N）液体流经泵后所获得的有效能量，m液柱。

扬程是通过化工原理中柏努利方程计算后放大5%～10%得到的。液体流经泵后增加的能量一部分用于克服流动阻力（各直管阻力、各种局部阻力、流经各设备阻力等），另一部分为工艺要求流体所需要获得的机械能（位能、静压能、动能）。

（3）选择泵的类型

根据物质性质、工艺条件及各类化工泵的特性，参考表6-13初步选择泵的类型，然后再选择具体的型号。选择泵的类型时还要从以下几方面考虑。

① 被输送物质的性质。被输送物质为普通液体时，几乎所有类型的泵都可以使用。

被输送物质为悬浮液时，宜选用泥浆泵或隔膜泵；输送黏度大的液体、胶体溶液、膏状物、糊状物或液-固浆料时，可选用往复泵，但最好选用齿轮泵，也可用螺杆泵或高黏度泵。

当输送腐蚀性强的物质时，应选用耐腐蚀材质制造的泵，或是用耐腐蚀材质作衬里的泵；输送有毒性或贵重物质时，应选用完全不泄露、无轴封的屏蔽泵。

输送易燃、易爆的有机液体时，可选用防爆电机驱动的离心式油泵或用蒸汽驱动的往复泵。

② 工艺操作过程及工艺条件。间歇操作，对泵流量的均匀性无特定要求，可选用任何类型的泵；连续操作，要求流量均匀且易调节，应选用离心泵或齿轮泵，不能选用往复泵。流量大，扬程不大时，选用离心泵；扬程大，流量较小时，选用往复泵或多级离心泵。流量不大但要求准确计量并易调节时，选用计量泵，如催化剂、助剂等加料所用的泵。

（4）选择泵的型号

正常情况下，泵的工作点应在泵的高效率区范围。根据正常操作条件下流体流量及扬程从泵的样本中选择泵的型号。从厂家提供的泵的样本中得到泵的特性曲线，确定泵的最佳工作范围（流量及扬程）。

（5）确定台数

间歇操作过程，一般只设一台泵；长期连续操作时，大多数泵都需有备用泵。主泵与备用泵类型、型号相同，可不必区分，二者并联在管路中，以便于发生故障时切换使用。

当流量很大一台泵不能满足要求时，可用两台泵操作。有时一台大泵虽可以满足要求，但也可用两台流量较小的泵并联操作，流量保持在其额定值的70%，此时可不要备用泵。

（6）确定安装高度

确定泵的安装高度（installation height of pump）的原则是使泵在正常操作条件下不发生“气蚀”（cavitation）现象。主要依据是泵样品手册中的允许吸上真空度（allowable suction vacuum height）或气蚀余量（net positive suction head），计算方法可参考化工原理书。

（7）计算轴功率及电机功率

① 有效功率（effective power）单位时间内液体从泵获得的能量，W。

$$P_e = Q_v H_e \rho g \tag{6-16}$$

式中 Q_v——体积流量，$m^3 \cdot s^{-1}$；

H_e——扬程，m；

ρ——流体密度，$kg \cdot m^{-3}$；

g——重力加速度，$m \cdot s^{-2}$。

② 轴功率（shaft power）单位时间内泵轴所提供的能量，W。

$$P_a=\frac{P_e}{\eta} \tag{6-17}$$

式中　η——泵效率（efficiency of pump）。泵效率可在泵的样本说明书中查到。

③ 电机功率（power provided by electric motor）电机转动所提供的功率，W。

$$P=K\frac{P_a}{\eta_{传}} \tag{6-18}$$

式中　$\eta_{传}$——电机传动效率，其取值范围如下：

传动方式	弹性联轴直联传动	皮带轮传动	齿轮传动
$\eta_{传}$	1	0.9～0.95	0.9～0.97

K——选用电动机富裕系数，与泵的轴功率有关，取值范围如下：

P_a/kW	<3	3～5.5	7.5～17	22～55	>75
K	1.5	1.3	1.25	1.15	1.1

选用的电动机额定功率一般应大于上述计算的 P。

（8）填写设备条件表

6.3.3　气体输送机械

气体输送机械的结构与工作原理与液体输送机械大致相同，但气体与液体的性质有很大差别，因此气体与液体输送的特点是不同的，主要差别如下：

① 气体密度小大约是液体的 1/1000 倍，所以体积流量大；

② 气体输送时流速大，约为液体流速的 10～20 倍；

③ 流动阻力损失大，约为液体流动阻力损失的 10 倍，所以气体输送机械提供的压头高；

④ 气体具有可压缩性，气体在输送机械内压强发生变化时，其体积和温度也会发生变化，从而对气体输送机械的结构和形状产生很大的影响。

气体输送机械通常是按气体出口处的压强或压缩比（气体出口与进口绝对压强之比）进行分类的。

气体输送机械选型的主要依据是气体性质、气体流量、出口压强或压缩比、输送条件等，气体输送机械选型的主要步骤与泵相似。气体输送机械的分类及用途见表 6-14 所示。

表 6-14　气体输送机械的分类及用途

类　型	通风机(fan)	鼓风机(blower)	压缩机(compressor)	真空泵(vacuum pump)
出口压强（表压）	<15kPa	15kPa～0.3MPa	>0.3MPa	真空喷射泵的绝对压强可达约 0.67Pa
压缩比	1～1.15	<4	>4	
用途	流量大，压缩比小，主要用于换气	气体输送或固体颗粒在气体载体下的输送	产生高压气体，用于工艺需要、固体颗粒在气体载体下的输送、液体在正压条件下的输送	使设备在真空条件下操作，也可用于固体颗粒在气体载体下的负压输送及液体在负压条件下的输送

6.4　换热设备的选型及工艺设计

化工生产中传热过程是十分普遍的，所以换热设备在化工设备中占有很重要的地位。化工设备中的换热设备通常是指单纯实现热量传递过程的专用设备。

6.4.1 换热器的主要类型

按使用目的换热器可分为加热器（heater）、冷却器（cooler）、蒸发器（vaporizer）、冷凝器（condenser）、废气锅炉等。

按热量传递方式可分为以下三种。

（1）直接接触式换热器（direct-contact heat exchanger）

冷、热流体在换热器中直接接触，在混合过程中完成热量的交换过程。这种换热器的传热效率高，设备简单，使用方便。但只适用于冷、热流体之间不发生化学反应的情况，多用于气体冷却、蒸气冷凝等，如喷淋冷凝器、凉水塔、增湿塔等。

（2）蓄热式换热器（regenerative heat exchanger）

冷、热流体交替通过装有固体填充物的蓄热层以达到传热的目的。热流体通过时将填充物加热，使其贮存热量，待冷流体通过时，填充物再将贮存的热量传递给冷流体，一般设置两个设备交替使用。这种设备结构简单、耐高温（用耐火材料作填充物），可用于气体余热的利用，也可用于低温回收冷量。

（3）间壁式换热器（recuperative heat exchanger）

冷、热流体被金属壁面隔开，热量通过金属壁面进行传递。热流体将热量传递给壁面，再由壁面传递给冷流体，冷、热流体之间不直接接触。由于化工生产中，大多数冷、热流体是不允许互相接触的，因此间壁式换热器是应用最多的。表 6-15 给出化工生产中常用的间壁式换热器分类及特性，可供选用时参考。

表 6-15 间壁式换热器的特性

分类	名 称	特 性	相对费用	耗用金属 /kg·m^{-2}
管壳式	固定管板式	使用广泛，已经系列化。壳程不易清洗，管壳两流体温差＞60℃时应设置膨胀节，最大使用温差不应大于 120℃	1.0	30
	浮头式	壳程易清洗，管壳两流体温差＞120℃时，内垫片易渗漏	1.22	46
	填料函式	优缺点同浮头式，造价高，不易制造大直径	1.28	
	U 型管式	制造、安装方便，造价低，管程耐高压。但结构不紧凑，管子不易更换，不易机械清洗	1.01	
板式	板翅式	紧凑、效率高，可多股物料同时换热，使用温度≤150℃	0.9	16
	螺旋板式	制造简单、紧凑，可用于带颗粒物料，温位利用好，但不易检修		50
	伞板式	制造简单、紧凑、成本低、易清洗，使用压力≤1.2MPa，使用温度≤150℃		
	波纹板式	紧凑、效率高、易清洗，使用压力≤1.5MPa，使用温度≤150℃		16
管式	空冷器	投资和操作费一般较水冷低，维修容易，但受周围空气温度影响较大	0.8～1.8	
	套管式	制造方便，不易堵塞，耗金属多，使用面积不易大于 20m^2	0.8～1.4	150
	喷淋管式	制造方便，可用海水冷却，造价较套管式低，对周围环境有水雾腐蚀	0.8～1.1	60
	箱管式	制造简单，占地面积大，一般作为出料冷却	0.8～0.7	100
液膜式	升降膜式	接触时间短，效率高，无内压降，浓缩比≤5		
	括板薄膜式	接触时间短，适于高黏度、易结垢物料，浓缩比 10～20		
	离心薄膜式	受热时间短，清洗方便，效率高，浓缩比≤15		
其他	板壳式	结构紧凑，传热好，成本低，压降小，较难制造		24
	热管	高导热性和导温性，热密流率大，制造要求高		

6.4.2 列管式换热器的设计

(1) 流体流动通道的选择

何种流体走管内，何种流体走管间，主要取决于流体的性质及流动状况，以下几点可供参考：

① 腐蚀性流体走管内，避免壳体与管子同时受腐蚀，降低对外壳材质的要求，也便于管内清洗；

② 结垢、易结晶、不洁净的流体宜走管内，便于清洗；

③ 高压流体宜走管内，以免壳体受压，降低对壳体材料的要求；

④ 毒性流体走管内，减少泄漏概率；

⑤ 饱和蒸气冷凝宜走管间，便于及时排除冷凝液，且蒸气洁净，对清洗无要求；

⑥ 黏度大、流量小、雷诺数小的流体宜走管间，可以提高传热系数；

⑦ 被冷却的流体宜走管间，可利用外壳的散热作用，增强冷却效果。

(2) 流体流向的选择

通常情况下，冷、热流体在管内或管间尽量采取互相逆向流动的方式，传热温差较大，传热速率快。只有当被加热的流体终温不得高于某特定值或被冷却流体终温不得低于某特定值时采取并流流动的方式。

(3) 流体进出口温度的确定

工艺物流的进出口温度由工艺条件决定。在做换热器设计时，首先要选择适当的传热介质，选择传热介质的进口温度，然后再考虑传热介质出口温度。

① 为保证传热动力，冷、热流体在热端的温差应在 20℃以上，冷端温差应不小于 5℃；

② 冷却介质的进口温度应高于工艺物流中易结冻物料的冰点，一般高 5℃；

③ 冷却水进口温度取决于当地水源及气候条件。进出口温差小，冷却水流量大，有利于传热系数的提高，但动力消耗大；进出口温差大，冷却水流量小，还会使结垢现象加重。通常取冷水进出口误差为 5～10℃，缺水地区可选择较大的温差，富水地区，可选择得小一些。

(4) 流体流速的选择

增加流体在换热器中的流速，会使对流传热系数增加，同时减少污垢在管子表面上的沉积，降低污垢热阻，使总传热系数增加，减少换热器的传热面积。但是流速增加，流体的流动阻力增加，动力消耗增加，所以适当的流速的选择是非常必要的。冷、热流体流量一定时，换热器内流体流速主要是由换热器的管程数及壳程中折流挡板数决定。表 6-16～表 6-18 列出了常用流速范围，可供设计时参考。

表 6-16 列管式换热器中常用流速范围

流体种类		一般流体	易结垢液体	气体
流速/$m \cdot s^{-1}$	管内	0.5～3	>1	5～30
	管间	0.2～1.5	>0.5	3～5

表 6-17 列管式换热器中不同黏度液体常用流速

液体黏度/mPa·s	>1500	1500～500	500～100	100～35	35～1	<1
最大流速/$m \cdot s^{-1}$	0.6	0.75	1.1	1.5	1.8	2.4

表 6-18　列管式换热器中易燃易爆液体的安全允许速率

液体名称	乙醚、二硫化碳、苯	甲醇、乙醇、汽油	丙　　酮
安全允许速率/$m \cdot s^{-1}$	<1	$<2\sim3$	<10

(5) 管子规格的选择

① 管径。在压力降允许的范围内应尽量选择直径较小的管子，使流体有较高的流速，但不应超过常用流速范围。黏度大或易结垢的流体，为便于清洗可适当选择较大的管径。目前，国内推荐的列管式换热器系列标准管径为 Φ25mm×2.5mm 和 Φ19mm×2mm 两种规格。有气液两相流的工艺物料，可选用 Φ32mm×2.5mm 的管径。

② 管长。管长的选择应以清洗方便、合理使用管材为原则。一般出厂的标准管长为 6m，所以系列标准中管长为 1.5m、2m、3m、6m。另外管长与壳体直径之比一般在 4～6 范围内。

(6) 管程数与壳程数的选择

为提高管内流速，通常采用多管程。但管程数过多，会导致管程流体流动阻力增加，动力消耗大，同时还会使平均温差下降。列管式换热器系列标准中管程数有 1、2、4、6。采用多管程时，应使每程中管子数大致相同。

为改善流体在管间中的流动状况，提高流体在壳程中的对流传热系数，可在壳程安装纵向折流挡板（与管束平行）或横向折流挡板（与管束垂直）。一般多设横向折流挡板，且不计入壳程数。横向折流挡板通常为圆缺形，切去弓形高度约为外壳的 20%～25%，相邻挡板的距离为外壳的 0.5～1 倍。

(7) 流动阻力降允许值的选择

流体流速增加，可提高传热系数，但会使流体流过换热器的压力降增加，增加动力消耗，因此对压力降有个允许范围，见表 6-19。

表 6-19　允许压力降范围

操作压力 p/MPa	0～0.1(绝压)	0～0.07(表压)	0.07～1.0(表压)	1.0～3.0(表压)	3.0～8.0(表压)
允许压力降 Δp/MPa	$\Delta p=p/10$	$\Delta p=p/2$	$\Delta p=0.035$	$\Delta p=0.035\sim0.18$	$\Delta p=0.07\sim0.25$

6.4.3　列管式换热器设计的主要步骤

(1) 汇总设计数据，分析设计任务

① 冷热流体的流量、温度、压力、组成等。

② 冷热流体的性质：黏度、密度、热容、热导率等。

③ 冷热流体的特殊性质：腐蚀性、是否易结垢、悬浮物含量等。

(2) 制定设计方案

① 选择换热器的型式；

② 确定流体流动通道；

③ 确定流体流向；

④ 选定传热介质及传热介质的进出口温度。

(3) 计算传热面积

① 计算传热负荷（可由热量衡算得到）。

② 计算平均温差　逆流或并流时平均温差计算公式如下：

$$\Delta t_m=\frac{(T_1-t_2)\ (T_2-t_1)}{\ln\left(\frac{T_1-t_2}{T_2-t_1}\right)} \tag{6-19}$$

式中　T_1、T_2——热流体进、出口温度，℃；

t_1、t_2——冷流体进、出口温度，℃。

③ 依据总传热系数的经验值范围，或按生产实际情况，选择总传热系数 K 的初值，参见表 6-20。

表 6-20　列管式换热器中总传热系数的经验值

冷流体	热流体	总传热系数 $/\mathrm{W\cdot m^{-2}\cdot ℃^{-1}}$	冷流体	热流体	总传热系数 $/\mathrm{W\cdot m^{-2}\cdot ℃^{-1}}$
水	水	850～1700	水	水蒸气冷凝	1420～4250
水	气体	17～280	气体	水蒸气冷凝	30～300
水	有机溶剂	280～850	水	低沸点烃类冷凝	455～1140
水	轻油	340～910	水沸腾	水蒸气冷凝	2000～4250
水	重油	60～280	轻油沸腾	水蒸气冷凝	455～1020
有机溶剂	有机溶剂	115～340			

④ 估算传热面积，按前式（6-13）计算，并按 10%～25%的安全系数考虑传热面积。

$$q_{max}=KS\Delta t_m$$

（4）选择换热器型号或进行设计

设计中应尽量选择标准换热器，标准换热器不能满足工艺要求时，可按要求进行设计。设计内容包括管径、管长、管子数目、管程数、管子在管板上的排列、折流挡板的设计、换热器的直径等。附录中给出一些换热器的设计参数，选换热器型号时可供参考。

（5）核算总传热系数

用（6-12）式计算总传热系数 K'，其中的管内与管间的对流传热系数（α_i、α_o）及管壁的热导率、污垢的热阻等的计算可参考相关设计手册。将 K'与在第 3 步中选择的 K 的初值进行比较，若 $K'/K=1.15\sim1.25$，则初选的换热器合适，否则需另设 K 值重新计算，直到 $K'/K=1.15\sim1.25$ 满足为止。

（6）计算管程、壳程压力降

根据初步选定或设计的换热器，计算管程、壳程流体的流速和压力降，检查是否满足工艺要求。若压力不符合要求，则调整流速，重新确定管程数或折流挡板间距，或另选一个标准换热器，重新计算，直到压力降满足要求为止。

6.5　贮罐的选型及工艺设计

贮罐（storage tank）是化工生产中最常见的设备，其功能大致有存贮功能、计量功能、混合功能、中间缓冲功能。不同贮罐功能有所不同，无特殊要求时，可选用标准设备。贮罐设计的主要步骤如下。

（1）收集物性数据

温度、压力、相态、密度、腐蚀性、毒性等。

（2）选择材质

贮罐材质的选择主要取决于所装物料的化学性质、温度、压力等因素。对于有腐蚀性的物料，应选用不锈钢等耐腐蚀金属材料，在温度压力允许的条件下也可使用非金属材料如聚氯乙烯等塑料。特殊物料还可用有衬里的钢制压力容器，衬里包括橡胶、聚四氟乙烯、辉绿及搪瓷等。具体选用可参考专业设计资料。

(3) 确定物料存储数量及装料系数

① 原料、产品贮罐。以存贮功能为主，容器体积较大，装料系数一般约 75%～85%。原料贮罐的容积大小及个数取决于存储量的多少。全厂性的存储量一般主张至少可供生产使用一个月，车间的存贮量一般至少可供生产使用半个月，单条生产线原料贮罐中的存储量约可供一个生产班次或一天使用。

液体产品的存储量一般至少为一周的产品产量。如为厂内下一工序使用的产品，存贮量约为下一工序 1～2 个月的用量。如为本厂最终产品，且为待包装，存贮量可适当小一些，最多可为半个月的产品产量。

气柜一般可设计的稍大些，可以达两天或略多时间的产量。因气柜不宜旷日持久的贮存，当下一个工序停止使用时，前一个产气工序应考虑提前停车。

② 计量罐、回流罐。以计量功能为主，容器体积不大，但要求计量准确，所以应采用立式结构，长径比应选择大一些。装料系数约为 60%～70%，保证计量液位高度在罐的直筒位置。

计量罐间歇操作时，装料量为一批生产使用量，连续操作时物料的停留时间至少为 10～20min。精馏塔的回流罐中，液体停留时间一般取 5～10min。

③ 中间产品贮罐。以存贮功能为主，主要用于各设备、工序或车间产品数量之间平衡关系的协调、易发生事故设备的产品的暂时存放、工艺流程中要求的切换等。如间歇操作与连续操作之间产品数量的平衡、不同操作周期的间歇操作之间的产品数量的平衡等。存贮量可根据实际情况进行计算。中间产品贮罐的装料系数同一般原料或产品贮罐。

④ 配料罐、混合罐。以混合功能为主，有气体鼓泡或有搅拌装置的贮罐，装料系数约 70%。在实际反应过程中，经常是多种反应物反应，同时还需加入催化剂、各种助剂、溶剂等。这些原料需事先在配料罐中按比例混合均匀，然后加入反应器中反应，通常配料罐需安装搅拌装置。间歇操作时，一次可配制一批或一天生产需用原料量。连续操作应根据物料的混合性质决定物料在配料罐中的停留时间。

间歇操作时，各批产品的质量很难相同，为降低不同批号产品质量间的差异，将若干批的产品混合，从而使产品质量均匀，此时可根据混批的批数考虑混合贮罐的容积。

⑤ 气体缓冲罐，设置气体缓冲罐的目的是使气体有一定数量的积累，保持操作压力比较稳定，以保证气体流量稳定，其气体容量通常是下游设备 5～15min 的用量。气体缓冲罐的装料系数应为 100%。

(4) 贮罐容积及个数的计算

可根据物料存储数量 (W_l) 及容器的装料系数 (η) 计算贮罐的容积：

$$V_T=\frac{V_l}{\varphi}=\frac{W_l}{\rho\varphi} \tag{6-20}$$

其中 W_l——贮罐中物料的数量，kg；

V_l——贮罐中物料的体积，m^3；

φ——装料系数；

ρ——物料密度，$kg \cdot m^{-3}$。

连续操作时有：

$$W_l = w \cdot \tau \tag{6-21}$$

其中　w——物料流量，$kg \cdot h^{-1}$；

τ——停留时间，h。

若物料存贮数量较大，可采用多个体积相同的贮罐并联使用。

(5) 贮罐外型尺寸的确定（可参考反应器釜体几何尺寸的计算方法）

① 确定贮罐是卧式结构还是立式结构；

② 选择封头型式及封头与直筒部分的连接方式；

③ 选择适当的长径比；

④ 计算贮罐直径，选择适当的标准化直径；

⑤ 计算贮罐直边高度；

⑥ 计算最高液位、最低液位；

(6) 设计计算工艺管口

通常贮罐的工艺管口有进料口、出料口、溢流口、放净口、放空口、液位计口、测温口、测压口、备用口等，必要时还要开设人孔、视镜等。不同管口需设置在贮罐的不同部位。

(7) 绘制贮罐工艺条件图，填写工艺条件表

若选用标准贮罐设备，则第（4）步为选型及校核所选设备是否适用。

6.6　化工设备图纸的绘制

在对于非定型设备工艺设计的过程中，通常需要用图纸的方式将设计结果直观地、形象地、准确地描述出来，以便为后续各项设计工作（设备的机械设计、车间布置、管道布置、施工图设计等）的展开提供设计依据。

在不同的设计阶段，需要绘制不同的设备图纸，常见的图纸有设备设计条件图、装配图、部件图、零件图、管口方位图等。设备工艺设计计算后需要向各设计专业提设计条件，在设备设计条件中，需要绘制设备设计条件图，它主要反映了设备工艺设计的结果。设备设计条件图的画法非常简略，图样不要求十分精确但要清晰完整，尺寸标注要准确，如图6-15所示。设备设计条件虽无统一的规范要求，但其主要内容包括以下几个方面。

① 设备简图。表示出设备的主要结构型式、各工艺尺寸、管口的设置及初步位置等。

② 明细表。列表注明各零部件的序号、名称、规格、数量、材料、备注等项内容。

③ 管口表。列表注明各管口的符号、用途、公称尺寸、连接面型式。

④ 技术特性指标。列表给出设备的主要工艺设计要求，如工作压力和温度、介质名称、设备容积、传热面积、搅拌器型式、搅拌桨转速、搅拌功率、安装支承方式、保温材料及厚度、防爆等级要求等。

⑤ 技术要求。一般注明设备在制造、检验、安装等方面的要求、方法、和具体指标；设备的保温、防腐要求；设备制造中所依据的通用技术条件等内容。如聚合反应釜内为防止物料粘壁，对釜壁有抛光要求或涂敷特殊涂料，压力容器需做耐压实验，真空设备需做密封性能测试实验等。

⑥ 标题栏。与工艺流程图的内容相似。

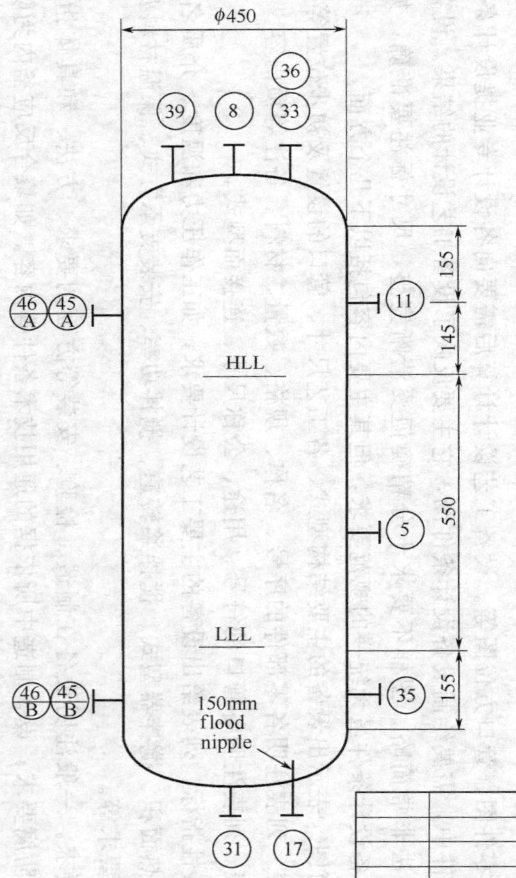

ϕ450

39 8 36 33

46A 45A 11 155 145

HLL

550 5

LLL

46B 45B 35 155

150mm flood nipple

31 17

技术条件表：

工作介质	名称		C6～C8
	相态/(G,L,S)		L
	密度/$kg \cdot m^{-3}$		832.5
	凝固点/℃		
	毒性		
	爆炸危险性		
操作条件	操作温度/℃	最高	65
		正常	40
		最低	−19
	操作压力/MPa	最高	0.51
		正常	0.2
		最低	
设计参数	设计温度/℃		65
	设计压力/MPa		0.7
	事故真空/kPa		F.V
	全容积/m^3		0.16
	操作容积/m^3		
	传热面积/m^2		
	传热管规格		
	水包切线长度/m		
材质	筒体		CS
	封头		
	内件		
	附件		
	腐(磨)蚀裕量/mm		3
	衬里防腐要求		
	衬里/mm		
隔热	材质		
	厚度/mm		
	容重/$kg \cdot m^{-3}$		

管口表

符号	公称尺寸 DN	公称压力 /MPa	连接标准	法兰类型/密封面型式	名称或用途
5	150	PN 2.0	HG 20615-97	WN-RF	手孔
8	25	PN 2.0	HG 20615-98	WN-RF	放空口
11	25	PN 2.0	HG 20615-99	WN-RF	进料口
17	25	PN 2.0	HG 20615-100	WN-RF	出料口
31	25	PN 2.0	HG 20615-101	WN-RF	排液口
33	25	PN 2.0	HG 20615-102	WN-RF	氮气及火炬口
35	50	PN 2.0	HG 20615-103	WN-RF	公用工程口
39	40	PN 2.0	HG 20615-104	WN-RF	安全阀口
36	20	PN 2.0	HG 20615-105	WN-RF	压力表
45A	20	PN 2.0	HG 20615-106	WN-RF	玻璃板液位计口
45B	20	PN 2.0	HG 20615-107	WN-RF	玻璃板液位计口
46A	20	PN 2.0	HG 20615-108	WN-RF	液位指示口
46B	20	PN 2.0	HG 20615-109	WN-RF	液位指示口

会签专业 DISC.	会签人 SIGN.	修改 REV.NO.	说明 DESCRIPTION	设计 DRAWN	校核 CHKD.	审核 APPR.	审定 FINAL.APPR.	日期 ISSUE DATE
会签 COUNTERSIGNED								

裂解汽油加料系统

汽油加料罐

FA-8110

设计阶段	详细设计
比例	不按比例
图号	
第1张	共1张

图6-15　汽油加料罐设备工艺设计条件图

6.6.1 化工设备图纸的配置

常见的由工艺人员进行工艺设计的非标准化工设备有反应器、贮罐、换热器、塔设备等，在绘制这些设备图纸时，它们大都有以下共同特点。

① 基本外形以回转体为主，如筒体、封头、管口等的外形多由圆柱、圆锥、圆球、椭圆等构成。

② 设备的主体外形尺寸与局部尺寸相差很大，如设备的外型尺寸与壁厚、筒体直径与管口直径、设备的长径比等，要想完全按同一比例画出设备所有部件的结构是很困难的。

③ 设备上通常有很多的开口，用机械制图中三视图的概念是不能完全描述清楚的。在化工设备图纸中必须用适当的方式表示清楚有哪些管口设置，这些管口在设备的具体位置及直径等。

④ 广泛采用标准化零部件，这些标准部件都有设计制造规范，不用专门设计，也可以不详细画出，如管口法兰只要注明其直径及密封面型式即可。

由上可知，化工设备图纸的绘制与机械设计制造图纸的绘制还是有一定差别的。在绘制图纸之前先要根据绘制对象的主体外型特征，选择适当的视图配置。常见的化工设备的视图有主视图、俯视图、侧视图、管口方位图、局部放大图等。当设备结构非常简单时，可以只画主视图，如图 6-15。设备结构较复杂时，立式设备可选择主视图与俯视图配合，卧式设备可选择主视图与侧视图配合。主视图要表示出设备的主要形状特征、内部结构，另外还要尽量表示出各管口及零部件在设备轴向方向上的位置，而另一视图主要是表示出设备的侧面形状或俯视形状，并要表示出管口及零部件在周向上的布置情况（这项工作也可以由配管专业完成）。对于复杂的、特殊的关键部件，必要时应绘制局部放大图或零部件图，表示其详细结构形状及尺寸，如塔设备中的塔板、换热器中的挡板、搅拌釜中搅拌桨等。

6.6.2 化工设备图纸绘制的主要步骤

（1）确定绘图比例、选择图幅、布置图面

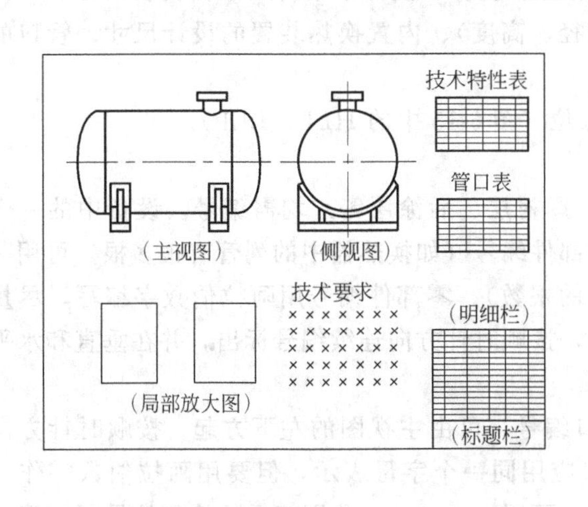

(a) 卧式设备图面布置参考图

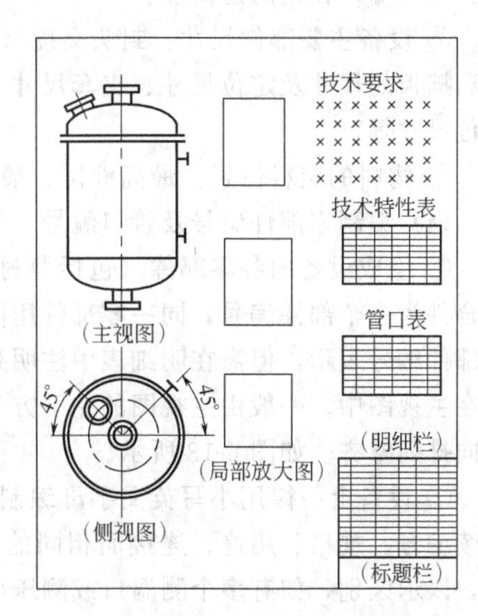

(b) 卧式设备图面布置参考图

图 6-16 化工设备的视图配置及图纸布置

简单的设备图纸，比例可大些，设备简图和图幅可小些；复杂的设备图纸，比例可小些，设备简图和图幅可大些。图面的布置可参考图 6-16。

(2) 画图

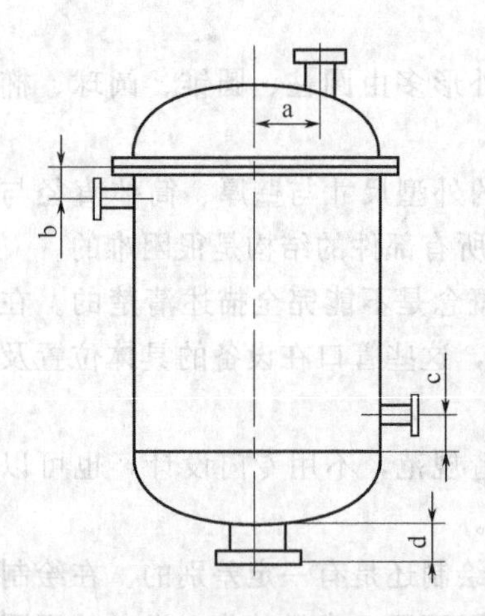

图 6-17　化工设备尺寸标注

a—以中心线为基准；
b—以法兰连接面为基准；
c—以焊缝为基准；
d—以下封头底端为基准

① 依据选定的视图表达方案及视图的布置，先画出主视图的主要基准线（一般以主回转体的中心线为基准线），再画出右（左）视图或俯视图的中心线，将两个主要视图的绘制位置确定下来。

② 在绘制设备简图时，可以用单线条绘制图样，设备壁厚可以不画出。为了清楚地表示出设备内部的结构与零部件，主视图可采用全剖视或半剖视的表达方法。主要外部形状、主要内部构件及一些关键的辅助构件必须画清楚，而标准部件可以用简化画法画。

③ 绘制可先从主视图画起，右（左）视图或俯视图可配合一起画。一般是沿着装配干线先定位、后画形状；先画主体零件，后画其他零部件；先画外件，后画内件。

④ 主要视图绘制完成后，再根据需要，选择及绘制管口方位图、局部放大视图等。

(3) 尺寸标注

设备标注时，管口等标准部件的结构尺寸可不必一一标出，但要标注出定位尺寸。设备零部件定位尺寸标注时，先要选择标注的基准。在主视图中标注尺寸时，径向标注可以以中心线为基准；轴向标注可以以设备封头底端（或侧端）为基准，也可以以设备的法兰连接面或焊缝为基准，如图 6-17 所示。搅拌釜反应器主要标注内容如下。

① 设备的外型尺寸：釜体的内径、釜体总高度、包括工艺管口及外部构件（搅拌装置、搅拌电机等）在内的总高度。

② 设备主要部件尺寸：封头高度（包括直边高度）、搅拌桨结构尺寸及安装尺寸、导流筒和挡板的尺寸及定位尺寸、夹套尺寸（直径、高度）、内置换热装置的设计尺寸、管口的定位尺寸等。

③ 物料的装料位置：最高液位、最低液位（图 6-15 中的 HLL、LLL）。

(4) 编制零部件编号及管口编号

① 组成设备的各零部件（包括薄衬层、厚衬层、后涂层等）均需编号。设备中的一个组合件为一个部件编号，同一零部件用同一部件编号（如换热器中的列管有很多根，可用一个部件编号表示，但需在明细表中注明列管的根数）。零部件编号用阿拉伯数字编写，尽量放在主视图中。一般由主视图的左下方开始，按顺时针方向连续编号标出，并在垂直和水平方向排列整齐。如图 6-18 所示。

② 设备上一律用小写英文字母编制管口编号，可由主视图的左下方起，按顺时针方向连续编号。规格、用途、连接面相同的管口应用同一个字母表示，但要用阿拉伯数字作下标，以示区别，如有多个测温口或测压口时，可用 a_1、a_2、…分别表示。管口编号写在管口中心线旁或中心线附近，同一管口的编号在主视图和其他视图中必须同时标出，不得遗漏。参见图 6-19。不同的设计公司或设计项目对管口编号规定是不一样的，图 6-15 的设计实例

中是用阿拉伯数字表示管口编号的，并且在一个项目中一些通用管口的编号是统一的，如5代表手孔、8代表放空口、31代表排液口等。

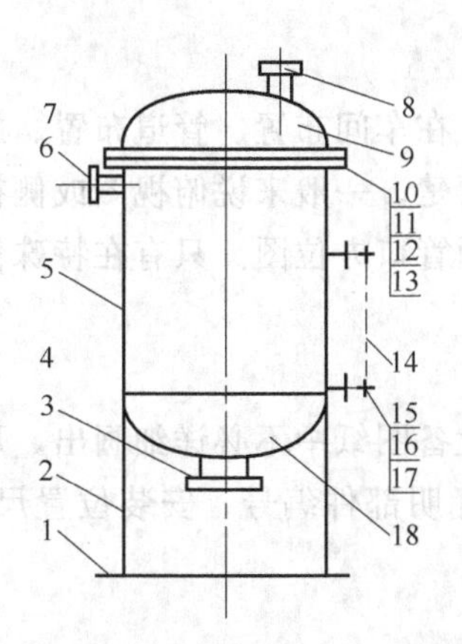

图 6-18 零部件编号的标注方法

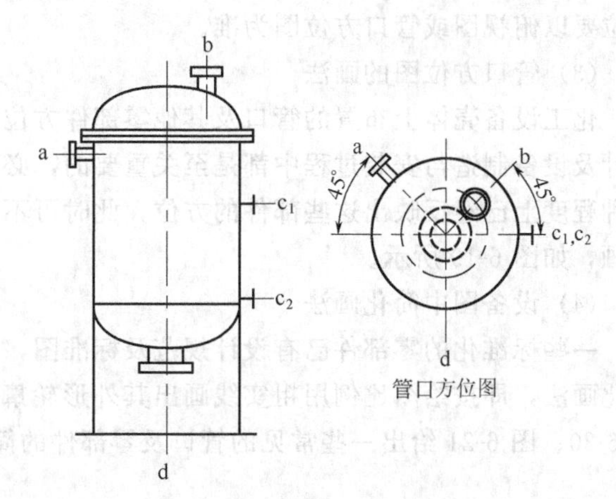

图 6-19 管口编号的标注方法

（5）填写明细表

设备条件图明细表中填写设备零部件的信息，主要包括零部件序号、图号或标准号、名称、数量、材料、备注等项内容。明细表填写时，按序号自下向上逐行依次填写，且序号应与零部件编号一致。图号或标准号栏应填写零部件所在的图纸号，没有图纸的零部件，此栏不填写，若零部件为标准件，应填写标准号。名称栏应填写零部件及外购部件（搅拌电机、减速机、轴密封装置等）等名称，名称应采用公用术语，简单明了，且应附之主要规格。若设备结构非常简单，该表格可以省略，但在设备装配图中是必须要有的。

（6）填写管口表

管口表主要包括管口编号、公称尺寸（公称直径）、公称压力、连接标准、连接面型式（管口法兰，如为螺纹连接，则填写“螺纹”）、名称或用途等。管口表在图纸中的位置如图6-16所示，按管口编号自上向下逐行依次填写。

（7）填写技术特性表、编写技术要求、填标题栏

6.6.3 常见化工设备的画法

（1）断开画法与分段画法

对于过高或过长的设备，如塔设备、换热器等，当沿其轴向方向有相当部分的形状和结构相同或按一定规律变化时，可采取断开画法。即将设备中重复出现的或相同的结构用双点划线断开，省略不画，使图形缩短，以便于选用较小的作图比例绘图，更合理地使用图纸幅面。在不适宜采用断开画法时，可采用分段的表达方法，即把整个设备分成若干段，分别绘图。若使用断开或分段画法而造成设备总体形状表达不完整时，可用较大的绘图比例、单线条画出设备整体外形的缩小图样，并标注出设备的总高度及各主要零部件的定位尺寸。

（2）多次旋转的表达方法

化工设备壳体上布置有很多管口及其他零部件，为了在主视图上表示出它们的结构形状及位置高度，可使用多次旋转的表达方法。即假想将设备周向分布的管口等部件，分别按不同的方向旋转到与正投影面平行的位置，然后再进行投影，得到反映它们实际形状的视图或剖视图。例如图6-19中管口a是按逆时针方向旋转45°绘制的，管口b是按顺时针方向旋转

绘 45°制的。为了避免混乱，同一管口等部件在不同的视图中应用相同的管口编号或零部件编号表示。在主视图中可不必注明采用了多次旋转的表达方法，但这些管口等部件在周向的方位要以俯视图或管口方位图为准。

(3) 管口方位图的画法

化工设备壳体上布置的管口及其他零部件方位的确定，在车间布置、管道布置、施工图设计及设备制造与安装过程中都是至关重要的，必须表示清楚。一般来说俯视图或侧视图在某种程度上已经反映出这些部件的方位，此时可不必另外画管口方位图。只有在特殊情况下才画，如图 6-19 所示。

(4) 设备图中简化画法

一些标准化的零部件已有设计规范及标准图，在化工设备图纸中不必详细画出，可采用简化画法，即按绘图比例用粗实线画出其外形轮廓，但要标明部件编号、安装位置尺寸等。图 6-20、图 6-21 给出一些常见的管口及零部件的简化画法。

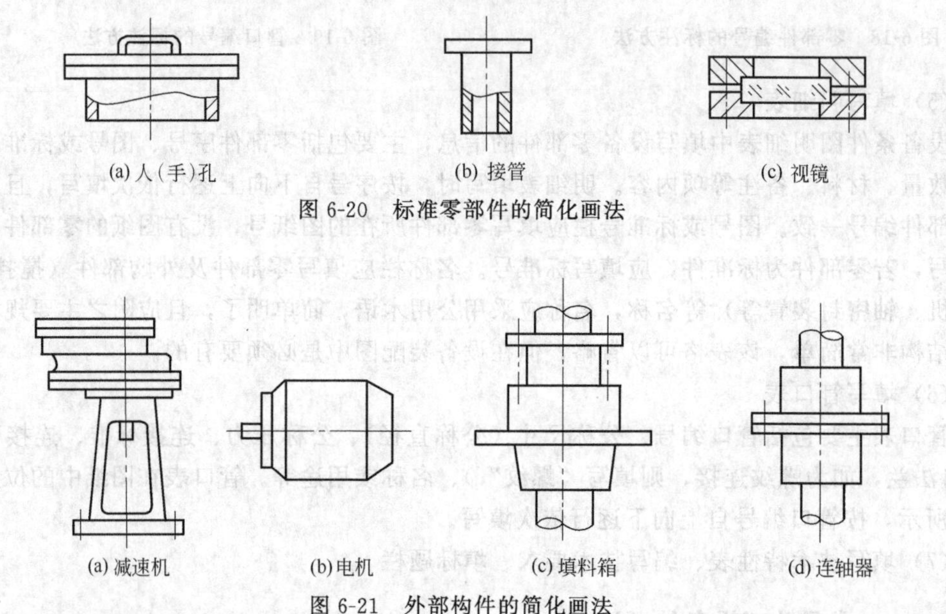

(a) 人(手)孔　(b) 接管　(c) 视镜

图 6-20　标准零部件的简化画法

(a) 减速机　(b) 电机　(c) 填料箱　(d) 连轴器

图 6-21　外部构件的简化画法

7 车间布置设计

在化工设计过程中，当工艺流程确定及工艺计算和设备工艺设计计算完成之后，下一步的工作就是将各工艺设备布置在建筑空间中（平面布置和立面布置），并用管道将它们连接起来。前者称为车间布置（department arrangement），后者称为管道设计或配管设计（piping design），二者相互联系非常密切，可以统称为布置设计（arrangement design）。不同的工程公司对这项工作的分工不同，有的公司是由工艺设计人员完成的，而对于大型工程公司多数是由配管专业设计人员承担布置设计的，包括车间布置与配管布置，此时作为工艺人员要提出具体的设计条件与设计要求。

车间布置设计合理与否直接关系到车间建成后是否能满足生产工艺要求，是否有良好的操作环境，生产装置能否安全地运行，设备的维护检修是否方便等。车间布置是否合理对建设投资、经济效益等也都有着极大的影响。车间布置不仅要满足工艺设计要求，还要满足其他各专业设计的要求，因此须对车间内的所有设施进行全面的、综合的、合理的布置。

布置设计通常过程是各专业针对各自的特点，对厂房、位置、占地面积、操作环境等提出具体要求，由工艺设计人员或配管专业设计人员先进行车间布置设计，再进行配管布置设计，二者还要互相兼顾。建筑结构专业根据布置设计结果进行建筑结构专业设计，然后反馈给各设计专业审核协商确定。由此可见，该项工作与其他各专业特别是建筑结构专业的关系极为密切，许多工作是由工艺和其他各专业会同建筑结构专业协同完成的，因此要求工艺设计人员既要掌握相关的专业知识，又要具有良好的协作工作的能力。

车间布置包括车间厂房布置与车间设备布置两部分内容。车间厂房布置主要内容是设计整个车间的厂房结构，并针对各种生产设施、生产辅助设施、生活设施等进行布局安排。车间设备布置主要内容是确定各生产设备在车间厂房中的空间位置。车间厂房布置与车间设备布置是互相制约、密不可分的。一般中小型化工厂，生产规模较小，各种生产设施、生活设施均集中在一座或几座厂房内。对于大型的石油化工企业，由于生产装置规模大，为便于安全生产、集中管理，可将生产设施区与控制管理区和生活区独立开，此时车间布置以生产区域中的设备布置为主要内容。随着化工装置大型化，车间布置总的发展趋势呈以下特点。

① 露天化。除工艺需要设备布置在厂房内以外，其他设备绝大多数布置在露天。其优点是节约占地，减少建筑物，有利于防爆，便于消防。

② 流程化。以管廊为纽带按工艺流程顺序将设备布置在管廊的上下方和左右两侧。

③ 集中化。将几个装置合理地集中在一个大型街区内组成联合装置，按防火设计规范用通道将各装置分开，此通道可作为两侧装置设备的检修通道，也可作为消防通道。将各装置的控制室集中起来，用计算机监视及控制整个生产厂或整套装置的生产过程。

④ 定型化。装置中定型设备采用定型布置设计，相应地配管布置也做定型设计，以提高设计的通用性和可靠性。如泵和压缩机等动力设备、各种通用的辅助设备、公用工程等均可采用定型布置，甚至整个装置都采用定型化设计，用于不同生产厂家时，根据具体情况仅做局部修改即可重复利用。

7.1 车间布置设计前的准备工作

车间布置必须以确保实现安全生产为最终目的，因此在全面展开车间布置设计之前必须从以下几方面做好准备工作。

(1) 掌握车间布置的基本原则

① 满足工艺生产及各专业设计要求，便于安装、操作、维修，便于管理，方便生活；

② 严格遵守相关的国家及行业规范，严格考虑建筑物的安全性及生产、生活的安全性；

③ 在满足安全生产和生活的前提条件下，应尽量降低投资建设费用，提高经济效益；

④ 在可能条件下，适当考虑发展余地，为扩大生产留出建筑余地；

⑤ 车间布局应合理、整齐、协调、美观、舒适，为工人创造良好的工作环境。

(2) 掌握有关设计规范和规定

包括建筑结构、防火、防爆、防噪声、环保、消防、生活卫生等设计规范，具体内容可参见有关设计手册。

(3) 掌握设计基础资料

① 管道仪表流程图及厂区总平面布置图；

② 车间各职能部门的组成、作用及对布置的基本要求；

③ 物料、能量、设备计算书和工艺操作条件；

④ 设备一览表、设备结构外型图；

⑤ 动力消耗及公用工程资料；

⑥ 当地的水文、地质资料；

⑦ 劳动保护、安全技术等资料；

⑧ 车间定员表。

(4) 了解厂区总图情况

① 明确本车间在厂区中的具体位置；

② 掌握本装置与本厂及外厂各生产、辅助、生活等设施的关系；

③ 了解本装置与界区外的道路、铁路、运输、消防的关系。

(5) 熟悉本车间所用原材料及产品的物化性质、数量、贮存及运输形式等。

(6) 掌握本车间所用各种设备的特点，设备吊装、拆卸、维修、操作的位置及要求等。

(7) 了解各非工艺专业需占用的场地、管网、电缆、地下线路的复杂程度和分配情况。

(8) 生活设施的确定需与全厂其他车间统一考虑（如全厂性公用浴室、厕所等），并与车间的条件相吻合。

7.2 车间厂房布置

车间厂房（plant building）布置的主要任务是设计整个车间的厂房结构，并对车间各职能部门按照其在生产、生活中的作用及相互关系进行整体布局安排。车间厂房布置主要根据生产规模、生产特点、工艺及相关专业设计要求、投资能力、场区面积、场区地形、地质条件等因素而定。因此作为工艺设计人员应该了解相关的厂房建筑结构的基本知识，将其有机地与生产工艺相结合，才能做出高水平的车间布置设计。

7.2.1 车间厂房结构设计

(1) 厂房形式的选择

化工车间中的组成、特点、对操作环境要求等各异，因此可以根据具体情况，结合建筑结构专业的设计规范，提出不同的厂房形式。

① 集中厂房、分散厂房。生产规模较大，各工序的生产特点及生产要求有显著差异时，须将各生产工序分开建厂房。例如可以把原料处理、成品包装、生产工段、回收工段、控制室等可分散为许多独立单元。生产规模较小，车间中各工序联系频繁，结合建厂地点的具体情况，可将车间的生产，辅助生活部门集中布置在一幢厂房内，以节约用地。

② 单层厂房、多层厂房。车间厂房可根据工艺流程的需要设计成单层、多层或单层与多层组合的形式。一般来说单层厂房（single-story work-shop）占地面积大，建设费用低，车辆运输方便，物料无须由低处提升到高处，生产中动力消耗少。多层厂房（multiple-story work-shop）占地面积少，可满足重力流程及高大设备的要求，但建设费用高，对地质条件要求高。所以厂房层数的设计要根据生产工艺的要求、投资能力、用地条件等各种因素，进行综合比较后决定，也可根据不同工序的特点及要求，设计成单层与多层组合形式。

③ 露天厂房、室内厂房。露天厂房的优点是建筑费用少，有利于安装和检修，有利于通风、防火、防爆、防毒等。缺点是受气候影响大，操作条件差。露天厂房是优先考虑的方案，只要有可能都要采用露天厂房，另外根据需要还可以采用半露天厂房。当生产过程对环境条件要求较高时，不宜采用露天厂房。即便是室内厂房，也应尽量利用室外场地，以减少建筑费用，如原材料堆放、原料及产品罐区等。控制室、变配电室、化验室等应集中在建筑物内。

④ 厂房轮廓。厂房轮廓应力求简洁，这会使设备布置灵活方便，同时有利于厂房的建造。化工厂厂房以长方形厂房为主，这是因为长方形厂房便于工厂总图布置，便于车间内设备布置，节约占地面积，可供采光通风的墙体多。当生产过程比较复杂、厂房总长度较长或有多条生产线等情况下，还可以采用L形、T形、Ⅱ形等厂房轮廓（图7-1），便于各生产部门之间的相互联系。单层厂房宽度一般不宜超过30m，多层厂房宽度一般不宜超过24m，而长边则根据具体情况来定。

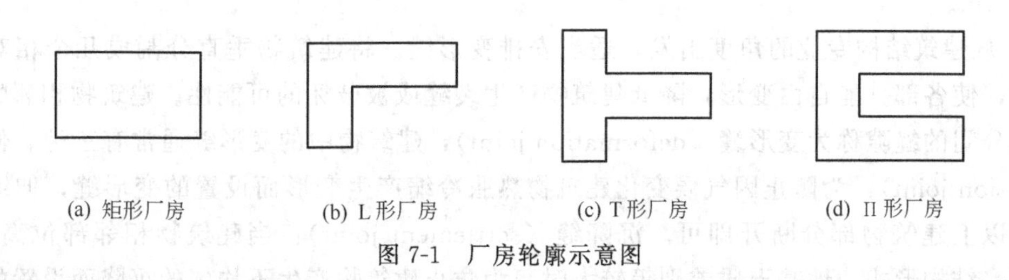

图 7-1 厂房轮廓示意图

(2) 柱网结构的确定

柱子（column）是建筑物中垂直受力的构件，与承重墙一起承受屋顶及楼板上的载荷。如无承重墙，则全靠柱子将载荷传递到基础上。柱子按材料可分为木柱、砖柱、钢柱、钢筋混凝土柱等。化工厂车间常用的是钢筋混凝土柱和砖柱，并以矩形或方形截面为主。按柱子所处位置又分为外柱和内柱。钢筋混凝土柱断面尺寸一般为柱高的1/15～1/25，由载荷决定，也与抗震要求有关。高层厂房柱子断面可为600mm×600mm，低层厂房可为450mm×450mm。

柱子在平面上排列所形成的网络称之为柱网结构(column grid，图7-2)，柱子纵向定位轴线间的距离称之为跨度（span)，横向定位轴线间的距离称之为柱距（lay length)。车间内设备布置与车间厂房的柱网结构有直接的关系。通常情况下，工厂车间的柱网距离比民用住宅大，单层厂房的柱网距离比多层厂房大，且厂房的跨度通常比柱距大。柱网距离大，设备布置灵活性大，便于操作与维修，但柱网距离大会增加厂房的造价。柱网布置应从以下几方面考虑。

① 满足设备安装、操作、维修的要求。

② 满足生产中车辆运输的要求。

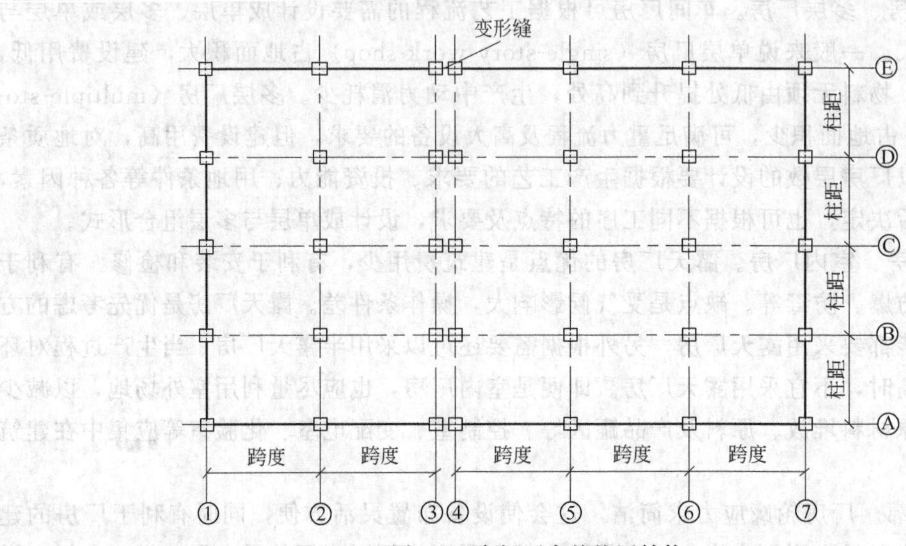

图7-2 车间厂房的柱网结构

③ 尽量符合建筑模数（module)，以便使用标准的建筑构件，降低建筑费用。柱距按6m的整数倍增加，即6m和12m。当厂房宽度小于18m时，跨度按3m的整数倍增长，即9m、12m、15m。当厂房宽度大于18m时，跨度按6m的整数倍增加，如18m、24m、30m、36m。

④ 从建筑结构专业的角度出发，适当安排变形缝。将建筑物垂直分割成几个相对独立的部分，使各部分能自由变形，降低建筑物产生裂缝或被破坏的可能性。建筑物相邻的、独立的部分间的缝隙称为变形缝（deformation joint)，建筑物中的变形缝通常有三种。伸缩缝(expansion joint)：为防止因气候变化建筑物热胀冷缩产生变形而设置的变形缝，伸缩缝要求地面以上建筑物部分断开即可。沉降缝（settlement joint)：当建筑物相邻部位高度差、载荷差、结构形式、地基土质差别等较大时，为防止建筑物产生不均匀的沉降而设置的变形缝，沉降缝要求地基部分与地面上建筑物全部断开。抗震缝（seismic joint)：在设计裂度为8、9级地震区，厂房高度大于6m时，应设计抗震缝，以降低地震发生时对房屋的损坏程度。这三种变形缝可以合用，此时沿厂房长度方向上每60～70m设置一个变形缝，其宽度可取为100mm，此时设置方法是地基部分与地面以上建筑部分全部断开。

(3) 厂房楼层高度的确定

厂房的立体布置要充分利用空间，因此厂房楼层高度主要由工艺设备布置要求所决定。考虑厂房高度的主要因素有：

① 设备的垂直位置及设备本身的高度；

② 设备安装、检修时的起吊、拆卸高度；

③ 操作平台高度及操作高度；

④ 安全生产要求；

⑤ 厂房顶部各专业管道所占高度；

⑥ 厂房楼层高度应尽量符合建筑模数的要求，取层高是 0.3m 的倍数。

另外还应考虑通风采光等因素。一般多层厂房层高为 5～6m，最低不得低于 3.2m。净空高度（由地面到屋顶构件凸底面的高度）不得低于 2.6m。每层高度尽量相同，不宜变化过多。在有高温及有毒害性气体的厂房中，要适当加高建筑物的层高或设置避风式气楼，以利于自然通风、散热。如需要可在楼板上搭建钢平台或水泥平台，以满足安装和操作等需求。由于化工装置的厂房楼层通常较高，因此行政办公室、检验室、控制室等可布置在夹层中，以节省占地面积。

(4) 建筑物构件的设计

① 墙（wall）的主要作用是承重、分割、围护等。作为承重构件，它承受着来自屋顶及各层楼板的载荷，并将这些载荷传递给地基。作为围护构件，它起着抵御环境各种因素侵袭及隔热、隔音、防火、防爆等作用。图 7-3 表示了墙与柱子的相互关系。

墙按材质分为普通砖墙、石墙、混凝土墙、钢筋混凝土墙等；按使用情况分为承重墙（bearing wall）、非承重墙（non-bearing wall）、隔离墙、防爆墙（anti-explosion wall）等；按设置位置分为内墙（interior wall）、外墙（external wall）。

墙的厚度为：240mm（一砖厚，single brick wall）、370mm（一砖半厚）、490mm（两砖厚，tow brick wall）。外墙南方地区多用 240mm，北京地区多用 370mm，东北地区多用 490mm。内墙多用 240mm。防火、防爆墙有专门的设计规范。

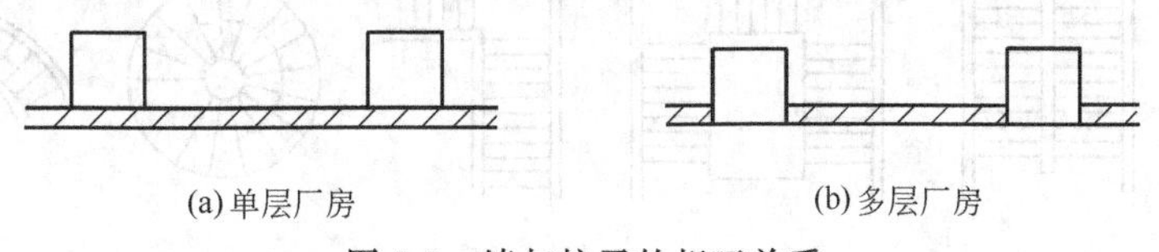

图 7-3　墙与柱子的相互关系

② 门（door）的主要作用是沟通和隔离空间，一般情况下用于人员通行及货物运送。应根据需要对门的种类、个数、尺寸、密封、保温、防火、防爆等提出设计要求。

门的种类有平开门、推拉门、折叠门、弹簧门、卷帘门、转门等（图 7-4）。

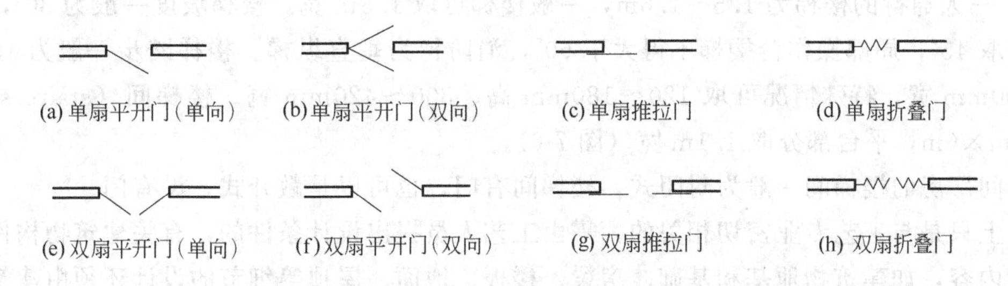

图 7-4　常见门的种类及开向

平开门结构简单、制造方便、造价低，是最常用的。推拉门、折叠门使用时占地面积小。弹簧门多用于人流较多、出入频繁、且又有自动关闭要求的场所。转门的门扇有三扇和四扇，多用于有空调的建筑物外门，对制止室内外空气对流有一定的作用，在转门两侧装有平开门，以备疏散之用。

门的开向：单向开门、双向开门；内开门、外开门。

门的宽度：1m、1.5m、1.8m、2.1m、2.4m 等。设备进出门的宽度应比最大部件宽 0.1～0.5m。

门的高度：2.1m、2.4m、2.7m。

汽车门：3.3×3.3m。

厂房安全出入口一般不少于两个，疏散门的宽度不宜小于 0.8m。

③ 窗（window）的主要作用是围护、采光、通风、防火、防爆等。

窗的种类：固定窗、平开窗（单扇、多扇、内开、外开）、旋转窗（横式旋转、立式旋转）、推拉窗（水平推拉、垂直推拉）、百叶窗等。

窗的面积：一般为地面面积的 1/2～1/4，根据照度而定，防爆车间应根据泄压面积而定。

窗的尺寸：窗宽，0.6m、0.9m、1.2m、1.5m、1.8m、2.1～3.3m；窗高，2.1～3m。

④ 楼梯（stair）的主要作用是解决建筑物中人员垂直交通的问题。楼梯的设置位置、数量、大小及形式应满足一般通行和生产操作的需要。

楼梯一般由梯段与平台组成。常见的有：单梯（一跑，single-flight stair）、双梯楼梯（二跑，two-flight stair）、三梯楼梯（三跑，three-flight stair）、拐角梯、螺旋梯、弧形梯等（图 7-5）。当车间厂房比较大时，楼梯按作用又分为主要楼梯、辅助楼梯、消防楼梯（fire stair）。

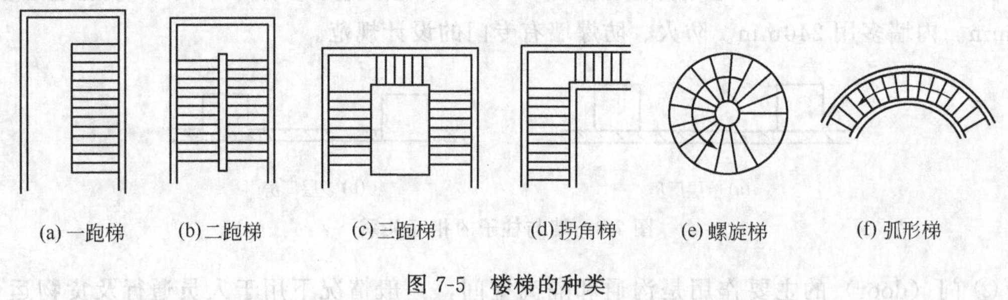

(a) 一跑梯　(b) 二跑梯　(c) 三跑梯　(d) 拐角梯　(e) 螺旋梯　(f) 弧形梯

图 7-5　楼梯的种类

楼梯宽度主要取决于通行人数的多少，单人梯最少不小于 0.85m，双人梯不小于 1～1.1m，三人通行的楼梯为 1.5～1.6m，一般楼梯可取 1.5m 宽。楼梯坡度一般为 30°，辅助楼梯可取 45°，局部操作台楼梯不得大于 60°，消防梯为垂直纵梯。楼梯踏步一般为 150mm 高、300mm 宽，特殊情况可取 120～180mm 高、300～420mm 宽。楼梯间（staircase）一般为 3m×6m，平台部分取 1.1m 宽（图 7-6）。

车间厂房的楼梯间一般为封闭式，楼梯间有门，也可以是敞开式，没有门。

以上只是与工艺专业密切相关的，需由工艺人员提出设计条件的，有关建筑物构件部分的设计内容，如建筑物地基和基础、房梁、楼板、地面、屋顶等细节的设计还须由建筑结构专业人员结合建筑设计内容及规范，进行车间厂房的土建施工图设计。

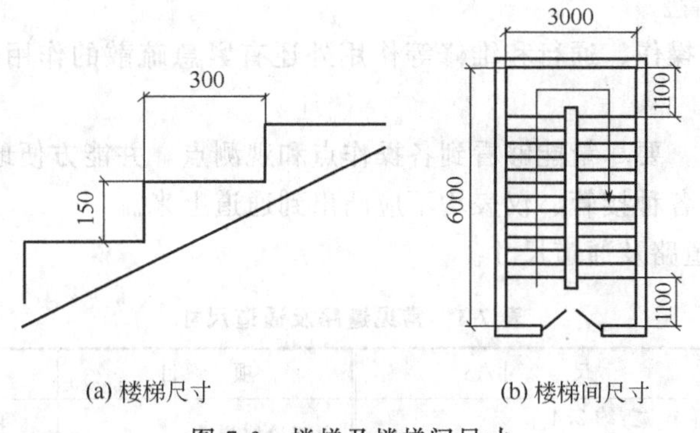

图 7-6 楼梯及楼梯间尺寸

7.2.2 车间各部分组成及布置要求

(1) 工艺生产部门

工艺生产部门是整个车间的核心部分，是首先要安排并要安排在车间厂房相对中心位置处的，同时还要兼顾到操作方便的原则，将与其密切相关的部门安排在适当位置处。

化工生产过程通常是由多个生产工序组成的，按流程式布置是最经济的布置方案。按流程式布置就是按工艺流程顺序，围绕中心通道及管廊依次布置各个生产工序，而每个生产工序应尽量组成一个个长方形区域。这样即可以避免物流管道的重复往返，缩短管道总长，同时也便于生产过程的操作、控制与管理。总的说来车间平面布局愈接近方形就愈经济。

(2) 辅助生产部门

① 控制室（control room）是生产过程的集中控制部门，是生产技术人员主要工作地点，所以布置时应尽量满足无污染、噪声和震动小、有空调、便于观察设备运转情况、便于操作等条件。生产规模大，自控、监控程度高时，宜采取集中布置，控制室可设在生产车间以外。生产规模小，自动化水平一般时，控制室设在车间厂房内，并且应尽量靠近生产设备，便于监视、控制与操作。

② 检验室（testing room）主要是指车间的检验、化验室，其任务是对车间内的部分原料、中间产品、成品的组成和性能指标进行及时检验，以便于对生产过程进行及时的调控。因此车间检验室既要考虑到检验对操作环境的要求，如恒温、恒湿、避开强电磁场区域等，又要尽量靠近取样点。

③ 原料、中间品、产品的堆放（storage place）应尽量靠近相关操作设备或电梯、吊装孔等，另外还应根据生产班次需要考虑其使用面积。

④ 配电室（current distribution room）既要考虑车间用电负荷中心的位置，又要考虑电源进线位置，一般布置在一层，并尽量利用室外空间。

⑤ 空调室（air conditioning）尽量接近空调负荷中心，缩短空调管道长度，降低能耗。

⑥ 机修保全（machinery repair）其主要任务是车间内设备的日常维护与维修，布置时应尽量靠近工作量较大的设备，通常沿车间外墙布置，以便于利用露天场地。

(3) 通道（passage-way）与走廊（corridor）

① 为了整齐、便于管理及操作，化工车间中的设备大都成排成列布置，且在每一楼层留出主要通行道。成排布置的设备至少在一侧留有通道，较大的室内设备在底层要留有移出

通道，并靠近大门布置。

② 通道除安装、操作、通行和维修等作用外还有紧急疏散的作用，故不允许出现一端封闭的长通道。

③ 在操作通道上，要尽量能够看到各操作点和观测点，并能方便地到达这些地方。

④ 设备零部件、各种接管、仪表均不应凸出到通道上来。

表 7-1 列出常见道路及通道尺寸。

表 7-1 常见道路及通道尺寸

项 目	尺 寸/m	项 目	尺 寸/m
室内主要通道	宽:约 2.4 净空高:2.7	主要检修道路	宽:6～7 净空高:4.2～4.8
室内一般通道	宽:约 0.8 净空高:2.2～2.5	次要检修道路	宽:4.8 净空高:3.3
室内次要通道	宽:0.6	平台到水平人孔	水平距离:0.6～1.5

⑤ 走廊是指车间厂房内各房间之间的通道，主要作用是人员通行、运送货物、消防安全等。一般走廊的宽度为 2.4～2.7m，为了运输工具的行驶及管网的布置，走廊宽度可达 3m 或更宽。

(4) 管廊的布置

为了便于安装及装置的美观整齐，通常集中设置管廊，其主要作用是集中支撑供进出装置的工艺管道、公用工程管道、仪表管线、电缆线等。

① 管廊布置首先要考虑工艺流程的顺序，尽量使管道最短，并避免管道的交叉与重复。

② 管廊一般布置在通道上空，以充分利用建筑物的空间。如果通道要求净空高度特别高时（从地板到天花板），管廊可布置在主通道的两则。

③ 管道数量较多时，应按类别布置，并可布置成多层管廊。一般输送有腐蚀性介质的管道布置在下层，小口径气液管道布置在中层、大口径管道布置在上层。多层管廊要考虑管道安装及维修人员通道。

④ 南北方向与东西方向的管廊应布置在不同的高度，二者高度差一般为 0.5～0.8m。

(5) 生活行政部门

生活行政部门主要有行政办公室、生活用房、卫生间、更衣室等。大型工厂的生活行政设施可以从总厂布置的角度集中安排，中小型工厂的车间生活行政部门可以布置在车间厂房内部。办公室一般设在车间进出比较方便、比较明显且向阳的位置，而更衣室、厕所、浴室等可布置在向北的房间。每层楼的厕所应布置在同一位置，便于上下水管的布置。主要生活行政部门占地面积计算方法如下。

① 办公室（office）面积按车间干部实际人数设计，每人占有面积 4.5～5m^2。

② 更衣室（locker room）面积根据在册总人数，按 0.8～1m^2/人计算，人多时取下限，人少时取上限。

③ 厕所（toilet）面积及厕位数

男厕：人数＜100，1 厕位/25 人；人数＞100，每增加 100 人增加 1 个厕位。

女厕：人数＜100，1 厕位/20 人；人数＞100，每增加 50 人增加 1 个厕位。

厕所面积：1.2×0.9m。

④ 浴室（bath room）按每 5～8 人一个淋浴区，面积为 6m^2，人数按最大班人数的

93％计算。

（6）其他

① 电梯（elevator）其主要作用是设备、货物及人员的垂直运送，通常多层厂房的化工车间内都设有电梯。

常见的化工车间电梯有单侧开门和双侧开门两种（图 7-7)。电梯门一般为双扇推拉门，有中央分开推向两边的和双扇推向同一边的两种。可根据运货物尺寸和重量的需要选择电梯型号、载重、尺寸等，并根据生产需要，合理安排其位置。

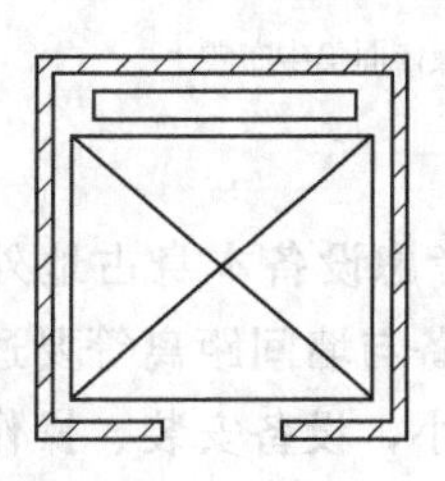
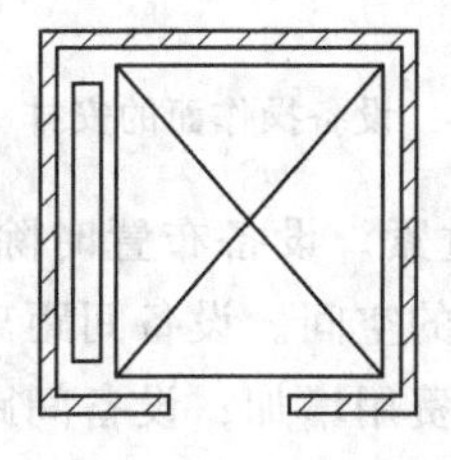

(a) 单侧开门电梯

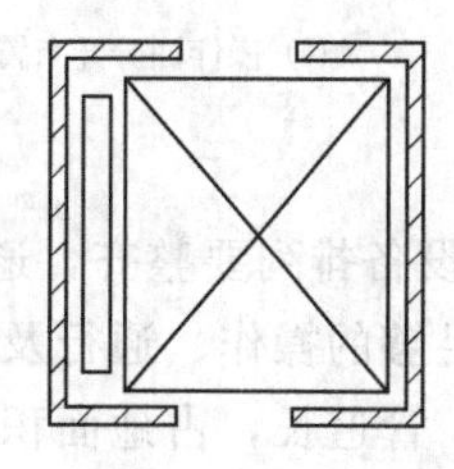

(b) 双侧开门电梯

图 7-7　电梯的种类

② 吊装孔（lifting hole）其主要用于吊装设备、维修用的零部件、原材料、产品等物品。

根据所起吊物品的需要，设置吊装孔所在楼层和尺寸大小等。多层楼面的吊装孔一般在同一平面位置，且尺寸应一致，以便用一部吊车就可以将货物由底层楼板吊放在不同的楼层。在底层吊装孔附近要有大门，使需要吊装的设备在此进出。吊装孔不宜开得过大，一般控制在 2.7m×2.7m 以内。

7.3　车间设备布置

7.3.1　车间设备布置的内容与原则

车间设备布置的主要内容包括确定各工艺设备在车间的平面和立面位置以及设备的空间方位，确定车间内主要道路及通道的位置，确定各种管道、管线的位置和走向。一个好的设备布置方案应做到经济合理、操作维修方便、符合安全生产的要求、设备排列整齐美观。通常在进行设备布置时应尽量从以下几方面考虑。

（1）满足生产工艺要求

① 设备布置通常采用流程式布置，即根据生产过程中主物料的流动顺序与方向安排设备在空间的位置，保证主工艺流程在水平方向和垂直方向的连续性。

② 设备排列及空间方位要合理，在充分考虑设备、设备安装、操作维修以及工艺配管等所需空间的基础上，尽可能缩短设备间的各种管线（工艺管道及仪表电气线)，并且尽量避免管线交错和物料交错输送，为工艺配管设计打下良好的基础。

应充分利用高位差布置设备，例如把计量槽、高位槽等设备布置在最高楼层，主要设备如反应器等布置在中层，贮槽、泵等设备布置在底层。这样既可利用位差进出物料，节省动力设备及费用，又可减少楼板的荷重，降低造价。在不影响流程顺序的原则下，尽量将较高设备集中布置，充分利用空间，简化厂房结构。

凡属相同的几套设备或同类型的设备或操作性质相似的有关设备，应尽可能布置在一起，可以减少备用设备。设备的操作面尽量集中在一起，这样可以统一管理，集中操作，减少操作人员及占地面积，如图 7-8 所示。

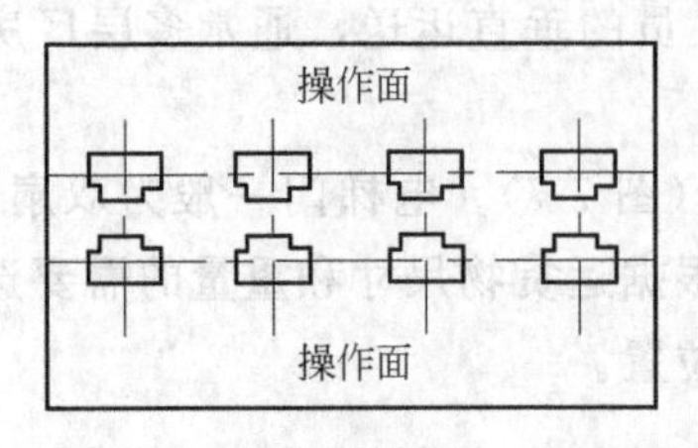

(a) 操作面分开布置

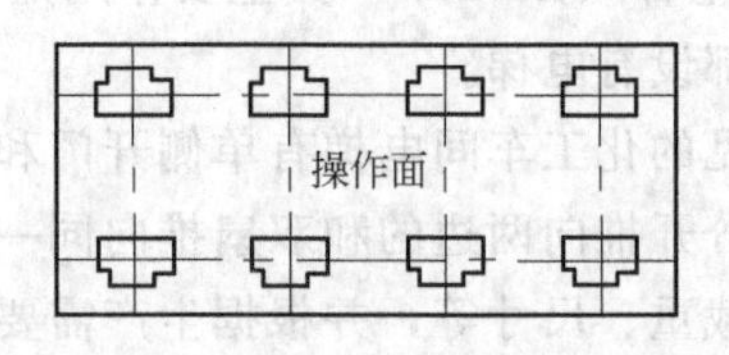

(b) 操作面集中布置

图 7-8 设备操作面的安排

③ 设备排列要整齐，避免过松或过紧。设备布置时除了要考虑设备本身占地外，还必须留有足够的操作、通行及检修所需要的空间。设备间距离及设备与墙间距离等要适当，距离过大，管道长，占地面积加大，投资费用增加；设备间距离过小，设备安装、操作、维修困难，且不符合安全要求。

设备间的安全距离虽无统一规定，但设计者应考虑设备的大小、设备上连接的管线的多少、管径的粗细、检修的频繁程度等因素，再根据生产经验来决定。中小型企业常见设备的安全距离列于表 7-2 及图 7-9，设计中可参考使用。

表 7-2 设备的安全距离

项　目	安全距离/m	项　目	安全距离/m
二泵间距离	≥0.7	回转机械与墙间距离	≥0.8～1.0
二泵列间距离	≥2.0	反应器底部与人行通道距离	≥1.8～2.0
泵与墙间距离	>1.2	工艺设备和道路间距离	≥1.0
二贮槽类设备间距离	0.4～0.6	产生可燃气体设备与炉子间距离	≥15
二换热器间距离	≥1.0	控制室、开关室与炉子间距离	15
二塔间距离	1.0～2.0	通道、操作台最小净空高度	≥2.0～2.5
二回转机械间距离	≥0.8～1.2	不常通行地方的净空高度	≥1.9

④ 高大设备应尽量避免布置在窗前，以免影响采光和通风。自然采光时，为防止产生视觉错误，设备布置时应考虑工人背光操作的原则，即采取图 7-10（a）的方式布置设备。

⑤ 工艺操作中对环境条件要求较高时，如要求恒温恒湿操作等，应将相关设备集中布置在封闭的操作间内。

⑥ 产品及成品要留有适当的占地面积和必要的运输通道。

⑦ 根据生产发展的需要与可能，适当预留扩建余地。

（2）满足设备安装与检修对布置的要求

必须考虑设备运入或搬出的方法及经过的通道，考虑设备安装、检修及拆卸所需要的空间高度和面积。设备通过楼层时，可在上层楼板上设置吊装孔，以便安装和拆卸设备。对于外型尺寸特别大的设备可在外墙预留安装孔，待设备运入后再砌封。经常搬动的设备，应在设备附近设置大门或安装孔，大门的宽度比最大设备宽 0.1～0.5m。

在安装或检修中需要起吊的设备上空应设置吊车梁、吊钩、吊柱，吊车梁及吊钩与设备间要有足够的高度，使吊着的设备能在其他设备上空通过，使内部构件能够越过设备的法兰

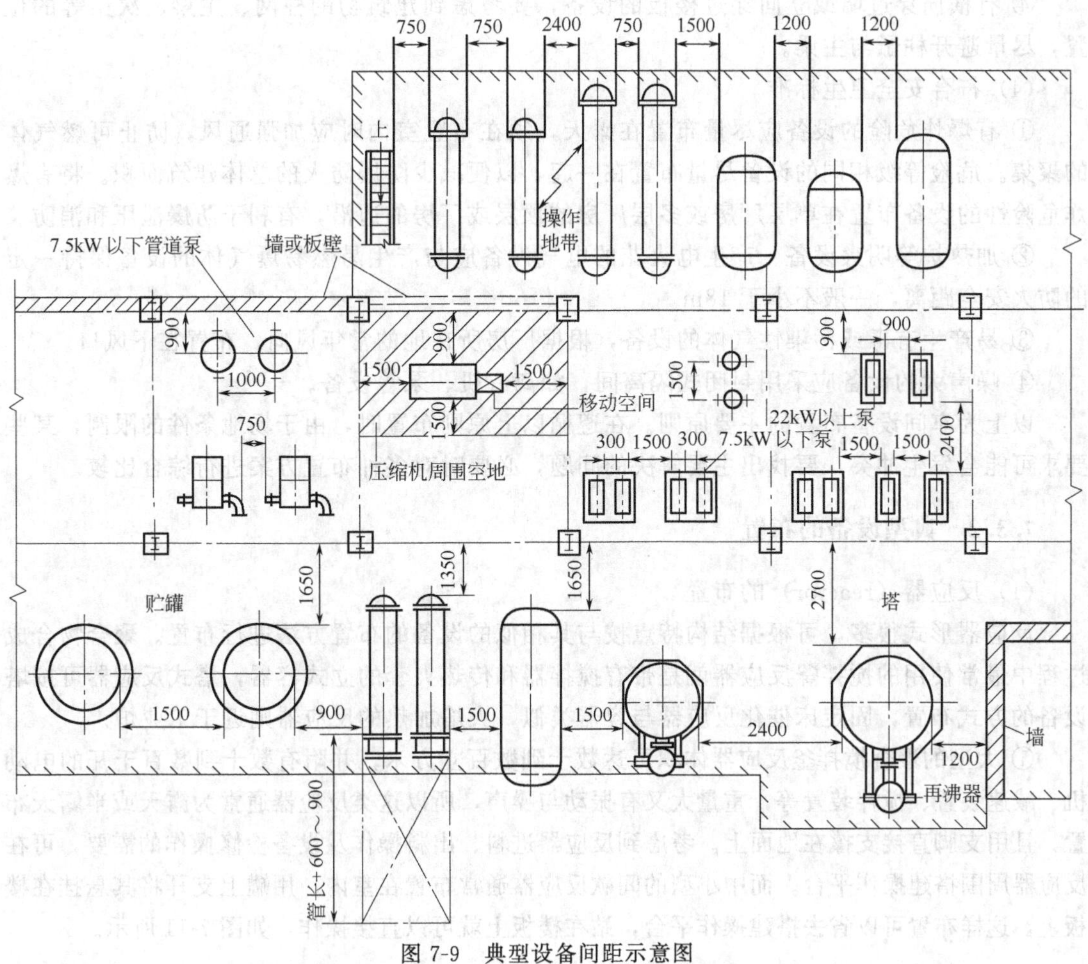

图 7-9 典型设备间距示意图

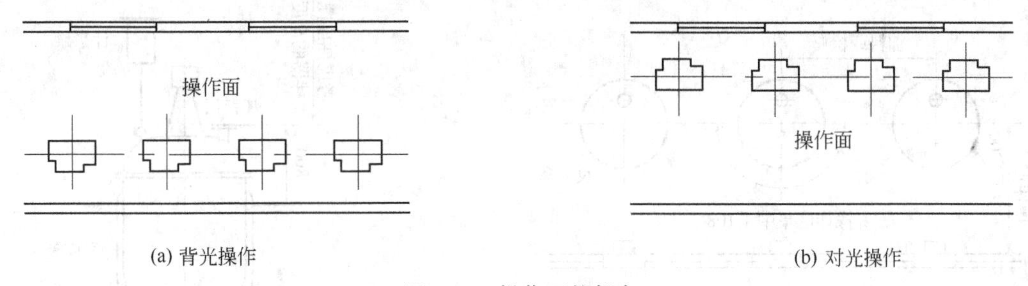

(a) 背光操作 (b) 对光操作

图 7-10 操作面的朝向

口或人孔，此外在楼板或地面上要留有空地以供停放。

同类设备应尽量布置在一起，可以统一留出检修场地，减少建筑面积。如塔、立式设备等的人孔应布置在同一方向上，且应对着空场或检修通道。卧式容器的人孔则应布置在一条线上。列管式换热器应在可拆卸一端留出一定的空间，以便抽出管子检修等。

(3) 符合建筑设计要求

① 笨重设备或生产中振动较大的设备应尽量布置在底层，以减少厂房的载荷和震动；

② 有剧烈振动的机械应有独立的建筑基础，以免影响建筑物的安全；

③ 设备尽量不布置在建筑物的变形缝上；

④ 有横向穿过墙或立向穿过楼板的设备，要考虑到建筑物的柱网、主梁、次梁等的位置，尽量避开柱子与主梁。

(4) 符合安全卫生标准

① 有爆炸危险的设备应尽量布置在露天，须在布置室内时应加强通风，防止可燃气体的聚集。危险等级相同的设备尽量布置在一起，以便减少防爆防火的总体建筑面积。将有爆炸危险性的设备布置在单层厂房或多层厂房的顶层或厂房的边沿，有利于防爆泄压和消防。

② 加热炉等明火设备、产生电火花的电气设备应与产生易燃易爆气体的设备保持一定的防火安全距离，一般不小于 18m。

③ 易产生有毒或污染性气体的设备，根据厂房所在地的常年风向，布置在下风口。

④ 噪声大的设备应采用封闭式隔离间，如离心机、泵等设备。

以上为车间设备布置的主要原则。在遵循以上原则布置时，由于场地条件的限制，某些要求可能会发生冲突，要找出主要解决的问题，必要时对多种布置方案进行综合比较。

7.3.2 典型设备的布置

(1) 反应器 (reactor) 的布置

反应器形式很多，可根据结构特点按与其相似的设备的布置方法进行布置。聚合物合成过程中最常使用的搅拌釜反应器就是带有搅拌器和传热夹套的立式容器，塔式反应器可按塔设备的方式布置，固定床催化反应器与容器类似，火焰加热的反应器则近于工业炉。

① 大型的聚合搅拌釜反应器体积可达数十到数百立方米，并附有数十到数百千瓦的电动机、减速装置、搅拌装置等，重量大又有振动与噪声，所以这类反应器通常为露天或半露天布置，且用支脚直接支撑在地面上。考虑到反应器进料、出料操作及设备检修操作的需要，可在反应器周围搭建操作平台。而中小型的间歇反应器通常布置在室内，用罐上支耳将其悬挂在楼板上，这样布置可以省去搭建操作平台，站在楼板上就可以直接操作，如图 7-11 所示。

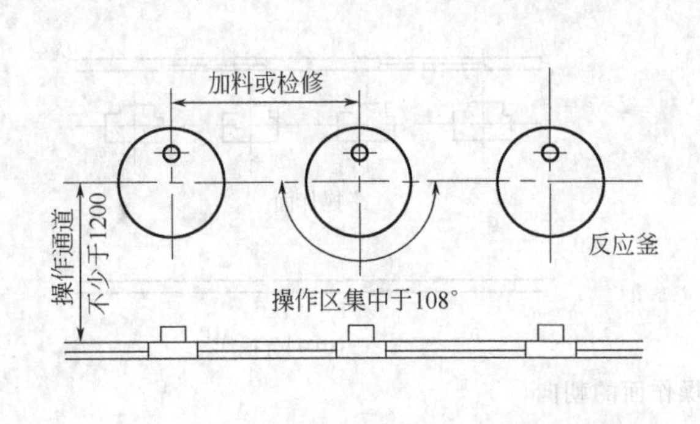

(a) 平面布置图

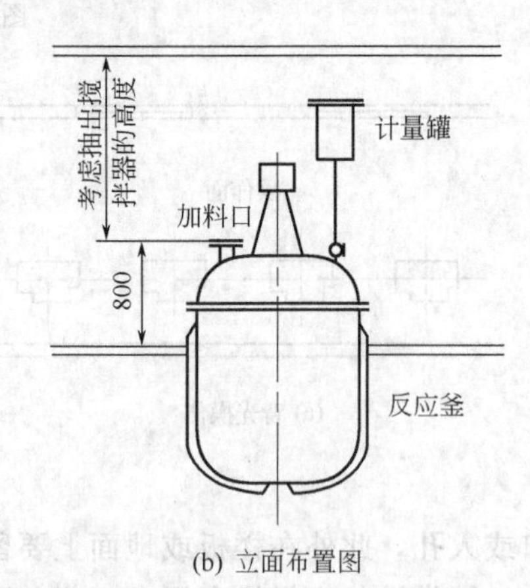

(b) 立面布置图

图 7-11 釜式反应器布置示意图

② 多釜串联操作的釜式反应器（间歇、连续），可考虑相邻反应器势能差的大小，将反应器布置在不同的高度，确保有足够用于克服流体流动阻力损失所消耗的机械能。这样布置可以省去反应器间流体输送设备，减少物料流动的中间环节，提高产品的质量。

③ 液体物料通常是经高位槽计量后靠位差加入反应器中的，此时高位槽与反应器应有足够的液位差。固体物料大多是用吊车从人孔或加料口加入反应器中的，此时人孔或加料口

与操作平面的垂直高度取0.8m为宜，如图7-11（b）所示。

④ 多台反应器集中布置时尽量成排布置，以便于吊装孔及吊车梁的布置，见图7-12。其间距应根据设备的大小、附属设备和管道具体情况而定。经常操作的管道阀门应集中布置在反应器一侧，便于操作。

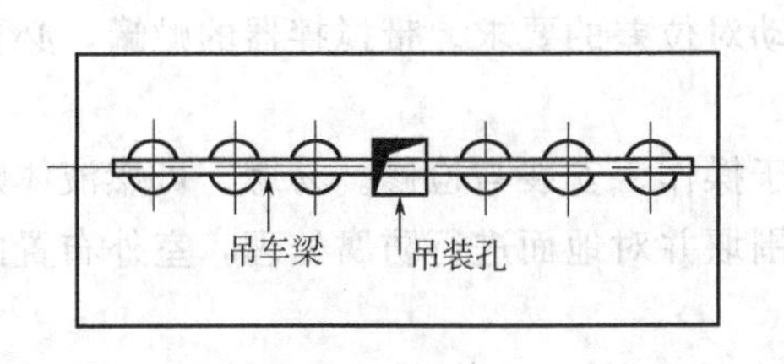

(a) 单排布置

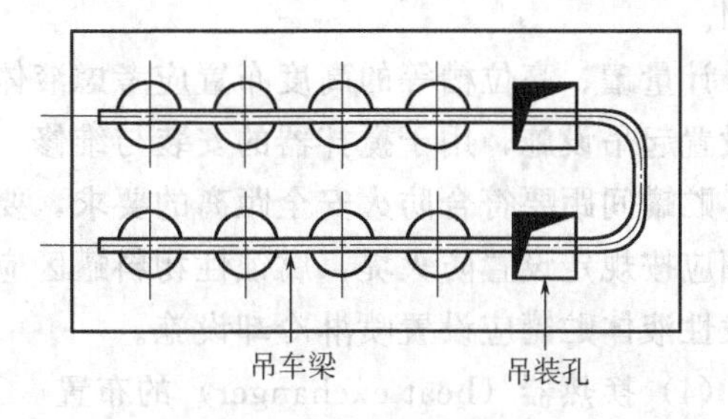

(b) 双排布置

图7-12 多台反应器集中布置示意图

⑤ 反应器的搅拌装置与密封系统是需要经常维修的，所以要考虑它们拆卸、吊装、放置等所需空间。

⑥ 有易燃易爆物料的反应器，布置时要考虑足够的安全措施，包括卸压及排放方向。

(2) 塔（column）设备的布置

塔的布置形式很多，总的原则是尽量集中布置。塔或塔群常布置在设备区外侧，其操作侧面对道路，配管侧面对管廊，以便于安装施工及操作维修。在满足工艺流程的基础上，可把高度相近的塔相邻布置。

① 独立布置。单塔或特别大的塔可以独立布置。利用塔身搭建操作平台，供进出人孔、操作、维修仪表及阀门之用。平台的位置由人孔位置和配管位置而定，其结构与尺寸可查相应的设计标准。

② 成列布置。将几个塔的中心线排成一条直线，将高度相近的塔相邻布置，通过调整安装高度和操作点，就可以采用联合操作平台，既方便操作，又可以减少投资费用。相邻小塔间的距离一般为塔直径的3～4倍。

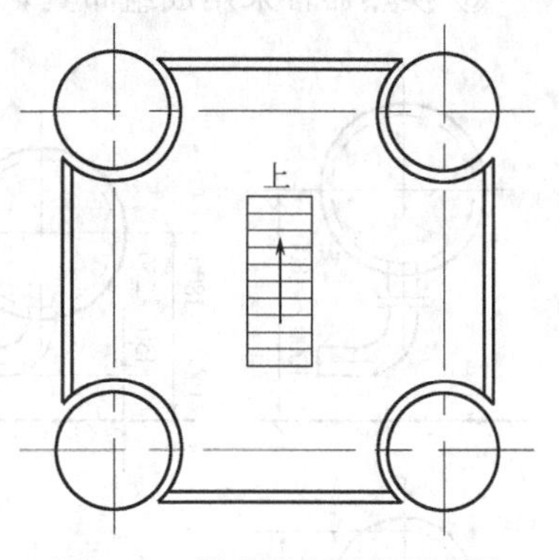

图7-13 塔成组布置的示意图

③ 成组布置。如果塔的数量不多时，结构和大小相似的塔可以成组布置。图7-13中将四个塔合成一个整体，利用操作平台集中布置。如塔高不同，则只要求第一层操作平台取齐，其他各层分别考虑。由于几个塔组成一个空间，增加了塔群的刚度，所以塔的壁厚可以降低。

④ 沿建筑物或框架布置。这种布置通常用于塔数较少的情况下，将其他设备的操作平台与塔的操作平台共用，提高塔的刚度，减少塔的壁厚，减少投资费用。

⑤ 小塔常安装在室内或框架中，利用楼板作为塔的操作平台，塔顶回流冷凝器可布置在屋顶上或吊在屋梁上，利用位差重力回流。

(3) 容器（罐、槽）的布置

容器（vessel）按用途可分为原料贮罐、中间贮罐和产品贮罐等。大型生产装置原料贮罐和产品贮罐集中放置于贮罐区，如无特殊要求，应布置在露天场地。罐区中的贮罐一般为成排成列布置，以便共用操作空间及通道。中间贮罐则按工艺流程顺序，布置在相应的设备区内。

贮罐按设备外形可分为立式和卧式。成组布置时，立式贮罐外壁取齐，卧式贮罐封头切线取齐。布置多台大小不同的卧式贮罐时，它们的底部宜布置在同一标高位置上。

贮罐的液位计、进出料接管、仪表等应尽量集中于贮罐的一侧，另一侧供通道与检修使用。

计量罐、高位槽等的高度布置应考虑液体流动对位差的要求。带搅拌器的贮罐，必要时应设置起吊设施，用于搅拌器的安装与维修。

贮罐间距要符合防火安全距离的要求，要便于操作、安装与检修。易燃、可燃液体贮罐周围应按规定设置防火堤，腐蚀性物料罐区应设围堰并对地面进行防腐处理，室外布置的易挥发性液体贮罐应设置喷淋冷却设施。

(4) 换热器 (heat exchanger) 的布置

化工厂中用的最多的是列管式换热器与再沸器，在设备布置时，主要是确定其排列方式、空间位置、管口方位及支座等安装结构。

① 换热器布置的原则是顺流程和缩短连接管道长度，所以换热器应尽量靠近与它密切相关的设备。如精馏操作中的塔顶冷凝器和塔底再沸器应在精馏塔相应位置附近布置，原料液加热换热器应尽量靠近使用原料的设备（反应器、配料罐等）的入口位置，产品冷凝冷却换热器应尽量靠近反应器出口位置。

② 设备布置受到空间限制时，在不影响工艺要求且满足换热面积的前提下，可根据需要调整换热器的长径比和安装方式（立式、卧式）。立式换热器占地面积小，但空间高度高，且不利于抽取管束操作，而卧式换热器则相反，因此可根据具体情况选择。

③ 换热器常采用成组布置，卧式换热器还可以上下重叠布置，以便合用上下水管，共用操作面，减少占地面积等。为便于抽取管束，上层换热器不宜太高，一般管壳的顶部高度不大于3.6m。将进出口管改成弯管，可以降低换热器的安装高度（图 7-14）。

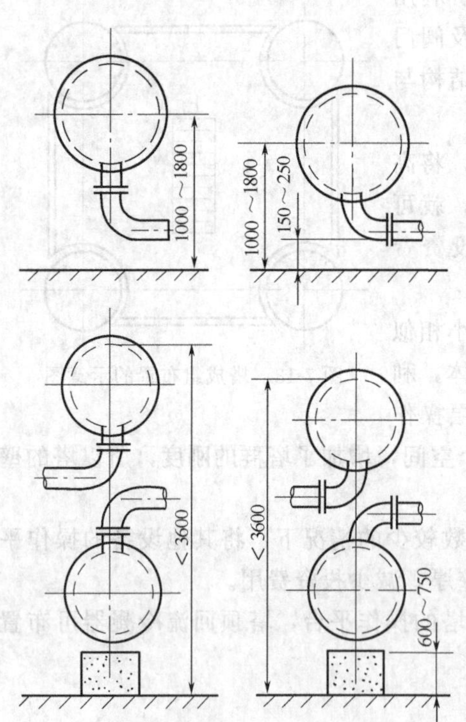

图 7-14　换热器的安装高度

④ 当位置受到限制时，换热器间的距离、换热器与其他设备间的水平距离不得小于0.6m。

(5) 流体输送设备的布置

① 泵 (pump) 的布置。小型车间生产装置用泵一般安装在供料设备附近。大中型车间，由于用泵数量较多，可集中布置在室外道路旁的管廊下、建筑物底层、泵房内等处。

多个泵排列时，泵的电机端对齐排成一排，吸入口对着工艺罐，使吸入管道短而直。布置时两台泵可共用一个基础（图 7-15），也可以背靠背地排成两排，将电机端面向通道（图 7-16）。当面积受限制或泵较小时，成对泵的中心线要在管廊柱间均匀排列，周围要留有空间和通道，以便安装阀门与管道。控制阀门布置在靠近地面的地方或在柱子附近。

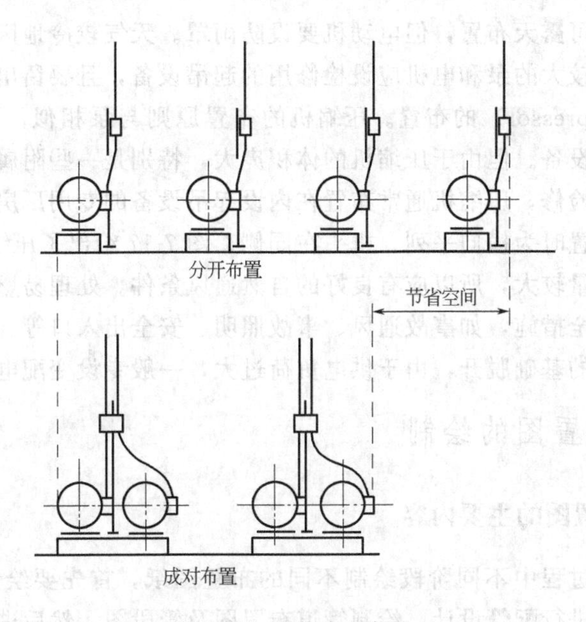

图 7-15　泵的成对布置

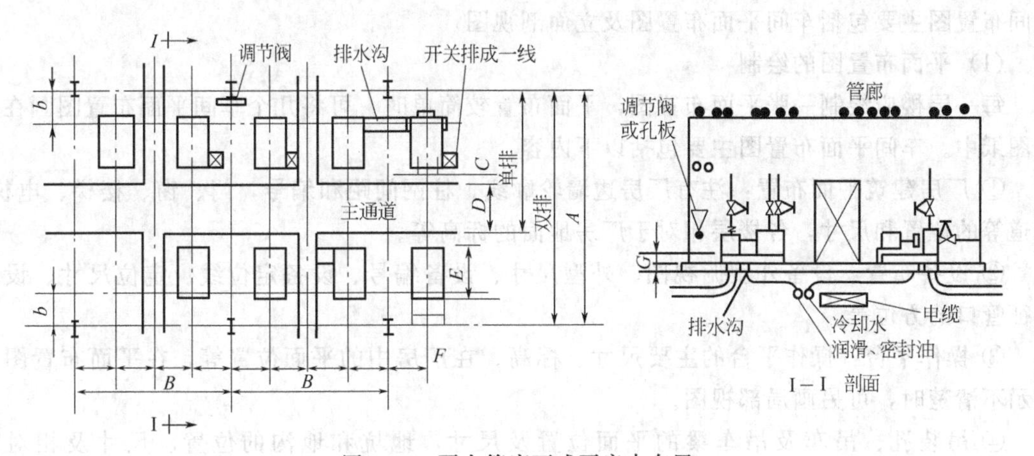

图 7-16　泵在管廊下或泵房中布置

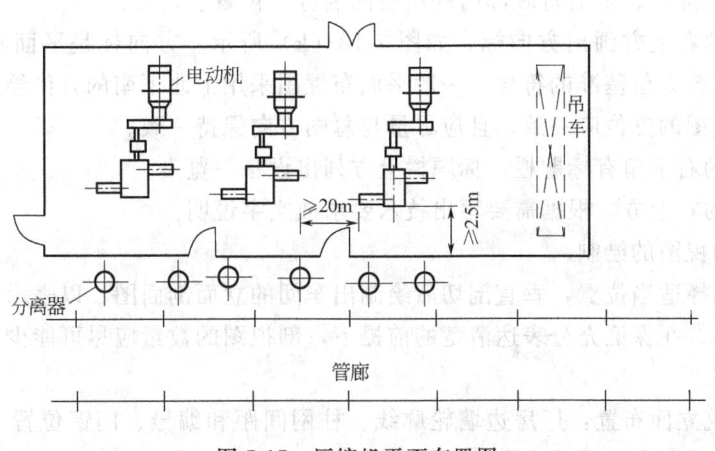

图 7-17　压缩机平面布置图

不经常操作的泵可露天布置，但电动机要设防雨罩。天气较冷地区要考虑泵体及仪表设施的防冻问题。重量较大的泵和电机应设检修用的起吊设备，且要留出必要的净空高度。

② 压缩机（compressor）的布置。压缩机的布置原则与泵相似，平面布置时应尽可能靠近与其相连的工艺设备。但由于压缩机的体积庞大，特别是一些附属设备也要占据很大的空间，为便于维护和检修，压缩机通常布置在内设起吊设备的专用厂房中，且周围留有足够的大的空地。多台布置时为横向平列，机头在同侧。图 7-17 给出了压缩机布置示例。

压缩机组件散热量较大，所以应有良好的自然通风条件。处理易燃易爆气体的压缩机的厂房，应有相应的安全措施，如事故通风、事故照明、安全出入口等。压缩机厂房要考虑隔振，其基础要与厂房的基础脱开，由于供电负荷过大，一般专设变配电室。

7.4 车间布置图的绘制

7.4.1 车间布置图的主要内容

在车间布置设计过程中不同阶段绘制不同的布置图纸，首先要绘制车间布置初步设计图，在该图的基础上进行配管设计，绘制管道布置图及管段图，然后进行车间布置施工图的设计与绘制。施工图除提供给各专业设计部门作为设计条件外，还是施工安装设备的依据。车间布置图主要包括车间平面布置图及立面剖视图。

（1）平面布置图的绘制

每一层楼应绘制一张平面布置图，平面布置较简单时，可将几个车间平面布置图画在一张图纸中。车间平面布置图主要包括以下内容。

① 厂房建筑平面布置：注有厂房边墙轮廓线，柱网间距和编号，门、窗、楼梯、电梯、楼道等的位置和尺寸，各楼层相对于厂房地面的标高等。

② 设备布置：设备外型俯视图、外型尺寸、设备编号、设备定位线、定位尺寸、设备特征管口的方位等。

③ 操作平台：操作平台的主要尺寸、标高、在厂房中的平面位置等，在平面布置图中表示不清楚时，可另画局部视图。

④ 吊装孔、吊车及吊车梁的平面位置及尺寸，地坑和地沟的位置、尺寸及相对标高等。

⑤ 辅助生产部门、生活行政部门等用房的名称、位置、尺寸。

⑥ 在图纸的右上方画出方向标，如图 7-18（k）所示。方向标是平面布置图的地理方位，也是设备安装方位基准的符号。一般平面布置图采用上北下南的方位绘制，同一车间厂房每层平面布置图的方位应一致，且应尽量与总图方向保持一致。

⑦ 在图纸的右下角有标题栏，标题栏上方列出设备一览表。

⑧ 在图纸的右上方，根据需要写出技术要求或文字说明。

（2）立面剖视图的绘制

根据需要选择适当位置，垂直剖切后绘制出车间的立面剖面图，以表示出设备在高度方向上布置的情况。在保证充分表达清楚的前提下，剖视图的数量应尽可能少。立面剖视图主要包括以下内容：

① 厂房建筑立面布置：厂房边墙轮廓线、柱网间距和编号、门窗位置、楼梯和电梯位置、各楼层的相对标高、梁的高度；

② 设备外型侧视图、外型尺寸和设备编号；
③ 设备高度尺寸及安装高度定位尺寸；
④ 设备支撑形式；
⑤ 操作台立面示意图和主要尺寸；
⑥ 吊车梁、吊车的立面位置及高度；
⑦ 地坑、地沟的位置及深度。

7.4.2 车间布置图绘制的主要步骤

(1) 考虑车间布置图的视图配置，如每层楼绘制一张平面布置图，是否有局部布置图，画哪几个位置的立面剖视图等。若在一张图纸内绘制几层平面布置图时，应自±0.000平面开始画起，由下向上，由左向右，按顺序排布。在各层平面图的下方注明相对标高，单位为m，但不用注明，如图7-19所示。

(2) 确定图纸幅面，确定绘图比例。通常采用1∶50、1∶100、1∶200、1∶500等，并力求所有平面布置图比例统一。

(3) 绘制车间平面布置图

① 画出建筑物定位线（点划线）及柱网结构；
② 画出墙、门窗、电梯、楼梯、吊装孔、操作平台等（中实线）；
③ 画出设备定位线（点划线）、设备外型轮廓（粗实线）；
④ 画出各生产辅助设施及生活行政设施的位置及大小；
⑤ 对建筑物及设备进行定位尺寸标注（细实线），尺寸标注单位为mm；
⑥ 对建筑物及设备进行外型尺寸标注（细实线），尺寸标注单位为mm；
⑦ 标明各设备及各种设施的名称；
⑧ 绘制方向标；
⑨ 填写标题栏、设备一览表及文字说明；
⑩ 检查、校核，最后完成图纸。

(4) 车间立面剖视图的绘制步骤与方法与平面布置图相似，但为了表明清楚车间内设备垂直方向的布置情况，立面剖面图绘制的位置及剖向的选择是很重要的。立面剖视图与平面图可绘制在同一张图纸上，也可绘制在不同的图纸中，但必须表示清楚。

立面剖视图的剖切位置需在平面图中做出标记，且与之相关的各楼层平面图中的标记名称相同，标记方法如图7-19所示，在立面剖视图的下方应注明相应的剖视图名称。剖视图名称可用大写英文字母或罗马数字表示，按平面图由上往下或由左向右依次排列，如“A—A（剖视）”、“B—B（剖视）”，或“Ⅰ—Ⅰ（剖视）”、“Ⅱ—Ⅱ（剖视）”等，在一套图纸中剖视图名称不允许有重复。

7.4.3 车间布置图的画法

车间平面布置图中对建筑物及设备的画法及标注均有一定的要求，分别介绍如下。

7.4.3.1 建筑物的画法

(1) 柱网结构的画法

用点画线画出建筑物的纵向定位轴线和横向定位轴线，在二者交点处画出柱子。柱网的标注方法为：在横向方向上的每一根定位线端点处画一个直径为8～10mm的圆，在圆内自左向右依次用阿拉伯数字1，2，3…标注；类似画法，在纵向方向上自下而上依次用大写英文字母A，B，C…标注。在定位轴线间标注柱网的跨度与柱距尺寸，单位为mm，且不用注明，尺寸箭头一般用45°斜线，如图7-2中所示的跨度。

（2）建筑物构件的画法

① 底层楼梯、中间各楼层楼梯、顶层楼梯画法不同，如图7-18（a）～（c）；

② 各楼层吊装孔位置应相同，底层楼层没有吊装孔，但需在相应位置处留出适当的空地；

③ 地坑只在底层楼层有；

④ 门及电梯等的画法参见图7-4及图7-7。

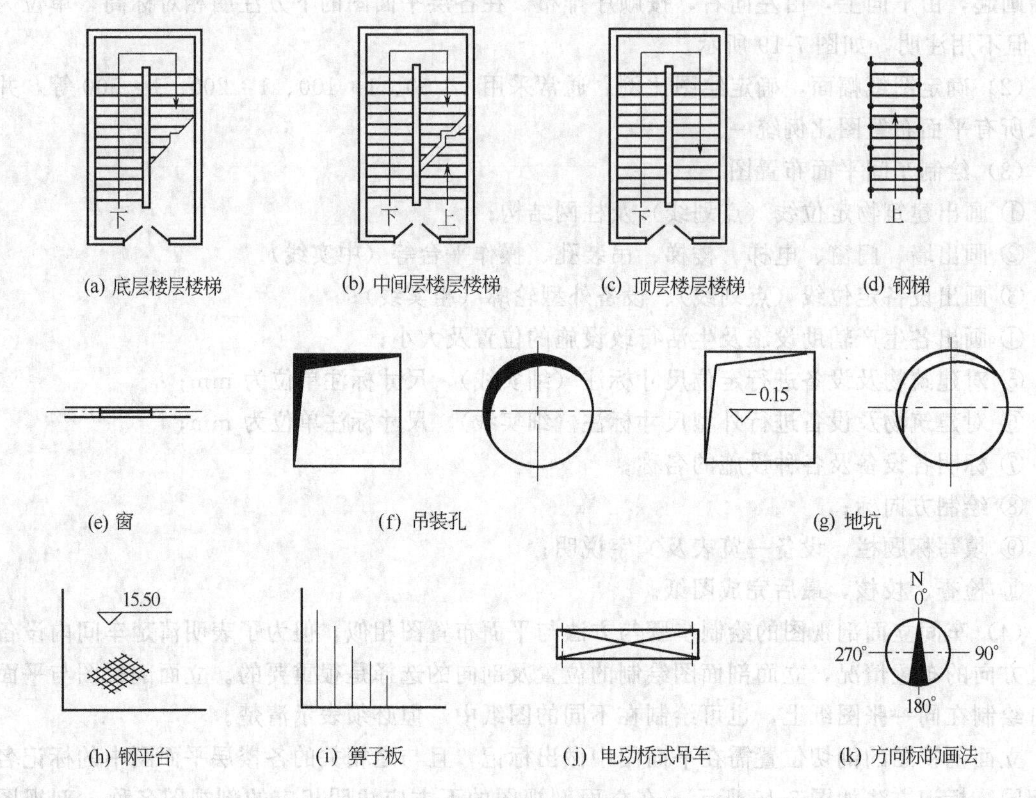

图7-18　常见建筑物构件的画法

（3）垂直高度的标注

以厂房内地面为基准面，标高为±0.000，单位为m，但不用注明。而厂房、楼层高度、操作平台、地坑、设备安装高度等相对于基准面标高。高于基准面的标高为正，但标高数字前不加"+"号；低于基准面的标高为负，标高数字前用"−"注明，如图7-18（g）、图7-18（h）。

7.4.3.2　设备的画法

① 画出设备的外型轮廓及主要管口（如人孔、进料口、出料口等）的方位，设备的基础与设备外型轮廓组合在一起时，需将基础与设备一同画出。

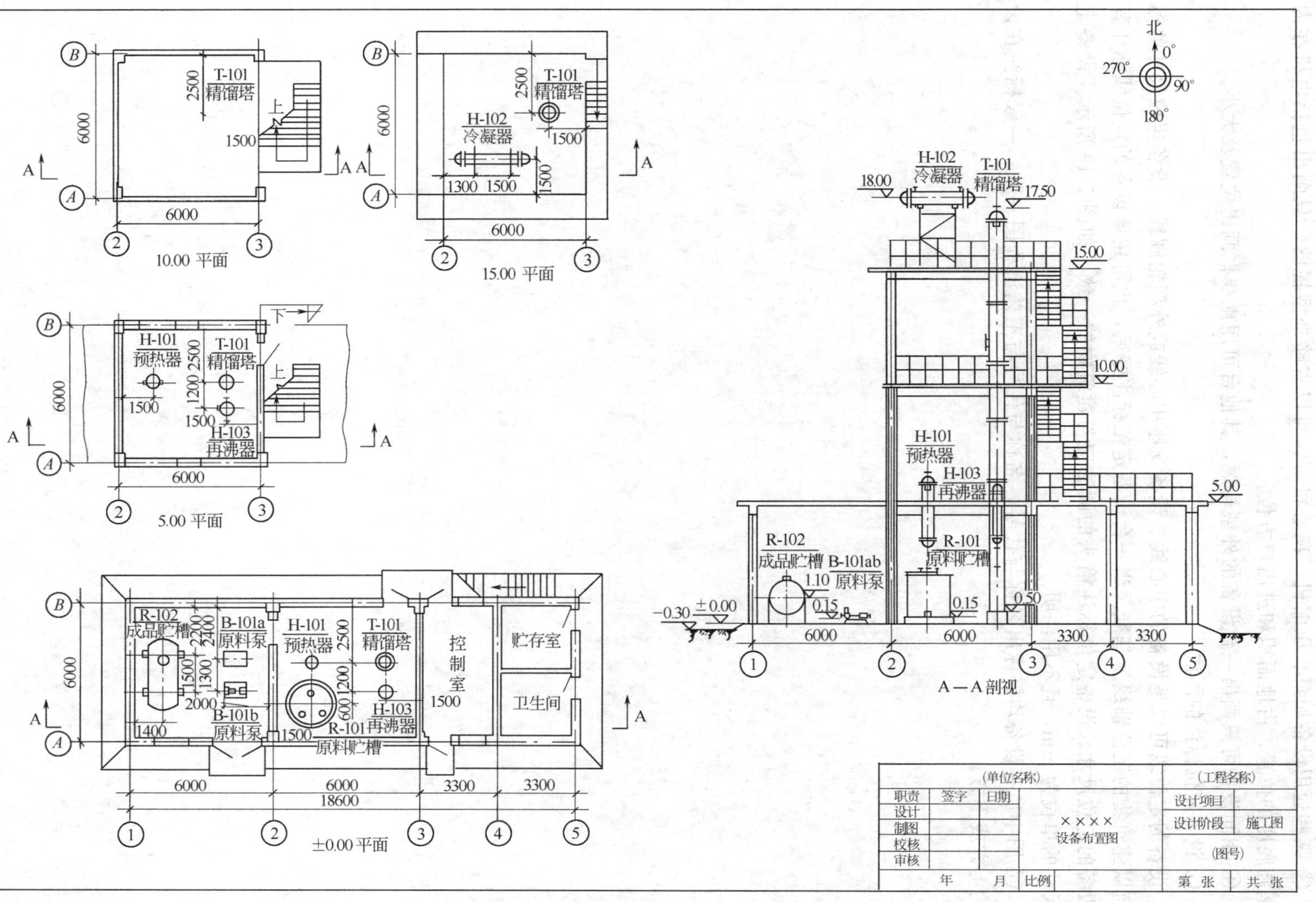

10.00 平面
T-101
精馏塔
上
15.00 平面
H-102
冷凝器
5.00 平面
H-101
预热器
H-103
再沸器
下
±0.00 平面
R-102
成品贮槽
B-101a
原料泵
B-101b
R-101
原料贮槽
控制室
贮存室
卫生间
A—A 剖视
B-101ab
18.00
17.50
15.00
10.00
5.00
±0.00
−0.30
北
0°
90°
180°
270°
(单位名称)
职责
签字
日期
设计
制图
校核
审核
年
月
比例
××××
设备布置图
(工程名称)
设计项目
设计阶段
施工图
(图号)
第 张
共 张

图7-19　设备布置图

② 穿过楼层的设备须在各楼层平面布置图中逐一画出，不得遗漏。

③ 某些通用设备如泵、压缩机、离心机等，可以省略外型视图，只画出包括电机在内的基础底座的位置、占地面积和进出口方位。

④ 相同设备可只画出一台设备的外型轮廓，其他台可用虚线框画出位置及大小。

⑤ 设备定位标注的画法

设备的定位线可以是设备的中心线、设备支座中心线或外型轮廓线，设备定位尺寸的标注应以建筑物的定位轴线为基准。当一台设备定位标注好后，也可用该设备的定位线标注其他设备的定位尺寸。设备定位标注箭头的画法应与建筑物的一致，如图 7-19 所示。设备定位尺寸的单位为 mm，且不用注明。

⑥ 图中所有设备均需标出名称与代号，名称与代号与工艺流程图一致，一般标注在设备的上方或下方。

8 管道设计

管道是任何一个化工生产装置中必不可少的组成部分。就像人体中的血管一样，管道在化工生产中起着输送各种流体的作用。化工管道设计的目的就是设计出合适的管道，从而保证设备之间的物质供应。化工管道设计主要包括管材的选择、管径的计算、管件及阀门的选择、管道内流体流动阻力降的核算、管道保温措施的设计、管道布置设计（配管设计）、应力分析、管架设计等方面的工作，这些工作在大的工程公司中分别由不同专业的设计人员来完成，比如管材的选择、保温材料及保温层厚度的选择多由材料专业完成，管道连接方式的确定、配管设计主要由配管专业设计人员来完成，而工艺人员主要完成的任务是管径的计算、阀门种类及操作方式的选择、管道内流动阻力降的核算、管道保温措施的提出及配合其他专业的设计工作。

化工管道设计的基本要求是：①符合工艺流程及生产的要求；②保证安全生产、便于操作；③便于安装与维修；④尽量做到节约材料与投资；⑤力求整齐和美观。

8.1 基本知识

8.1.1 公称直径和公称压力

管道有各种属性，如内径（inner diameter）、外径（external diameter）、操作压力（operating pressure）、设计压力（designing pressure）等。为了使管子（pipe）、管件（pipe fitting）和阀门（valve）的连接尺寸统一，使用压力统一，工程中常使用标准化的公称直径和公称压力的概念。

公称直径（nominal diameter）既不是管子的内径也不是管子的外径，而是管子名义直径。它与管子的实际内径相近，但却不一定相等。但同一公称直径的管子，其外径必定相同，其内径会因管壁厚度的不同而不同。公称直径通常以 DN 表示，单位 mm。法兰和阀门的公称直径通常是指与它们相配的管子的公称直径。附录中给出常用管子及管法兰的设计标准，设计时可参考使用。

在工程设计中，由于国际上普遍采用 ANSI 标准，常用英寸来表示公称直径，比如 DN100，人们常称之为 4″的管子。化工设计中常用管子的公称直径与英寸的关系见表 8-1。

表 8-1 常用管径

以 DN 表示	DN15	DN20	DN25	DN40	DN50	DN80	DN100	DN150	DN200	DN250
以英寸表示	1/2″	3/4″	1″	1.5″	2″	3″	4″	6″	8″	10″
以 DN 表示	DN300	DN350	DN400	DN450	DN500	DN600	DN700	DN800	DN900	DN1000
以英寸表示	12″	14″	16″	18″	20″	24″	28″	32″	36″	40″

化工生产装置中使用管子的管壁厚度因使用的材质、等级不同而各异，因此习惯上可表示为 Φ 管外径×壁厚，单位 mm。如：Φ32×3、Φ57×3.5 等。这种表示方法很清楚地表示出实际管子的外径与管壁厚，而且很容易计算管内径的大小，管内径是管道内流体流速、

流量、流动阻力等计算的重要参数。

公称压力（nominal pressure）是指管子、管件和阀门在一定温度范围内的最大允许工作压力，用 PN 表示，单位 MPa。公称压力共分 12 个等级，即 0.25、0.6、1.0、1.6、2.5、4.0、6.4、10.0、16.0、20.0、25.0、32.0。一般 PN0.25～1.6 称为低压，PN2.5～6.4 称为中压、PN10.0 以上成为高压。

管子与管件实际能够承受的最大工作压力会低于公称压力，且温度越高，能承受的最大工作压力越低，如表 8-2 所示。

表 8-2 优质碳素钢制品公称压力（PN）和最大工作压力的关系

温度等级	温度范围/℃	最大工作压力	温度等级	温度范围/℃	最大工作压力
1	0～200	1.0PN	7	251～375	0.67PN
2	201～250	0.92PN	8	276～400	0.64PN
3	251～275	0.86PN	9	401～425	0.55PN
4	276～300	0.81PN	10	426～435	0.50PN
5	301～325	0.75PN	11	436～450	0.45PN
6	326～350	0.71PN			

在工程设计中，由于习惯人们还常用 lb 来表示公称压力，如 150lb 指的是 PN2.0 的管子，300lb 指的是 PN5.0 的管子，600lb 指的是 PN10.0 的管子等。

在实际管道中，如管道中输送腐蚀性强、易燃易爆的介质时，应当选用等级高一级的公称压力，确保管道的安全。

8.1.2 管材的选择

按管子的材质（pipe material）可将管子分为以下两类。

① 金属管（metallic pipe）：铸铁管、钢管（碳素钢管、低合金钢管、合金钢管、不锈钢管等）、有色金属管（铜及铜合金管、铅管、铝管、钛管）；

② 非金属管（non-metallic pipe）：橡胶管、塑料管、石棉水泥管、玻璃陶瓷管、玻璃钢管、衬里管。

根据输送介质的温度、压力、腐蚀性、价格及供应等情况选择所用的管子材料，选择管材时可参考表 8-3。

表 8-3 常用的管道材料

管子名称	标准号	管子规格/mm	常用材料	温度范围/℃	主要用途
铸铁管	GB 9439—88	DN50～250	HT150、HT200 HT250	≤250	低压输送酸、碱液体
中低压用无缝钢管	GB 8163—87	DN10～500	20、10	－20～475	输送各种液体
			16Mn	－40～475	
			09MnV	－70～200	
裂化用钢管	GB 9948—88	DN10～500	12CrMo	≤540	用于炉管、热交换器管、管道
			15CrMo	≤560	
			1Cr2Mo	≤580	
			1Cr5Mo	≤600	
中低压用、锅炉用无缝钢管	GB 3087—82	外径 20～108	20、10	≤450	锅炉用过热蒸汽管、沸水管

续表

管子名称	标准号	管子规格/mm	常用材料	温度范围/℃	主要用途
高压无缝钢管	GB 6479—86	外径 15～273	20G	−20～200	化肥生产用，输送合成氨原料气、氨、甲醇、尿素等
			16Mn	−40～200	
			10MoWVNb	−20～400	
			15CrMo	≤560	
			12Cr2Mo	≤580	
			1Cr5Mo	≤600	
不锈钢无缝钢管	GB 2270—80	外径 6～159	0Cr13，1Cr13	0～400	输送强腐蚀性介质
			1Cr18Ni9Ti	−196～700	
			0Cr18Ni12Mo2Ti	−196～700	
低压流体输送用焊接钢管	CB 3091—93（镀锌）GB 3092—93	DN10～65	Q215A	0～140	输送水、压缩空气、煤气、蒸汽、冷凝水、采暖
			Q215AF、Q235A		
			Q235A		
螺旋电焊接钢管	SY 5036—83 SY 5037—83	DN200	Q235AF、Q235A	0～300	蒸汽、水、空气、油、油气
			16Mn	−20～450	
钢板卷管	自制加工	DN200～1800	Q235A	0～300	
			10、20	−40～450	
			20g	−40～470	
黄铜管	GB 1529—87 GB 1530—87	外径 5～100	H62、H63（黄铜）HPb59-1	≤250（受压时≤200）	用于机器和真空设备管路
铝和铝合金管	GB 6893—86 GB 4437—84	外径 18～120	L2、L3、L4 LF2、LF3、LF21	≤200（受压时≤150）	输送脂肪酸、硫化氢等
铅和铅合金管	GB 1472—88	外径 20～118	Pb3、PbSb4、PbSb6	≤200（受压时≤140）	耐酸管道
玻璃钢管	HGJ 534—91	DN50～600			输送腐蚀性介质
增强聚丙烯管		DN17～500	PP	120（压力<1.0MPa）	
硬聚氯乙烯管	GB 4219—84	DN10～280	PVC		
耐酸陶瓷管	HGB 94001—86				
聚四氟乙烯直管	SG 186—80	DN0.5～25	聚四氟乙烯		
高压排水胶管		DN76～203	橡胶		

8.2 管道工艺计算

8.2.1 管径的计算

管径（pipe diameter）的选择是以经济性作为原则的。管径大，管壁厚，管道及阀门的费用增加，因此投资费用高；管径小，管道内的流速增加，流体的阻力增加，动力消耗增加，因此操作费用高。合适的管径就是在这两者之间找到一个平衡点。在实际设计中，由于工作量及进度的限制，不可能对所有的管道都进行这样的经济比较，一般的作法是由常用流速的经验值来估算管径。

（1）流速的选择

选择流速（flow velocity）时要考虑输送流体的特性、状态和操作要求等，为了防止流速过高引起管道磨损、振动和噪声等现象，液体的流速一般不超过 3m/s，气体流速一般不超过 100m/s；黏度大的流体阻力较大，流速一般取低些；气液两相混合流体的摩擦阻力比纯气相或纯液相的要大，流速要取得低一些；含有固体颗粒的流体，流速不能太低，以免颗粒沉降引起管道阻塞；自流管道和易沸腾流体用泵的吸入管道，应选较低的流速，以适应有限的位差和吸入静压头的要求。表 8-4 列出了在各种条件下，各种介质的常用流速范围。

表 8-4　常用流体流速范围

介　质	条　件	流速/$m \cdot s^{-1}$
过热蒸汽	$DN<100$	20～40
	$DN=100 \sim 200$	30～50
	$DN>200$	40～60
饱和蒸汽	$DN<100$	15～30
	$DN=100 \sim 200$	25～35
	$DN>200$	30～40
低压气体 $p_{绝}<1MPa$	$DN \leqslant 100$	2～4
	$DN=125 \sim 300$	4～6
	$DN=350 \sim 600$	6～8
	$DN=700 \sim 1200$	8～12
气　体	鼓风机吸入管	10～15
	鼓风机排出管	15～20
	压缩机吸入管	
	压缩机排出管	10～20
	$p_{绝}<10MPa$	8～10
	$p_{绝}=10 \sim 100MPa$	10～20
	往复式真空泵	
	吸入管	13～16
	排出管	25～30
苯乙烯、氯乙烯		2
乙醚、苯、二硫化碳	安全许可值	<1
甲醇、乙醇、汽油	安全许可值	<2～3

介　质	条　件	流速/$m \cdot s^{-1}$
水及黏度相似的液体	$p=1 \sim 3MPa$ 表压	0.5～2
	$p<10MPa$ 表压	0.5～3
	压力回水	0.5～2
	无压回水	0.5～1.2
	往复泵吸入管	0.5～1.5
	往复泵排出管	1～2
	离心泵吸入管	1.5～2
	离心泵排出管	1.5～3
油及黏度大的液体	油及相似液体	0.5～2
	黏度 50mPa·s	
	DN25	0.5～0.9
	DN50	0.7～1.0
	DN100	1.0～1.6
	黏度 100mPa·s	
	DN25	0.3～0.6
	DN50	0.5～0.7
	DN100	0.7～1.0
	DN200	1.2～1.6
	黏度 1000mPa·s	
	DN25	0.1～0.2
	DN50	0.16～0.25
	DN100	0.25～0.35
	DN200	0.35～0.55

（2）管径的计算

根据选定的流速按下式计算管子的内径，再根据表 8-1 或附录中标准管子的公称直径选择适宜的管径。

$$d=\sqrt{\frac{4V}{\pi u}}=1.129\sqrt{\frac{V}{u}} \tag{8-1}$$

式中　d——管子内径，m；

V——流体在操作条件下的体积流量，$m^3 \cdot s^{-1}$；

u——平均流速，$m \cdot s^{-1}$。

（3）管子壁厚的选择

管子的材质由设计温度、流体介质性质等决定，而管子壁厚根据设计压力、管径、材料允许应力等因素，计算出管子的最小壁厚，再考虑腐蚀裕量后，选取标准中对应的壁厚值。

8.2.2 流动阻力降的核算

管道的计算通常是先根据流体的性质和允许流动阻力降设定流速，算出管径，再核算流体流经管道的阻力降（flow resistance drop）是否小于允许值，若不满足此条件，则应重新选择流速计算。

（1）流体的流动类型

要计算流体在管道中的流动阻力降，首先要考察流体的流动类型（flow type）。通常可用雷诺数（reynolds number）来判断管内流体的流动类型。

$$Re=\frac{d\rho u}{\mu} \tag{8-2}$$

式中 Re ——雷诺数；

ρ ——液体密度，$kg \cdot m^{-3}$；

μ——流体黏度，$Pa \cdot s$。

$Re \leqslant 2000$ 为层流（laminar flow），$2000 < Re < 4000$ 为过渡流（transitional flow），$Re > 4000$ 为湍流（turbulent flow）。在化工输送管道中，低黏度液体及气体的流动类型大多是湍流。

（2）直管流动阻力

由实验可知，流体在直管中流动时产生的流动阻力（flow resistance）与流体的密度（density）、流速（flow velocity）、黏度（viscosity）、管径（pipe diameter）、管壁的粗糙度（roughness of pipe wall）及管长（pipe length）等因素有关。通常用下式来计算流体在直管中的流动阻力：

$$H_f=\lambda \frac{l}{d} \frac{u^2}{2g} \tag{8-3}$$

式中 H_f ——流体在直管中的流动阻力，m 液柱；

λ ——摩擦系数；

l ——管道系统中直管总长度，m；

g ——重力加速度，$9.81 m \cdot s^{-2}$。

摩擦系数（friction coefficient）与管径、管壁粗糙度、雷诺数等有关，一般可由手册查到。下面介绍常用的计算不可压缩流体流动摩擦系数的计算公式。

① $Re \leqslant 2000$ 时为层流流动，采用下列公式计算摩擦系数：

$$\lambda=\frac{64}{Re} \tag{8-4}$$

② 湍流流动且 $\frac{d/\varepsilon}{Re\sqrt{\lambda}}<0.05$ 时，可用 Colebrook 式计算摩擦系数：

$$\frac{1}{\sqrt{\lambda}}=2\lg\frac{d}{\varepsilon}+1.14-2\lg\left(1+9.35\frac{d/\varepsilon}{Re\sqrt{\lambda}}\right) \tag{8-5}$$

③ 湍流流动且 $\frac{d/\varepsilon}{Re\sqrt{\lambda}}>0.05$ 时，可用 Nikuradse-Karman 公式计算：

$$\frac{1}{\sqrt{\lambda}}=2\lg\frac{d}{\varepsilon}+1.14 \tag{8-6}$$

式中 ε ——管内壁的绝对粗糙度，m。

表 8-5 列出了常见管材的绝对粗糙度。

表 8-5　常见管材的绝对粗糙度

	管 道 类 别	绝对粗糙度/mm		管 道 类 别	绝对粗糙度/mm
金属管	新无缝钢管	0.06～0.2	非金属管	干净玻璃管	0.0015～0.01
	无缝黄铜管、钢管、铅管	0.005～0.01		橡皮软管	0.01～0.03
	轻度腐蚀无缝钢管	0.2～0.3		陶瓷排水管	0.45～6
	钢板卷管	0.33		水泥管	0.33
	铸铁管	0.5～0.85		石棉水泥管	0.03～0.8
	腐蚀较严重的无缝钢管	0.5～0.6			
	腐蚀严重的无缝钢管	1～3			

(3) 管道中的局部阻力

流体流经管件及阀门时的局部阻力（local resistance）通常有两种计算方法，一种是局部阻力系数法。查阅有关资料，可得到管件及阀门的局部阻力系数（local resistance coefficient）ζ，再乘以流体的动压头，即得局部阻力。

$$H'_f=\zeta\frac{u^2}{2g} \tag{8-7}$$

式中　H'_f——管件及阀门的局部阻力，m 液柱；

　　　ζ——局部阻力系数（管道进口处 $\zeta_e=0.5$、出口处 $\zeta_e=1$）。

另一种方法是将各种管件及阀门的阻力换算成同样管径直管长度的阻力，称为管件及阀门的当量长度（equivalent length）。管件及阀门的当量长度可由有关手册中查到，或参见表8-6。将管件及阀门的当量长度代入（8-3）式计算局部阻力。

$$H'_f=\lambda\frac{l_e}{d}\frac{u^2}{2g} \tag{8-8}$$

式中　l_e——管件及阀门的当量长度，m。

表 8-6　部分管件及阀门以管径（d）计算的当量长度

名　称	l_e/d	名　称	l_e/d
45°标准弯头	15	截止阀(标准式,全开)	300
90°标准弯头	30～40	角阀(标准式,全开)	145
90°方弯头	60	闸阀(全开)	7
180°弯头	50～75	闸阀(3/4 开)	40
三通管		闸阀(1/2 开)	200
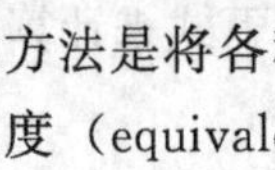		闸阀(1/4 开)	800
	40	带有滤水器的底阀(全开)	420
		止回阀(旋启式,全开)	135
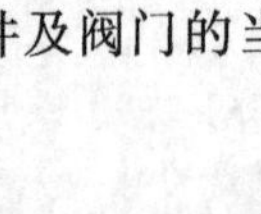	60	蝶阀(全开)	60
		盘式流量计	400
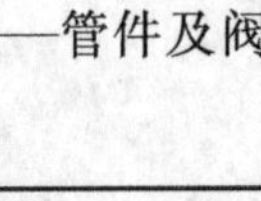	90	文氏流量计	12
		转子流量计	200～300
		由容器入口	20

(4) 管道系统中总流动阻力（total flow resistance）

$$\sum H_f = H_f + \sum H'_f = \lambda \frac{l+\sum l_e}{d}\frac{u^2}{2g} = \lambda \frac{L_e}{d}\frac{u^2}{2g} \tag{8-9}$$

式中 $\sum H_f$——管道系统中总流动阻力，m 液柱；

$\sum l_e$——管道系统中全部管件及阀门总当量长度，m；

L_e——管道系统中总当量长度，m。

或：
$$\Delta p_f = \sum H_f \times \rho \times g = \lambda \frac{L_e}{d}\frac{u^2}{2}\rho = 0.81057\lambda \frac{L_e V^2 \rho}{d^5} \tag{8-10}$$

式中 Δp_f——管道系统中总流动阻力降（flow resistance drop），Pa。

(8-9) 式、(8-10) 式只适合于不可压缩流体（液体或进出口压差不超过 20% 的气体）流动阻力降的计算。对于可压缩流体，由于压强的变化，气体密度变化，管道内气体流速是变化的，因此 (8-9) 式、(8-10) 式不适用。由 (8-10) 式可以看出：①管道中流体流动阻力降与管径的 5 次方成反比，因此若选择小管径，投资费用降低，但动力消耗大大增加，操作费用增加；②管道中流体流动阻力降与流体流量的平方成正比，管径不变，流体流量越大，流动阻力降越大。

例 8-1 某装置需要使用循环水，循环水的温度 $t=32℃$，循环水流量 $V=783\text{t}\cdot\text{h}^{-1}$，输送水泵的出口压力 $p_1=5.9\times10^5\text{Pa}$，要求运输到该装置循环水的压力不小于 $p_2=4.1\times10^5\text{Pa}$，输送水泵与装置之间的直管段距离为 $l=500\text{m}$，有九个 90°弯头，两个 1/2 开度的闸阀，管壁粗糙度 $\varepsilon=0.1\text{mm}$。设计管道使之满足要求。

解：循环水的温度为 32℃，在此条件下 $\rho=995\text{kg}\cdot\text{m}^{-3}$，$\mu=0.772\times10^3\text{Pa}\cdot\text{s}$

循环水的体积流量：$V=\dfrac{783000}{3600\times995}=0.2186\text{m}^3\cdot\text{s}^{-1}$

(1) 初定管径

水的流速可以取 $0.5\sim3\text{m}\cdot\text{s}^{-1}$，总管的流速可以稍高一些，此处取 $2.5\text{m}\cdot\text{s}^{-1}$

$$d=1.129\sqrt{\frac{V}{u}}=1.129\sqrt{\frac{0.2186}{2.5}}=0.334\text{m}$$

由表 8-1 取 DN350，即 14″的管子。DN350 的实际管内径不是 350mm，但工程上为了简化计算，常用公称直径代替管内径计算流速和流动阻力，经验表明，这种简化是在误差允许范围内的。

实际流速约为：$u=\dfrac{V}{0.785\times d^2}=\dfrac{0.2186}{0.785\times0.35^2}=2.27\text{m}\cdot\text{s}^{-1}$

(2) 校核管道阻力降：

$$Re=\frac{d\rho u}{\mu}=\frac{0.35\times995\times2.27}{0.772\times10^{-3}}=1.024\times10^6$$

$Re>4000$，流体在管道中的流动类型为湍流，用 Colebrook 公式 (8-5) 计算摩擦系数。可用试差法求解 (8-5) 式，也可在 MathCAD2001 中用 root 函数求解（见本书所附光盘），计算结果为：$\lambda=0.01551$。

由表 8-6 取 90°弯头的当量长度：$l'_e=35\times d=35\times0.35=12.25\text{m}$

1/2 开度闸阀当量长度：　　　$l''_e=200\times0.35=70\text{m}$

总流动阻力降用 (8-10) 式计算：

$$\Delta p_f=0.81057\lambda\frac{L_e V^2\rho}{d^5}=0.81057\times0.01551\times\frac{(500+9\times12.25+2\times70)\times0.2186^2\times995}{0.35^5}$$

$=8.539\times10^4$ Pa

管道允许阻力降为：$p_1-p_2=5.9\times10^5-4.1\times10^5=1.8\times10^5$ Pa

管道的总流动阻力降＜允许阻力降，所以用 DN350 的管子既可以满足流体在管道中流速的要求，也可以满足管道允许阻力降的要求。

8.2.3 管道保温设计

化工管道放置在环境中，当其中的流体温度与环境温度不同时，流体会通过热传导(conduction)、热对流（convection）和热辐射（radiation）等方式与环境进行热交换。尤其当流体温度与环境温度相差较大时，这种传热是不容忽略的，而大部分情况下我们并不希望这种传热现象发生。管道外采取保温措施的主要目的有以下几个方面。

(1) 节省能源

减少能量损失，节约能源，降低生产成本。

(2) 安全生产

有时尽管管道的散热对工艺过程是有利的，如精馏塔塔顶去冷凝器的管线，但温度较高，对安全生产不利，为了保护操作人员不至于烫伤，在管道表面裹一层隔热材料来隔热。通常防烫隔热材料的厚度可小于保温隔热材料的厚度。

聚合物熔体在管道中输送时，保温措施的主要目的是防止熔体在管道流动过程中因散热使熔体温度降低，造成熔体黏度增加，流动阻力增加，甚至导致熔体凝固不能流动等事故的发生。此时由于流体温度与环境温度相差太大，单靠保温材料保温是不能满足要求的，通常需采取伴热的措施。

(3) 防潮

当流体温度比环境低时，为了防止在管路上结露或霜，在管道表面裹一层较薄的保温层。

管道外保温的主要措施有：①在管道外用绝热材料包覆；②在管道外伴热。

管道伴热通常有三种形式。

① 电伴热（electrically traced piping)。就是将电阻丝缠绕在管道外面，用电加热的方法保证管道内流体温度不降低。

② 蒸汽伴热（steam traced piping)。就是将 1/2″的蒸汽管子和工艺管道捆绑在一起。

③ 套管伴热（jacked piping)。就是在工艺管外面套上一直径较大的外管，在工艺管与外管之间通入传热介质（水蒸气或导热油)，其作用类似设备的夹套保温。套管伴热通常用于流体温度较高、黏度较大情况下流体的输送，如 PET 熔体（280～290℃）的输送。无论哪种伴热方式，都需再包覆一定厚度的保温材料。

保温用的绝热材料的种类很多，选择的主要依据是热导率小、材料密度合适、有一定的使用强度、吸水率小、有适宜的使用温度范围、化学稳定性好、无毒副作用、价格低廉、施工方便等。常用保温材料使用性能参见表 8-7。

选择了保温材料后，还要确定保温层的厚度。通常用于确定保温层厚度的方法有两种。

(1) 经济厚度

经济厚度计算方法是应用最广泛的一种计算方法，即把保温材料的投资费用与热损失的费用综合考虑后得出经济厚度。

(2) 允许热（冷）损失下的保温层厚度

表 8-7 常用的保温材料

序号	材 料	热导率/$W \cdot m^{-1} \cdot ℃^{-1}$	温度范围/℃	密度/$kg \cdot m^{-3}$
1	硅酸钙制品	0.055～0.064	约 650	170～240
2	泡沫石棉	0.046～0.059	−50～500	30～50
3	岩棉矿渣棉制品	0.044～0.049	−200～600	60～200
4	玻璃棉	≤0.044	−183～400	40～120
5	普通硅酸铝纤维	0.046	约 850	100～170
6	膨胀珍珠岩散料	0.053～0.075	−200～850	80～250
7	硬质聚氨酯泡沫塑料	0.0275	−180～100	30～60
8	酚醛泡沫塑料	0.035	−100～150	30～50

以管道单层保温层厚度计算为例，由热平衡关系，流体流经管道损失的热量为：

$$Q_S = wC_p(t_1 - t_2)/3.6 \tag{8-11}$$

式中 Q_S ——热损失，kW；

w ——流体的质量流量，$kg \cdot h^{-1}$；

C_p ——平均温度下流体的比热容，$kJ \cdot kg^{-1} \cdot ℃^{-1}$；

t_1、t_2 ——流体入口温度和出口温度，℃。

根据传热知识，流体流经管道时由管道外侧的热量损失计算方法如下：

$$Q_S = \frac{\text{总推动力}}{\text{总传热阻力}} = \frac{\Delta t_m}{R_1 + R_2} \tag{8-12}$$

$$\Delta t_m = \frac{t_1 - t_2}{\ln \dfrac{t_1 - t_a}{t_2 - t_a}}、R_1 = \frac{1}{2\pi L\lambda}\ln\frac{d_1}{d_0}、R_2 = \frac{1}{\pi d_1 L\alpha}$$

式中 t_a ——环境温度，℃；

R_1 ——保温层的热传导热阻，$℃ \cdot W^{-1}$；

R_2 ——保温层外壁与环境空气对流传热热阻，$℃ \cdot W^{-1}$；

λ ——平均温度下保温材料的导热率，$W \cdot m^{-1} \cdot ℃^{-1}$；

α ——保温层表面的对流传热系数，$W \cdot m^{-2} \cdot ℃^{-1}$；

d_0、d_1 ——保温层内径与外径，m；

L ——输送管道长度，m。

将（8-11）式代入（8-12）式，整理后有：

$$\ln\frac{t_1 - t_a}{t_2 - t_a} = \frac{3.6L}{wC_pR} \tag{8-13}$$

$$R = \frac{1}{2\pi\lambda}\ln\frac{d_1}{d_0} + \frac{1}{\pi d_1 \alpha} \tag{8-14}$$

式中 R ——保温层单位管长的总热阻，$m \cdot ℃ \cdot W^{-1}$。

以上公式只适用于稳定运转状态，不适用于开车、停车及间歇操作的工况。

例 8-2 一根 $L=2000m$ 的热水管，输送热水流量 $w=12000kg \cdot h^{-1}$，热水进口温度 $t_1=90℃$，比热容 $C_p=4.184kJ \cdot kg^{-1} \cdot ℃^{-1}$，环境温度 $t_a=20℃$，管道外径 $d_0=0.050m$，保温材料的热导率 $\lambda=0.04649+1.162\times10^{-4}t\,W \cdot m^{-1} \cdot ℃^{-1}$，保温层表面对流传热系数 $\alpha=11.62W \cdot m^{-2} \cdot ℃^{-1}$，若管道出口处热水的温度 t_2 不低于 85℃，求所需保温层的厚度。

解：管内流体平均温度：$t = \dfrac{t_1 + t_2}{2} = \dfrac{90+85}{2} = 87.5℃$

设保温层表面温度为25℃，此时取保温材料的平均热导率为：

$$\lambda=0.04649+1.162\times10^{-4}\times\frac{87.5+25}{2}=0.05301\mathrm{W\cdot m^{-1}\cdot ℃^{-1}}$$

由（8-13）式和（8-14）式有：

$$R=\frac{3.6L}{wC_{\mathrm{p}}\ln\dfrac{t_1-t_{\mathrm{a}}}{t_2-t_{\mathrm{a}}}}=\frac{1}{2\pi\lambda}\ln\frac{d_1}{d_0}+\frac{1}{\pi d_1\alpha}$$

将已知条件代入上式中，用 MathCAD2001 中的 root 函数求解（见附盘），得到 $d_1=0.0856\mathrm{m}$。因此保温层厚度为：

$$\delta=\frac{d_1-d_0}{2}=\frac{0.0856-0.050}{2}=0.0178\mathrm{m}$$

即当保温厚度为17.8mm时，终端水温为85℃。若选保温层厚度为20mm，此时保温层外径为：$d_1=0.050+2\times0.020=0.09\mathrm{m}$。由（8-13）式和（8-14）式计算出管终端的出口水温 t_2 为85.31℃，满足设计要求。

8.3 管件及阀门

8.3.1 管道的连接方式

管道连接的常用方式有三种：焊接、螺纹连接、法兰连接。

① 焊接（soldered joint）。化工厂中最常用的一种管道连接方式，其特点为成本低、操作方便、使用可靠，特别适用于直径大的长管道连接，其缺点是拆装不便。

② 螺纹连接（threaded connection）主要用于直径较小的，不易发生危险的管道的连接。其特点为结构简单、拆装方便，其缺点在于连接的可靠性差，易在螺纹连接处发生渗漏。化工厂中，该类连接通常用于上水、下水、压缩气体管道的连接等，不宜用于易燃、易爆、有毒介质及工艺物料的管道连接。

③ 法兰连接（flanged connection）。化工厂中应用极广的连接方式，特点是强度高、拆装方便、密封可靠，适用于各种温度、压力的管道，但费用较高。管法兰的与管子的连接方式见图8-1，管法兰的密封面型式主要有凸面、凹凸面、榫槽面三种（图8-2）。法兰的公称直径及公称压力要和与之相连接的管子相匹配。附录中给出凸面法兰及垫片的设计标准，可供参考使用。

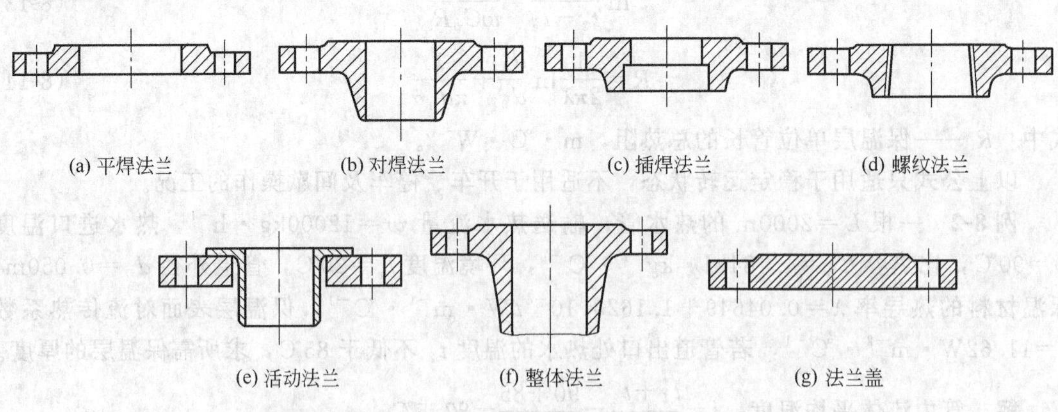

图8-1 管法兰的结构型式

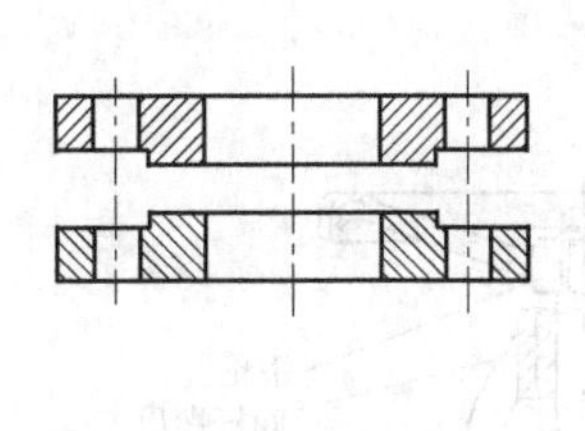

(a) 凸面法兰

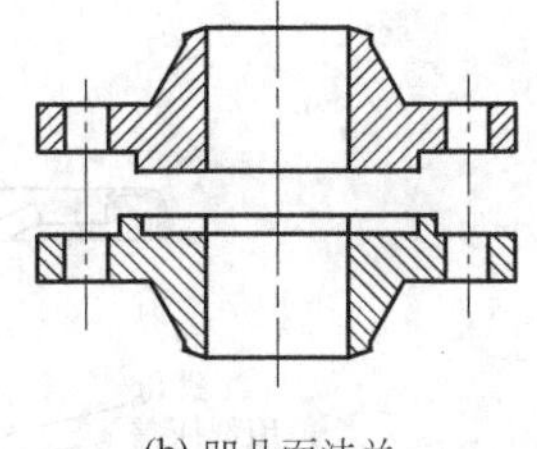

(b) 凹凸面法兰

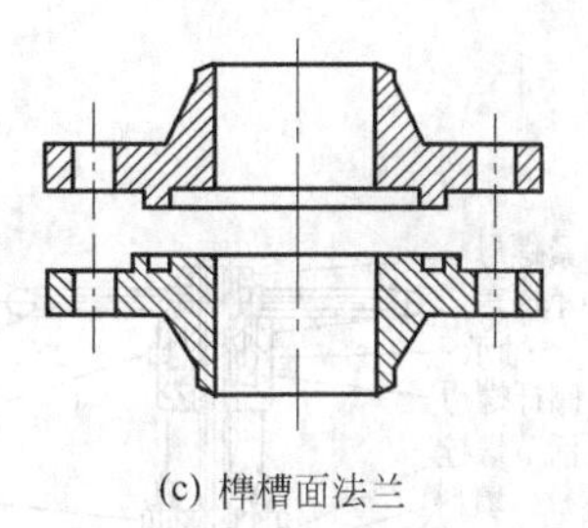

(c) 榫槽面法兰

图 8-2 管法兰的密封形式

8.3.2 管件的种类

在化工管道系统中管件（pipe fitting）是用于改变管道走向、管径及分支流动的，管件的种类较多，常用管件分类见表 8-8。管件的公称直径及公称压力要和与之相连接的管子匹配。

表 8-8 管件按用途分类

用　途	管 件 名 称
直管与直管相连	法兰(flange)、活接头(union)、管箍(band)、螺纹短节等
改变走向	45°、90°、180°弯头(elbow)、弯管(bend pipe)
分支流动	三通(tee)、四通(cross)
变径	异径管(大小头,reducer)、内外螺纹接头
封闭管端	管帽(casing cap)、丝堵(堵头,plug)、盲板(blind plate)

8.3.3 阀门的种类及选用

阀门（valve）是化工管道系统的重要组成部分，阀门的主要作用是控制流体在管内的流动，其功能有启闭、调节、节流、自控和保证安全等，阀门投资费用约占配管费用的 40%～50%。

8.3.3.1 阀门的分类

阀门的种类很多，分类方法也不同。按阀门的结构分，常用阀门有如下几种，如图 8-3 所示。

① 闸阀（gate valve）。结构中的主要部件是闸板，通过闸板的升降启闭管路。闸阀的特点是：不改变流体的流向，阻力较小，全闭时较严密，适于做切断阀，不适用于流量调节。闸阀底部有空间，不适用于有固体颗粒或物料易沉积的流体。与同口径的截止阀相比，其关闭力矩小，全启全闭所需的时间较长。

② 截止阀（globe valve）。主要部件是阀盘与阀座，流体自下而上通过阀座。截止阀结构复杂，密闭性较差、调节性能较好，可以用于调节流量。由于流体流过阀门时流向改变，所以阻力较大，且易沉积固体，所以一般不用于带悬浮固体的液体及高黏度流体。

③ 球阀（ball valve）。球阀的阀瓣为中间有通道的球体，球体绕其轴心线作 90°旋转，以达到启闭的目的。球阀结构简单，操作方便，加工容易，启闭迅速，阻力非常小，密封性能好，且密封面不易擦伤。适用于低温、高压及浆液和黏稠流体，但不适于调节流量。

④ 蝶阀（butterfly valve）。最早仅用于低压水管，但随着弹性密封材料和硬密封的发展和设计制造技术的进步，现在已广泛用于各种介质，包括水蒸气、气体、液体、浆液、悬浮

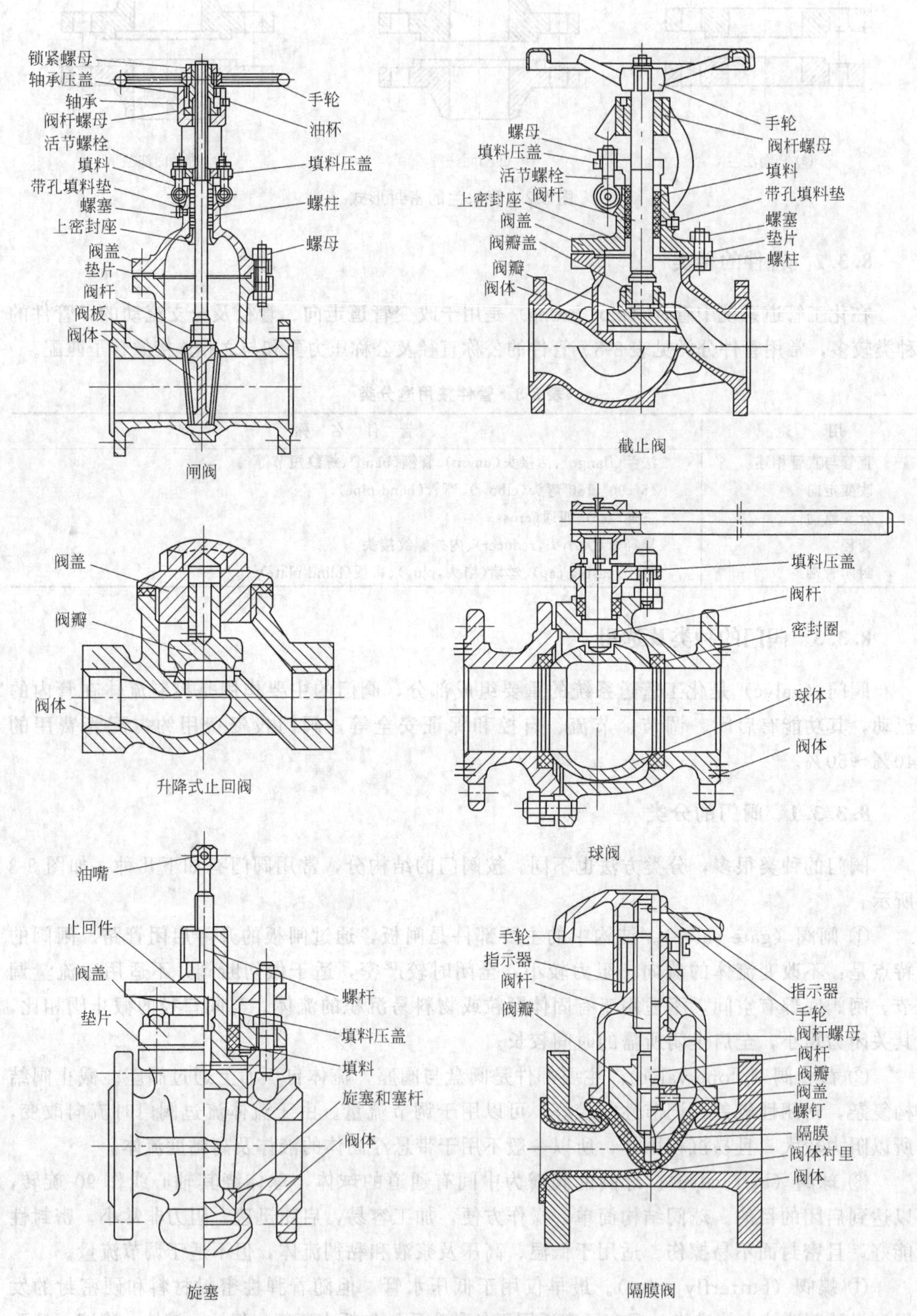
锁紧螺母
轴承压盖
轴承
阀杆螺母
活节螺栓
填料
带孔填料垫
螺塞
上密封座
阀盖
垫片
阀杆
阀板
阀体
手轮
油杯
填料压盖
螺柱
螺母
闸阀
螺母
填料压盖
活节螺栓
阀杆
上密封座
阀盖
阀瓣盖
阀瓣
阀体
手轮
阀杆螺母
填料
带孔填料垫
螺塞
垫片
螺柱
截止阀
阀盖
阀瓣
阀体
升降式止回阀
填料压盖
阀杆
密封圈
球体
阀体
球阀
油嘴
止回件
阀盖
垫片
螺杆
填料压盖
填料
旋塞和塞杆
阀体
旋塞
手轮
指示器
阀杆
阀瓣
指示器
手轮
阀杆螺母
阀杆
阀瓣
阀盖
螺钉
隔膜
阀体衬里
阀体
隔膜阀

图 8-3 常用阀门

液等。蝶阀在阀瓣开启角 20°～75°间时，流量与开启角度成线性关系，因而在很多场合取代截止阀用做自控系统的调节阀，特别在大流量调节场合。此外，由于蝶阀阻力很小，质量轻，连接尺寸小，故广泛用于各种管道的切断和节流，但其使用温度和压力受密封材料的限制。

⑤ 旋塞（cock）。主要部件为一可旋转的圆锥形旋塞，中间有孔道，当旋塞转至 90°时管流全部停止。旋塞与球阀相似是一种结构比较简单的阀门，流体直流通过，阻力降小，启闭方便、迅速，但由于阀芯与阀体接触面比球阀大，需要较大的转动力矩，温度变化大时，容易卡死，不能用于高温流体。旋塞在化工、医药和食品工业的液体、气体、浆液和高黏度介质管道上都有一定的应用。

⑥ 隔膜阀（diaphragm valve）。启闭部件是一块橡胶隔膜，它位于阀体与阀盖之间，利用弹性隔膜阻挡流体通过，由于介质不进入阀盖内腔，阀杆不与介质接触，所以阀杆不用填料箱。隔膜阀结构简单、密封性好，便于维修，流动阻力小，适用于输送气体、液体、粘性流体、浆液和腐蚀性介质的管道。

⑦ 止回阀（check valve）。主要用于需要防止流体逆向流动的场合。底阀（bottom valve）是泵由池内吸水时，装在泵吸入管的吸入口处使用的止回阀。

⑧ Y 形阀、角阀和针形阀。都是截止阀的变型产品。Y 形阀（Y-valve）的阀杆和阀座与流体的通道成 45°角，其性能与截止阀相同，优点是压降较小。角阀（angle valve）的流体进出口成 90°角，可以当作一个阀门和一个弯头用，其性能和截止阀相同。针形阀（needle valve）通常为 DN3 至 DN25 的小阀，阀瓣呈锥形针状，阀杆通常用细螺纹以取得微量的调节，针形阀的流量范围很小，一般用于洁净的仪表管线和取样管道。

⑨ 减压阀（pressure reducing valve）。依靠敏感元件如膜片、弹簧等来改变阀瓣的位置，将介质压力降低，达到减压的目的。其作用是通过启闭件的节流，将设备内压力降至某一个设定的出口压力，并在设备气体进口压力及流量变动时，利用本身介质的能量保持出口压力基本不变。一般情况下，减压阀的出口压力应小于 0.5 倍的进口压力。

按阀门的驱动装置，阀门又可分为如下几种。

① 气动阀（air operated valve）。就是以压缩空气（仪表风）为驱动力的调节阀，化工厂的大部分调节阀都使用这种驱动装置。气动阀可分为气开式和气闭式。气开式（opens on air failure）是指压缩空气发生故障时阀门自动打开，而气闭式（closes on air failure）则是指压缩空气发生故障时阀门自动关闭。根据实际操作中发生事故的应急措施选择适当形式的气动阀。

② 电动阀（motor operated valve）。以电为驱动力的阀门。电动阀的阀体动作迅速，适用于有联锁要求和紧急切断的情况。

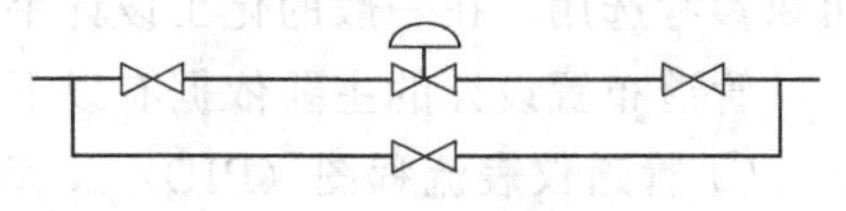
图 8-4　自动阀管路的配置

③ 手动阀（hand valve）。操作工手动去开启和关闭的阀门。

通常情况下，自动阀门前后都设有手动阀并设有旁路（如图 8-4），以便发生事故时操作人员能够人为干预，及时控制和检修更换阀门。

8.3.3.2　阀门选择的原则

选择阀门时一般应做如下考虑。

① 输送流体的性质。阀门是用于控制流体流动的，而流体的性质各不相同，如液体、气体、蒸汽、浆液、悬浮液、黏稠液等，有的流体还带有固体颗粒、粉尘、化学物质等。因

此，在选用阀门时，先要了解流体的性质，如流体中是否含有固体悬浮物，液体流动时是否汽化，气体流动时是否液化，流体的腐蚀性如何等。

② 阀门的功能。阀门是用于切断还是流量调节。若只是用于切断，则还需考虑是否有快速启闭的要求，是否要求关闭很严，不许渗漏等。每种阀门都有其适用的场合和特性，应根据功能需要来选用合适的阀门。

③ 自控要求。依据工艺流程中的控制方案、控制对象特性、控制参数范围、控制精度要求等选择阀门种类、尺寸及驱动方式等。

④ 阀门的尺寸。根据流体的流量和允许压降来决定阀门的尺寸。选择阀门时，并不需要重新校核管道尺寸合适与否，而应考虑这一口径阀门的阻力对管系是否合适。

⑤ 阻力损失。管道内的压力损失有相当一部分是由阀门造成的。由于各种阀门有不同的结构，其阻力大小也各不相同，选取时要适当考虑。

⑥ 阀门的温度和压力。由操作温度及压力决定阀门的等级。

⑦ 阀门的材质。取决于流体的特性和阀门的等级，选择时以经济耐用为原则。

8.4 管道布置设计概述

管道布置设计又称配管设计（piping design），是在施工图设计阶段完成的，该项工作中需要绘制大量的图纸，其结果是工程施工阶段的主要依据。在大的工程公司中，管道布置设计都是由配管专业的人员来完成的，并且使用专业的三维工厂设计软件。配管设计软件通常可以判断所布置的管道在三维空间是否碰撞，画出配管设计图，而且还可以统计出所用管道的规格及数量等，从而大大提高设计质量和效率，减轻设计人员的工作强度。由于这项工作与很多设计专业密切相关，所以有大量的设计文件需要交流，要求不同专业之间密切配合。工艺设计人员在这项工作中首先要了解配管设计的依据及工作内容，为配管设计提供充分的资料，在具体设计过程中要起到组织协调的作用，最后负责对配管设计结果进行认定。

管道布置时要根据工艺流程的要求、操作条件、输送物料性质、管径大小等，并结合设备布置和厂房建筑的情况综合考虑，使管道能充分满足生产工艺要求，保证生产安全，便于操作维修，节约材料与投资，而且还要整齐美观。管道布置设计中，对于典型设备的管道系统通常采用典型布置方案，如反应器、精馏塔、换热器、泵和压缩机等动力设备、加热炉的燃料油和燃料气、公用工程等常见设备或单元操作的管道系统，大都有一些成熟的布置方案可供参考选用，在一般的化工设计手册或参考书中均能查找到。

管道布置设计的主要依据有以下几项。

① 管道仪表流程图（PID）及管线表。它是管道设计的重要依据，在整个管道设计过程中，每一条管道、每一个阀门和管件都要服从于管道仪表流程图的设计。

② 车间布置图。设备之间都是由管道联系的，管道的位置和长度、管道间距离、管件及阀门的位置等基本上都由设备的位置所确定，而车间布置图提供了各设备在厂房车间的准确位置。

③ 有关设备的图纸和某些标准管道零件图。这些图纸可以提供设备尺寸、管口设置、管口尺寸、连接方式等详尽资料，以便于配管。

④ 有关管道设计的标准与规范（包括管道材料的标准）。

⑤ 其他非工艺的有关资料和图纸。工厂地质和气候情况，水、电、汽等动力来源等。

管道布置设计的主要工作内容包括：

① 确定车间内各个设备的管口方位和与之相连接的管段的接口位置；

② 确定各管段（包括管子、管件、阀门及控制仪表）在空间的位置；

③ 确定管道的安装连接、铺设、支承方式、温度补偿等；

④ 画出管道布置图，表示出车间所有管道在空间的位置，作为管道安装的依据；

⑤ 编制管道综合材料表，包括管子、管件、阀门、型钢等的材质、规格和数量；

⑥ 编写施工说明书。

管道设计结果最终以图纸、表格及说明书的方式表示出来，其中图纸是最主要、最直观、最具体的表现形式。管道设计的图纸有管道布置图（平面图、立面图）、管道轴测图（管段图）、管架图、管件图等，其中以管道布置图为主。管道布置图（piping layout）又称管道安装图或配管图，是管道施工的重要依据，也是管道设计的主要文件，该图实际上是在设备布置图上添加管道及配件图形或标记而构成的，管道布置图主要包括以下内容。

① 视图。按正投影原理画的表示车间（装置）设备、建筑物等简单轮廓以及管子、管件、阀门、仪表控制点等安装情况的平、立面图。管道布置图一般只绘制平面图，当平面图中局部表示不清楚时，可以绘制立面图、剖视图、向视图等。

② 尺寸标注。注明管子及管件、阀门、控制点等的平面位置和标高，对建筑物轴线标号、设备位号、管段序号、控制点代号等进行标注。

③ 方位标。表示管道安装的方位。

④ 标题栏。注明图纸名称、图号、设计阶段等。

管道布置图中常见的管件的画法、管道连接方法的画法、管道交叉、转折及重叠的画法、阀门的画法等见图 8-5～图 8-10。图 8-11、图 8-12 为管道布置图示例。

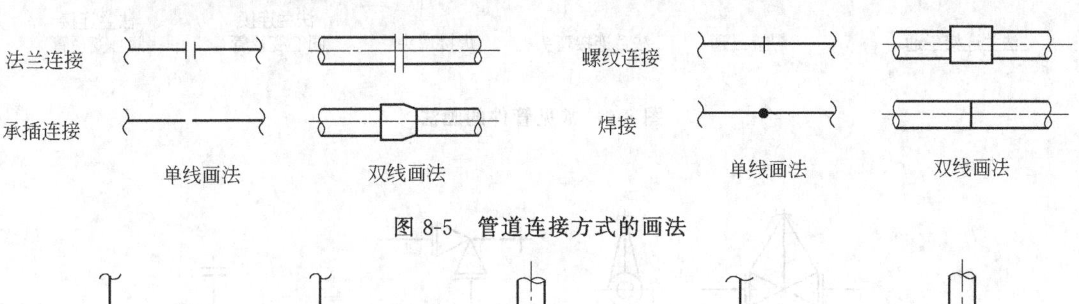

图 8-5　管道连接方式的画法

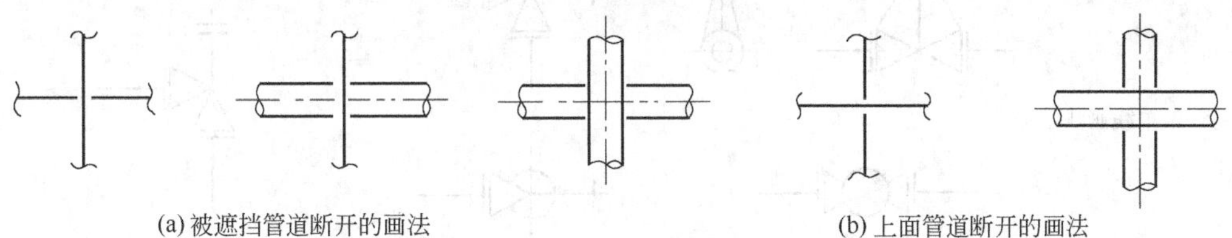

图 8-6　管道交叉的画法

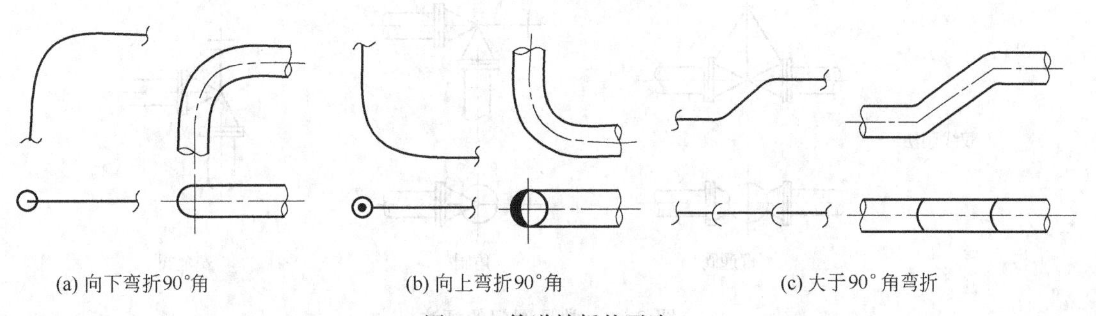

图 8-7　管道转折的画法

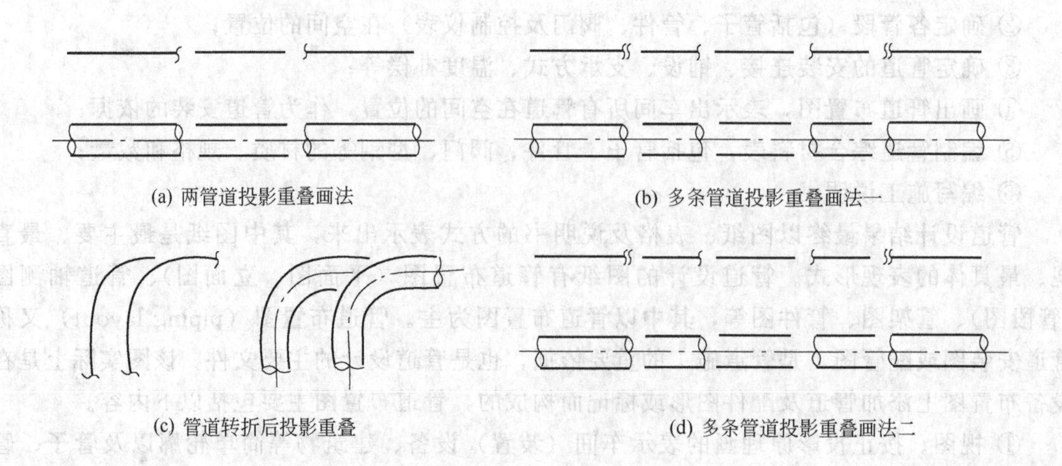

图 8-8 管道重叠的画法

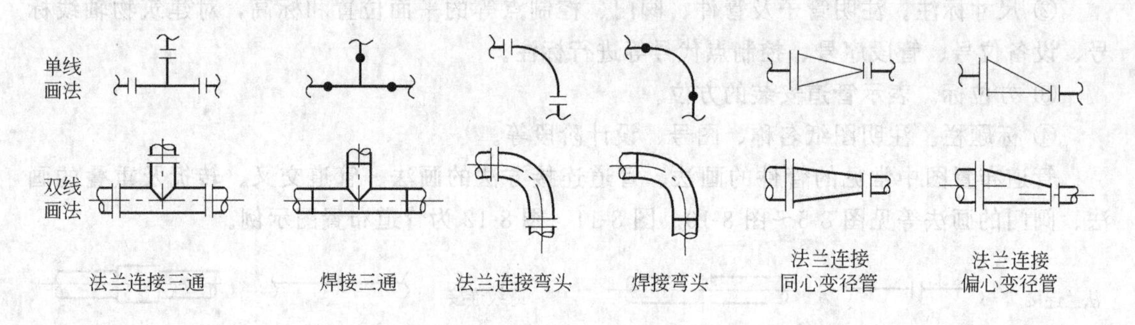

图 8-9 常见管件的画法

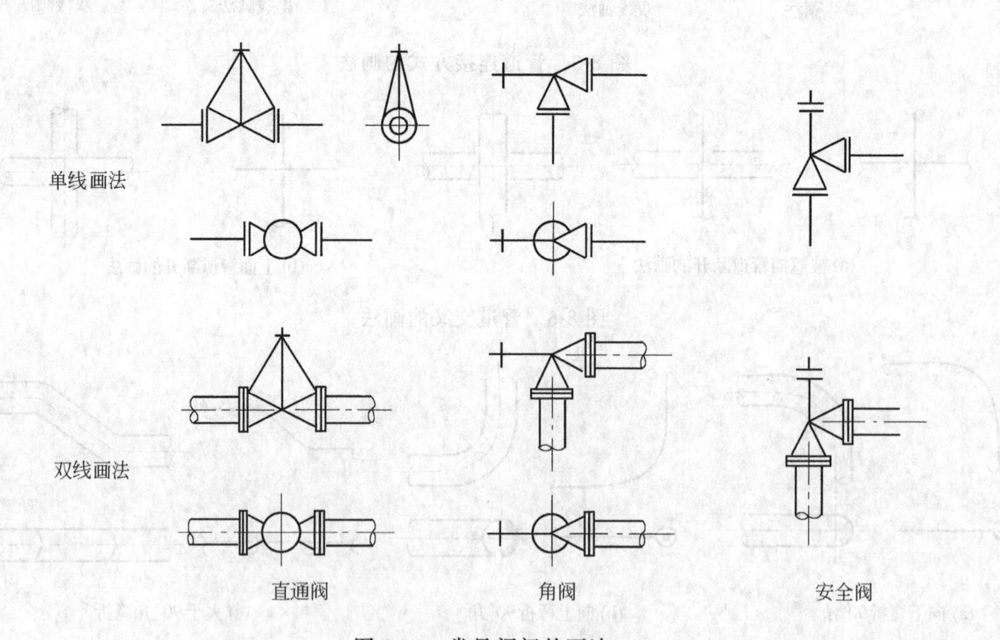

图 8-10 常见阀门的画法

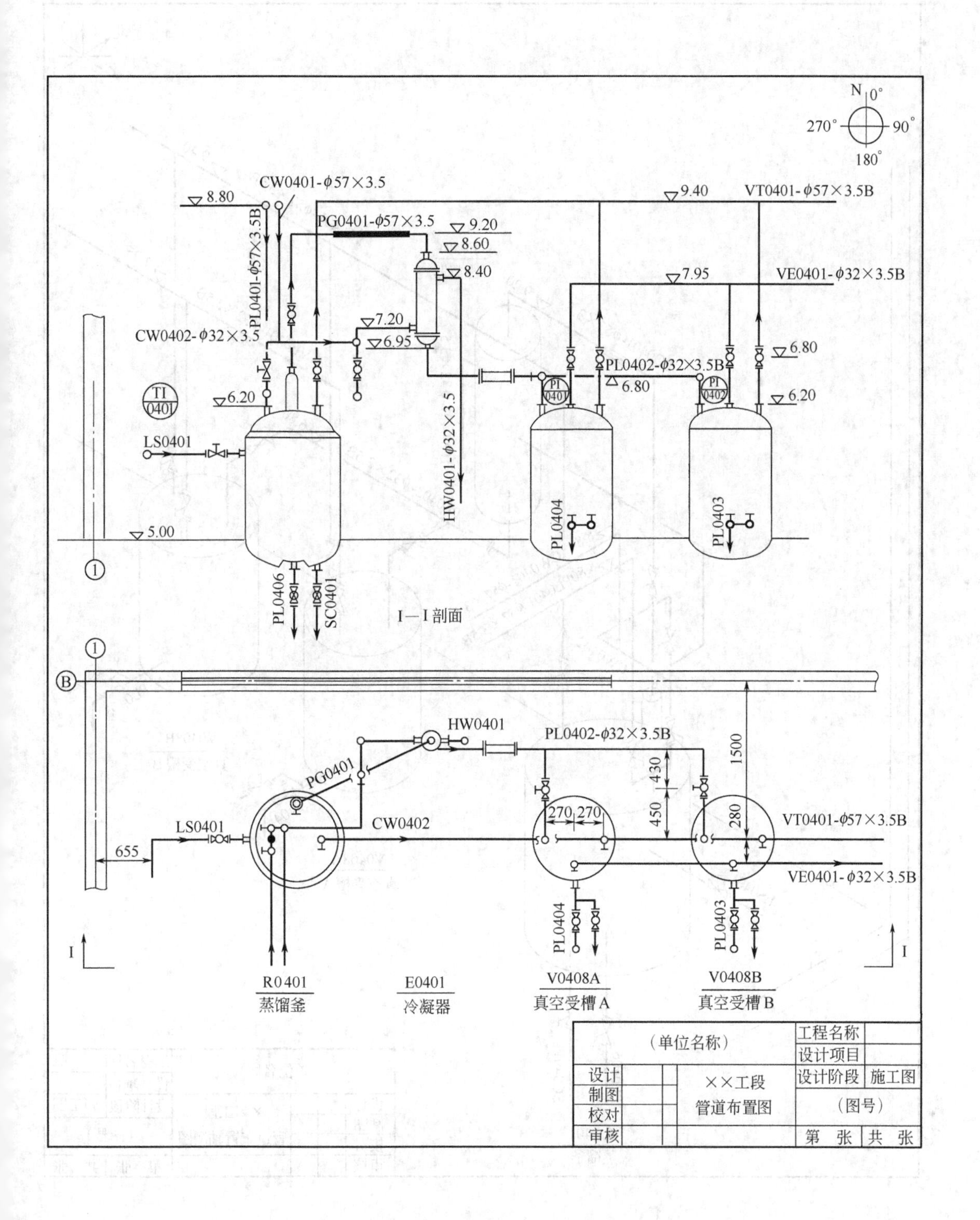

图 8-11 残液蒸馏处理系统的管道布置图

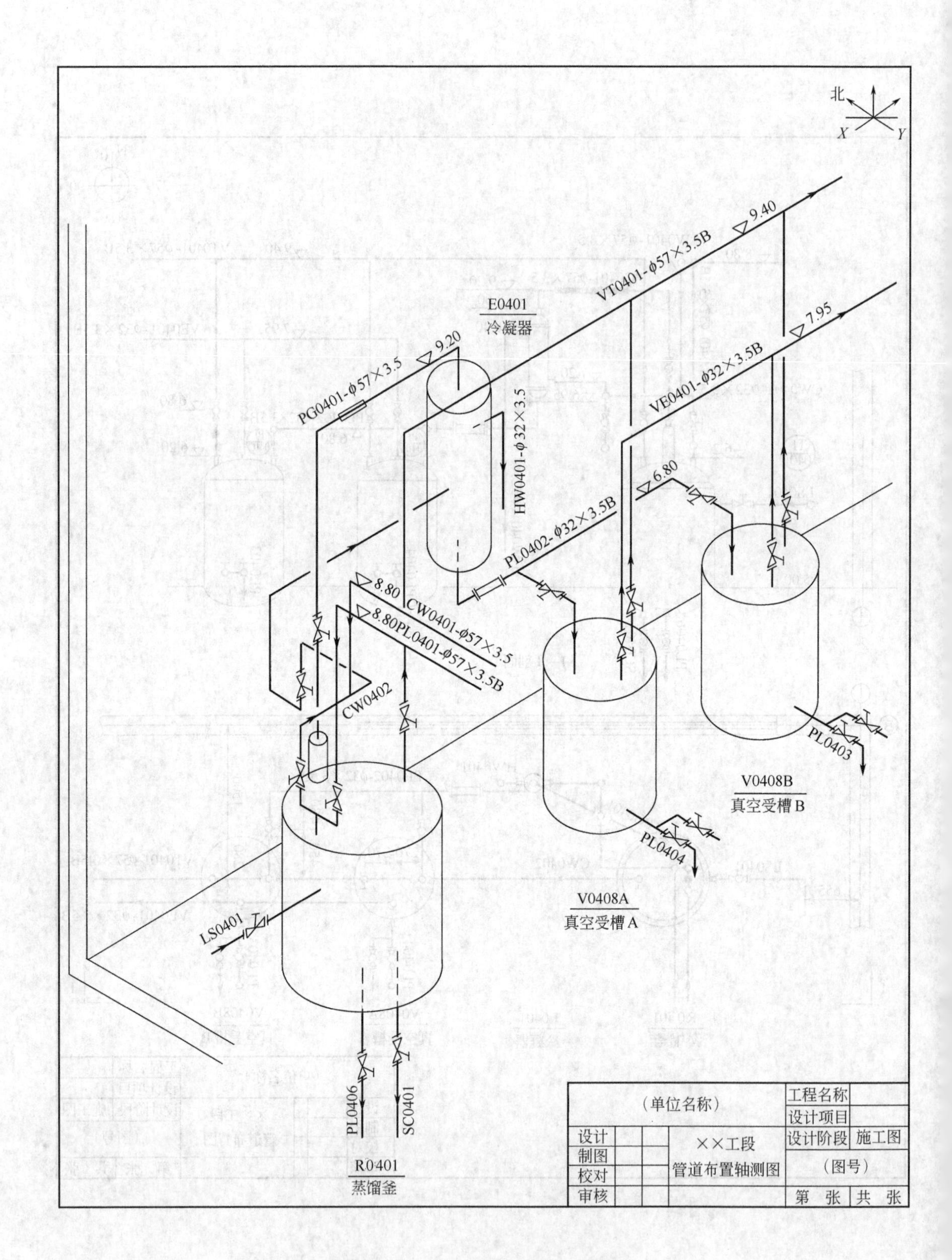

图 8-12 残液蒸馏处理系统的管段图

9 工艺辅助设计条件

9.1 概述

化工厂的建设是一项复杂的、技术性很强的工作，需要由多个专业协同完成。各个专业之间具有复杂的，互动式的条件关系。处理好各专业之间的条件关系，对化工厂设计费用和进度控制来说是很重要的，并且对生产装置的设计、制造、安装、生产水平的高低起着重要的作用。在化工厂设计过程中，工艺专业是一个基础专业，也是一个主导专业，他负责向各个专业提出设计任务，提供各种基本数据，并负责协调各专业之间的相互关系。

非工艺专业的设计人员接到设计条件和设计任务后，要从本专业的角度提出设计方案，如发现任务要求不符合本专业的技术规范和设计原则，或设计条件不完善，应及时提出，以便工艺人员及时发现，寻找适当的解决方案，直到妥善解决为止。各非工艺专业根据工艺专业提供的基本数据开展设计工作，同时他们之间也要相互提出设计要求和提供设计条件。此外在设计中还会遇到很多具体问题，需要不断磋商、不断解决、不断完善，使得到的最终设计不仅符合各专业的设计规范和设计原则，同时又满足工程项目的总体设计任务要求。

9.2 工艺辅助设计条件

化工厂设计涉及的专业很多，其中除包括工艺、自控、设备、配管、土建等大专业，还包括电气、总图、给排水、环保、安全、材料、热工、贮运、分析等小专业。下面分别描述他们的主要工作以及他们与工艺专业之间的条件关系。

(1) 自控专业

自动控制与化工生产关系非常密切，是实现装置安全运行，保证产品质量与产量的重要手段，此项工作需由自控专业人员承担。自控专业的主要工作有以下几项。

① 配合工艺专业完成管道仪表流程图（PID）中关于控制和仪表方面的工作；

② 根据控制方案完成控制的逻辑图；

③ 进行 DCS 组态，即依据工艺流程图编制计算机控制界面；

④ 确定各种测量和控制仪表的技术参数，如型式、大小、量程、等级等；

⑤ 计算调节阀和孔板的尺寸。

自控专业完成以上设计工作的依据都来源于工艺专业提供的基本数据，所以工艺专业要给自控专业提供以下设计条件：

① 带控制点的工艺流程图（PFD）。自控专业依据 PFD 中控制的基本想法，与工艺专业协商实现流程中的控制方案。并帮助工艺专业最后完成 PID；

② 确定了装置的联锁方案后，工艺专业要写出联锁说明；

③ 在线分析仪的分析指标、分析方法以及分析频率；

④ 各种仪表和控制阀的工艺数据。

这些仪表包括温度表、压力表、液位计、流量表、在线分析仪等。所需要的工艺数据有温度、压力、流量、介质名称、介质状态（气相、液相还是混合相态）、安装位置、管道等级、必要的物料性质（如密度、黏度、压缩因子、临界压力等）。温度、压力、流量表和调节阀还要提供控制的正常值、最大值和最小值。安装节流仪表会产生压降，所以对节流元件（如流量表、调节阀）还应给出节流装置的允许压损。

由于化工厂中的物料大都是易燃易爆或有毒有害的物料，难免会发生跑漏滴冒，所以工艺专业还应向自控专业提出可燃气体检测点，从而及时发现潜在的危险。

（2）设备专业

工艺专业需向设备专业提供有关设备的数据表。设备专业又可分静设备和动设备。静设备是指塔、罐、干燥器、反应器、换热器等非标设备。动设备是指泵、鼓风机及压缩机等。

静设备专业的主要工作是依据压力容器、塔设备、换热器等的设计规范完成设备制造图的设计，以及协助设备的安装和验收。静设备数据表中包括：

① 设备制造尺寸。设备的主要工艺结构及尺寸、工艺管口尺寸及方位等；

② 设备操作工艺参数。设计温度和压力、操作温度和压力、操作介质及相态、进出物料的种类及流量等；

③ 其他设计条件。设备的密封要求、安全生产要求、安装操作维修要求、保温要求等。

设备数据表以图、表及注解的方式提供给设备专业。设备专业根据数据表确定设备的材料、壁厚，设计并绘制设备制造图。

动设备专业又叫机泵专业，机泵专业的主要工作是提供泵订货的技术资料。动设备的数据表中包括物料性质（如介质名称、特性、温度、密度、饱和蒸气压等）泵入口压力、出口压力、气蚀余量、压头等。

（3）配管专业

配管专业主要工作是完成装置区内设备的布置和工艺管道及一些公用工程管道的布置。工艺专业为配管专业提以下条件：

① PFD及PID；

② 管道表；

③ 设备表。

配管专业依据设备表中设备的外型尺寸及PID确定装置内设备的布置。依据PID做配管研究（包括管廓的走向、层数等）及进行配管。PID是配管专业工作的基础，PID上的每一个符号，对配管专业来说，都是一个必不可少的设计依据。管道表是配管专业进行材料统计的依据，配管专业应用管线表向材料专业提供材料统计清单，提出购买配管所需要的材料。管线表与PID是相对应的。

配管专业主要的工作结果有：①设备布置图；②每一条管线的单线图；③装置的平面图；④材料统计清单。

（4）土建专业

土建专业主要负责装置区内设备的基础，装置区内的框架、梯子、平台、管廓钢结构等。工艺专业与土建专业没有直接的条件关系，土建专业的设计条件是由配管专业得到的。

（5）材料专业

材料专业主要负责装置内各种材料的确定、统计及采购的技术文件。工艺专业与材料专业的相互条件有：①安全阀、过滤器、阻火器、疏水器及特殊阀门的工艺规格书；②材料专业依据管道表中的设计温度和压力来确认管线材质是否合适，并确定管道的吹扫、验核等条件。

（6）排水专业

给排水专业主要负责地下水的配管工作，包括循环冷却水、消防水、生活用水，排污水等。工艺专业要向给排水专业提供用水量表，向他们提出除消防水外各种水的用量。

（7）热工专业

热工专业主要负责装置区内的各种等级的蒸汽之间平衡。工艺专业向热工专业提出各种蒸汽的用量。

（8）环保专业

环保专业主要负责装置的环评工作。工艺专业向环保专业提供的条件有：①工艺流程说明；②装置的“三废”排放情况（废气、废液、废渣）。

（9）电气专业

电气专业的主要工作有：①装置的防爆等级；②装置的供电、照明、火灾报警等工作。

工艺专业与电气专业的条件关系有以下三项。

① 工艺专业提供装置爆炸危险物的泄放点及泄放组成，电气专业依此作爆炸危险区划分图；

② 工艺专业需要根据机泵专业和设备专业返回条件向电气专业提供用电条件，为电气专业进行配电所的设计提供基本数据；

③ 工艺专业为电气专业提供机泵或电动阀的电气联锁条件表。电气专业依此与自控专业配合完成机泵和电动阀的控制工作。

（10）分析专业

分析专业负责实验室取样的工作，其中主要包括实验仪器的配置。工艺专业应向分析专业提供取样分析的具体要求，包括分析班次、分析介质及分析介质的物性参数等，为分析专业选分析仪器提供基本数据。

（11）安全专业

安全专业的主要工作是作装置安全性的评价。工艺专业为安全专业提供装置的工艺流程说明、物料组成、危险岗位分析等。

由上面的工艺与各专业的条件关系可以看出，大多数专业都与工艺专业有直接的条件关系，工艺条件是他们工作的基本条件。由于设计工作是一个循序渐进的过程，所以设计阶段不同，与各专业的条件关系也不相同。比如在基础设计阶段，工艺专业首先应向设备专业和配管专业提供设备数据表。这是因为设备的设计对整个装置的布置以及配管都有重要的影响。有些设备的制造周期较长，早提设备条件可以消除设计、制造进度的瓶颈。设备数据表提出之后，配管专业的初版布置图也就确定了。接下来的工作就是向配管和仪表专业提供PID了。配管专业依此做配管研究，仪表专业确定控制回路等。所以，化工厂的设计在时间和空间上都是一个立体交叉的过程，了解不同设计阶段提什么条件对按制定好的设计进度进行设计有重要意义。

10 计算机在化工设计中的应用

随着计算机软硬件技术的不断发展，为化工设计过程提供了先进的手段与工具。设计人员再不必在浩瀚的书海中查找所需的技术资料与基础数据，不必埋头按计算器，做大量的反复计算，也不必整天爬图板画图纸。另外数据库管理技术、信息网络技术等还为设计人员提供了信息资源高度共享与快速交流的媒介。由于计算机这个先进的、高效率的、多功能的工具的出现及迅猛发展，完全改变了传统的设计理念，使化工设计工作效率、设计水平显著提高，设计周期大大缩短。

计算机在化工设计中的应用可以说是贯穿于整个设计的始终。例如专利技术文献资料的检索、化工物性数据的检索、工艺流程的模拟与优化、工艺参数的确定、化工计算（物料衡算、热量衡算、设备计算等）、图纸绘制（工艺流程图、设备设计图纸、设备布置图、配管图、自控仪表图等）、经济概算（投资费用、操作费用、生产成本、生产效益、投资回收等）、设计文件的编制等。作为一个现代化的工程设计人员如果不掌握计算机的基本应用技术是不能胜任设计工作的。用于化工设计中的计算机技术大致可分为数据库管理技术、模拟计算技术、图纸绘制技术、文字处理技术、信息网络技术等。

10.1 数据库管理技术

(1) 物性数据的检索与计算

数据库管理系统的检索功能是计算机数据库管理技术的重要用途之一。由于随着科学技术的不断发展，化学物质的数目及物性数据的种类还在不断涌现，据统计目前已发现的化学物质多达六百万种以上。在化工工艺设计中常常需要用到不同物料的各种物性数据，这些数据的可靠性及精确程度将直接影响设计成果是否可靠，因此收集的数据要尽可能地完整，对收集到的数据要认真分析，严格审查，确保得到的数据的准确性。显然这样做要花费设计人员的大量精力，而且有很多情况下是重复性工作。

化工物性数据库是将化工计算过程中的一些重要数据以一定的结构存放在计算机中，以便需要时随时调用。使用计算机数据库管理技术建立的化学工业基础物性数据库查找数据的主要优点是：

① 数据可靠性高，便于快速准确的查找；

② 数据资源高度共享，避免不必要的重复劳动；

③ 数据组织结构规整化、格式化，便于数据的管理与使用；

④ 便于对纯物质或混合物质性质的推算。

化工物性数据库的使用一方面是在大量的数据中查找已有的纯物质的物性数据，另一方面是利用数据库中的数据及编辑好的各种计算功能，推算混合物的物性数据。世界上发达国家对于化工数据库的建设，尤其是对数据的收集、评价、分析研究都是非常重视的。如美国化学工程师学会与国立工程研究所的 PPDS 数据库（有 860 种物质）、英国 ICI 公司的 PEDB 数据库（有 500 种物质）、日本东京大学的 EROICA 数据库（有 7500 种物质）。我国一些高等院校或大的化工公司也相继建立了化工物性数据库。如北京化工大学的 CEPPDS

数据库（有3417种物质）、南京化工公司研究院的CPPDS1数据库（有3866种物质）。在一般的化工设计软件系统中（PRO-Ⅱ、ASPEN PLUS等），也都带有基础物性数据库，可在设计工作中直接调用。

开发这类化工基础物性数据库往往需要计算机专业人员才能胜任，而作为化工设计人员更多是了解有哪些化工物性数据库可供使用，特点和功能如何，并熟练掌握其使用方法。

(2) 数据的统计计算

大量数据有规律的统计计算是数据库管理技术的又一重要用途。数据的统计计算在化工设计中是必不可少的，如使用原材料的统计（原料的使用、材料的使用、能量的消耗、各种设备或部件的使用等）、经济概算（投资费用、操作费用、生产成本、生产效益、投资费用的回收等）、人员编制的统计等。这些数据统计计算量大，计算规律性强，有时还需要具有一定的分析和管理功能。使用数据库管理系统的统计计算功能并配合图表功能，可以直观地对统计数据进行比较与分析，从而有助于提高整个设计过程的经济效益，提高设计水平。

计算机数据库管理系统软件非常多，早期的有dBASE、FoxBASE等，现在比较流行的有FoxPro、Access、SQL Server、Oracal等。虽然这类应用软件功能强大，但使用难度较大，不易掌握与使用，大都需要由计算机专业人员使用这些软件开发出具有针对性的客户应用程序。在化工设计过程中，经常需要由设计人员自己完成所遇到的一般性数据统计计算与管理工作。在这种情况下，作者建议可以使用最常见的Microsoft Office系统中的Excel软件。该软件大优点是使用方便，易于掌握，并且具有一般数据库管理系统的常见功能，如数据的输入与输出，数据的一般函数计算和统计计算（排序、筛选、分类汇总），以及数据的图表分析等功能，能够满足设计中一般性的统计计算。

10.2 模拟计算技术

化工装置的设计过程是对该生产装置进行准确的定量计算过程，因此在设计过程中不可避免地会遇到大量的、复杂的数学模型的计算工作，如过程的模拟计算、物料衡算、热量衡算、设备工艺设计计算、管路设计计算、公用工程设计计算等。传统的求解数学模型的计算方法通常为手工计算、图解计算、用计算机编程计算。简单的数学模型求解可以用手工计算完成。对复杂的、繁琐的数学模型求解若用手工计算或图解计算，计算速度慢，计算精度低，容易出错。若编程用计算机计算，工程设计人员不易掌握和使用。计算机本身具有很强的计算功能，是计算机原始开发时的主要功能，但由于20世纪80年代以前，大都需要采用编程的方法才能完成复杂的运算，要求使用者有较高的计算机应用水平，因而在工程设计中受到一定的局限。随着计算机应用技术及化工生产装置设计水平的不断提高，开发出一些通用的科学计算软件和专门用于化工过程开发的计算软件。这些软件无须编程就能够完成特定的复杂的计算，可以使设计人员非常容易掌握与使用，大大降低了对设计人员计算机编程能力的要求，因而越来越受到广大化工设计人员的青睐。化工设计中常用的计算机模拟计算软件可分为流程模拟计算软件及通用的科学计算软件。

10.2.1 流程模拟计算软件

流程模拟就是用计算机对对整个生产装置的生产状况进行模拟计算，它的依据是化工计算中的MESH方程（即物料衡算、热量衡算、热平衡数据及归一化方程），MESH方程通常是复杂的代数方程组或微分方程组。对这些代数方程组或微分方程组应用各种数值方法进行求解，从而得出系统稳态运行或动态运行的模拟计算结果。常见的应用于化工过程模拟计算的数学方法有序贯模块法与联立方程法两大类。序贯法的计算原理是将每个单元操作处理成一个标准的模块，按流程顺序逐个计算相关单元操作的模块，反复迭代，直到收敛。该方法应用广泛，易于掌握，对初值要求不高，仍是当前使用的主要方法。联立方程法的计算原理是将所有相关的方程直接联立求解，特点是求解速度快，适用范围广，具有很大的发展潜力，但对使用者的计算机水平要求高，并需要好的初值，所以在使用时受到一定的局限性。

在计算机上完成对流程的模拟计算，就好像在计算机上对个生产过程进行模拟实验。通过对模拟实验的分析，得到流程中各控制点的实验数据，从而确定各设备的工艺操作参数、物料及热量的平衡关系等。这些数据是化工工艺计算的主要依据，所以流程模拟是化工设计的第一步，也是最重要的一步。流程模拟计算软件的主要优点有以下几项：

① 提供了大量的基础物性数据，适用性广；

② 提供了常见的化工单元操作计算模型，如流体输送、换热、物质分离、化学及聚合反应等模型，为整个生产工艺流程的搭建提供了模块化处理的基础；

③ 可对生产装置进行全系统的模拟计算，便于对整套生产装置进行优化设计，减少设计过程中的瓶颈现象；

④ 有友好的操作界面，简便的使用方法，模拟计算过程中无须编程，可以使设计人员将注意力重点放在工艺流程的设计中；

⑤ 有完美的绘图功能，只需用鼠标点击和拖放，就可完成流程的设计，并以流程图的形式给出设计结果；

⑥ 这类软件还有一定的估算设备的功能，如可以得到塔设备的塔径、管道尺寸等。

目前著名的微机版化工模拟流程专用软件有 PRO/Ⅱ和 Aspen Plus 等。PRO/Ⅱ是美国 Sim Sci 公司（Simulation Science Incorporation）的产品，其前身叫 PROCESS，随 Windows 操作系统的开发与广泛应用，现在多用它的 Windows 版本 PROVISION。PRO/Ⅱ V6.01（目前最新版，最近将发印 7.0 版本）具有丰富的物性数据库，采用序贯法解方程，并且最优化自动排序，循环物料的迭代过程用 Wegstein 加速和 Broyden 加速，整个过程收敛速度加快。PRO/Ⅱ中有大量的单元操作模型，模型算法成熟，被广泛应用于化工和石油等工业过程的模拟计算中。PRO/Ⅱ中的单元操作模型有精馏模型、换热器模型、反应模型、固体模型等。该软件不仅能够进行稳态过程的计算，而且还可以用于间歇操作等非稳态操作过程的模拟。无论对于何种工业的模拟，PRO/Ⅱ均能实现以下功能：设计新工艺、估算新工厂的配置、旧工厂的挖潜与改造、环境一致性的评估与证明、工厂的过程诊断、工厂收率的优化与提高。早期的 PRO/Ⅱ不支持可视化操作，PROVISION 的图形用户界面提供了基于环境的完全互动的窗口，可以通过鼠标的点击与拖放来定义物流和单元操作，因此使流程设计及流程图的绘制变得十分简单。该软件还可以无偿地或远远低于商业价的价格为教育界使用，在美国它已成为一些高等院校化工系过程设计课的部分内容。

下面给出用 PRO/Ⅱ进行乙炔加氢生产乙烯工艺过程模拟计算的示例。工艺流程简述：如图 10-1 所示，物流温度为－26.3℃，在进出料换热器 E1 中换热后，用低压蒸汽在加热器 E2 中加至 80℃，然后进入乙炔加氢反应器 R1；在乙炔加氢反应器 R1 中氢气与乙炔反应生成乙烯或乙烷，其中 80％转化为乙烯，而 20％转化为乙烷；反应后的混合物在 E1 中换热，然后进入乙烯精馏塔，从塔的第 8 块板抽出 99.95％的乙烯产品 S8，塔底物流 S9 的乙烯含量为 1％，因为进入精馏塔的物流中含有氢气，从塔顶抽出 100mol 的轻组分物流以保证乙烯

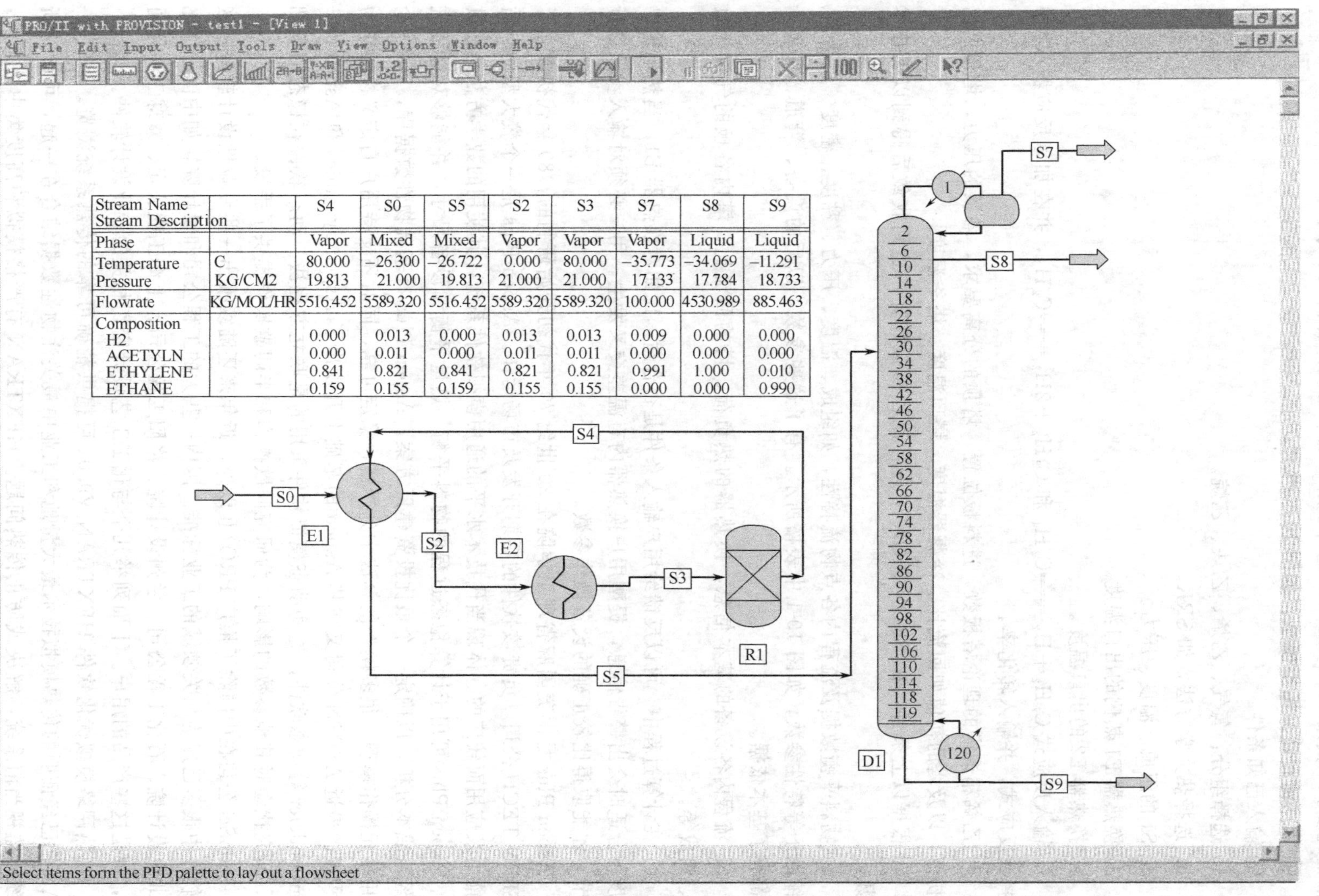

Stream Name Stream Description		S4	S0	S5	S2	S3	S7	S8	S9
Phase		Vapor	Mixed	Mixed	Vapor	Vapor	Vapor	Liquid	Liquid
Temperature	C	80.000	−26.300	−26.722	0.000	80.000	−35.773	−34.069	−11.291
Pressure	KG/CM2	19.813	21.000	19.813	21.000	21.000	17.133	17.784	18.733
Flowrate	KG/MOL/HR	5516.452	5589.320	5516.452	5589.320	5589.320	100.000	4530.989	885.463
Composition									
H2		0.000	0.013	0.000	0.013	0.013	0.009	0.000	0.000
ACETYLN		0.000	0.011	0.000	0.011	0.011	0.000	0.000	0.000
ETHYLENE		0.841	0.821	0.841	0.821	0.821	0.991	1.000	0.010
ETHANE		0.159	0.155	0.159	0.155	0.155	0.000	0.000	0.990

图10-1 PRO/II应用示例

产品的纯度。本例用 PROVISION 进行求解，以下是设计者输入的条件。

① 依据流程建立图形模型，如图 10-1 所示。

② 输入已知条件

a. 选择组分：氢气、乙烯、乙炔、乙烷。

b. 选择热力学方法，如 SRK。

c. S1 的组成、温度、压力。

d. 换热器 E1 热侧的出口温度。

e. 换热器 E2 的出口温度。

f. 输入反应式 $C_2H_2+H_2 = C_2H_4$ 和 $C_2H_2+2H_2 = C_2H_6$，并在加氢反应器 R1 中选择此反应式，并输入转化率。

g. 乙烯精馏塔的理论塔板数，进料板位置，塔顶的分离要求，塔顶的压力，塔顶产出的初值，以及塔的初值如回流比、冷凝器温度、塔顶温度、塔釜温度。

③ 根据以上条件，在 PROVISION 中进行流程模拟计算，达到收敛后得到以下技术参数。

a. 物料平衡数据及流程内各点物流特性，如组成、温度、压力、黏度、密度、比热容、压缩因子等特性参数，如图 10-1 中表格所示。有了这些参数，以后的设备、管道、仪表计算都有了基本依据。

b. 流程内各设备的基本信息，换热器的热负荷、塔的回流比、塔内各板的气液相负荷、组成等。

c. 在计算过程中，可以反馈给用户输入条件是否合适。比如对换热器 E1，当热端输出温度不合适时会出警告信息，提醒用户换热器内有温差交叉发生。用户必须对输入参数进行调节，才能取得比较正确的设备操作参数。

Aspen Plus 是由美国麻省理工学院在 20 世纪 70 年代初开始研制的，80 年代初成立了 ASPEN TECH 公司，负责该软件的后期开发及市场运作。Aspen Plus 是一个较大型的、适应能力及应用面较广的、体现当代技术水平的通用模拟软件系统，其使用的数学方法是序贯法。Aspen Plus 可用于计算稳态过程的物料平衡、热量平衡和设备尺寸，并能够对过程进行经济成本分析，以确定一个最优投资建厂方案。Aspen Plus 有基础物性数据库，有 40 个通用单元操作模型，很多模型的算法十分严格，稳定可靠，同时还支持用户自定义模型作为子程序。最近 ASPEN 公司又在其 Aspen 的基础上开发出了 Aspen dynamics 和 Aspen custom modeler 等动态软件，这些动态模拟软件采用的是联立方程法。动态软件在稳态的基础上，研究扰动对其他参数的影响，为研究间歇操作和半间歇操作提供了手段。

SimSci 公司在中国除了推广 PRO/Ⅱ以外，近年来还陆续推出一些专业性设计软件，这些软件中很多已成为相关领域的工业标准。国内一些大的工程公司和设计院，如中国石油化工北京设计院、石化工程公司、兰州设计院、洛阳工程公司、上海工程公司、寰球工程公司等，都是这些产品的用户。下面列举几个与化工工艺设计密切相关的专业设计软件。

换热网络模拟优化软件 HEXTRAN V9.01 可提供精确可靠的传热系统浏览。HEXTRAN 把已经证明的传热模拟技术最大量地和工业中最关注物性数据结合在一起，可设计新系统，监视当前系统，解决或防止传热问题。HEXTRAN 有严格模拟和高度集中的系统，用户能从全局浏览检查和监视换热网络性能，检查每个换热器的各自性能。HEXTRAN 综合夹点技术功能可使用户设计基础换热网络，使其达到最大效益，目标功能可显示出如何操作封闭换热网络将达到最大热回收，综合功能可提供建立在用户设计标准基础上的换热网络优化配置。

化工厂管网计算软件 INPLANT V3.03 是严格的稳态模拟程序，用来设计、核算和分析装置管道系统。INPLANT 内置有 1700 多个组分的详尽数据库。该软件还收集了大多数工业生产中所遇见的非标准应用的最新压降计算方法，它的设备综合表包括多种类型的配件及设备，如弯头、三通、泵、压缩机、加热器、冷却器、计量器、调节阀等。利用 INPLANT 的 Microsoft Windows 界面，装置工程师可以设计新管道系统或修改各种现有系统，能够很快核算分析装置管道系统的安全性。应用范围从简单的单管设计和核算到大型、多相流体管道网络，包括像不同环境下热传递那样的复杂、相互套入环路方面的研究。INPLANT 还能解算泄压系统问题涉及到的带有单相或多相流体在高速或临界流动下的换热网络。

装置数据校正软件 DATACON V3.13 把实时过程数据转变成一致的、合理的信息，它能够自动访问在线、随时间变化的过程数据，并准确校正，它是分析在线装置数据、跟踪设备性能和检测仪表错误或故障的有利工具。DATACON 使用统计学的可靠技术校验流量、温度及组成的测量值来满足工艺装置中的每个单元的物料平衡和能量平衡。DATACON 可检测测量中的过失误差，指出误差的确切位置，并确定有无测量冗余，还可以把 DATACON 与 DCS 或任何用于在线操作的数据库一起使用。仪表工程师用 DATACON 能够为新的或改进的装置设计出安全、可靠和有成本效益的装置控制机构。

10.2.2 三维配管设计软件

这类软件能够在 PID 图纸基础上进行配管软模型设计，能够对软模型进行碰撞检查，及时发现管道之间及管道与设备、建筑物、其他各种构件之间是否相碰。配管设计软件还能够对管道进行应力分析计算、绘制配管图和管道轴测图、计算管道长度、统计各种管件及阀门使用数量等。设计人员使用软件的统计功能，能够直接产生各种报表，比如管道表和材料表等。这类软件大都具有智能化设计功能，既当工艺人员对 PID 做出修改时，配管图纸及报表将在相应位置出现警告并可以自动修改，从而大大提高了设计效率和设计精确程度，提高了设计的整体水平。

目前国内流行的国外三维配管设计软件主要有美国 Rebis 公司的 AutoPlant（主要包括二维管道绘制软件 Drawpipe、三维模型软件 Designer）和美国 Intergraph 公司的 PDS（plant design system）等，各设计院大部分情况下是将 AutoCAD 和 AutoPlant 或 PDS 软件配合使用进行工程设计。

AutoPlant 软件作为世界上先进的三维工艺配管软件，在工程实际应用过程中，受到了设计人员的普遍好评。该软件的运行平台为普通 PC 机，软件开发成熟，在同类软件中具有较高的性价比，使用该软件进行工程的三维配管设计具有较大的可实施性。AutoPlant 主要有以下特点。

(1) 设备添加方式简单快捷，配管功能强大，可根据不同情况随时改变配管方式，尽管入门较难，但在掌握后，配管速度和设计质量可得到迅速提高。

(2) 软件为建立在 AutoCAD 平台上的真 3D 设计过程，命令可与 AutoCAD 命令完全兼容，方便快捷。

(3) 完整的多模块环境，包括配管、设备构造、钢结构、管段轴测图、实施漫游/碰撞检查等模块，各模块可单独或一起使用。

(4) 配管过程中可以对需要法兰面匹配、端面匹配、压力等级匹配等匹配关系的管件进行自动选择匹配，方便准确。

(5) 程序采用开放源程序代码方式，这使得程序本身具有较强的开放性和可扩展性，二次开发环境良好，可随时根据需要开发出适合各不同类型工程项目设计要求的用户化程序。

(6) 汇料过程准确高效，材料报表形式可根据需要进行调节，设计资料图面格式统一美观。

近年来，国内一些有实力的软件公司或工程设计公司也相继开发出三维配管设计软件，这些软件与国外软件相比较，无论在功能上还是在价格上均具有很强的竞争力。

1995 年中国科学院计算技术研究所国家 CAD 开放实验室和扬子石油化工设计院开始致力于计算机辅助工厂设计软件的开发，1996 年两家单位正式联手开发 PDSOFT 系列软件，1997 年完成 PDSOFT 3Dpiping（三维管道设计与管理系统）V1.0，并通过了建设部和中国科学院的双部级鉴定，该软件现已由北京中科辅龙计算机技术有限公司独立研发与销售。PDSOFT 3Dpiping 软件可以在 Windows 98（2000/NT/XP）等操作系统上运行，以 AutoCAD R14（2000i/2002/2004）等版本为运行平台。PDSOFT 3Dpiping 具有易学、易用、设计速度快的特点，为用户提供了一个高质量的工厂设计工具。PDSOFT 3Dpiping 软件已被广泛应用于石化、石油天然气、化工、核工业、轻工、医药、钢铁等设计行业。PDSDFT 3Dpiping 提供强大的三维配管设计功能，该软件主要功能模块包括如下内容。

(1) 工程数据库管理。提供丰富的国内外材料标准库，界面友好直接面向工程师，建库简单易操作，更适应国内客户的需求。

(2) 工程图形库管理。提供丰富的参数化元件图形库、设备库、建筑构件库等，支持实体方式和线框方式创建三维模型。

(3) 三维管道建模。以实体渲染方式布管，弯头及分支管件自动插入，以及自动布管、成组布管、管道模型编辑功能，在建模过程中，用户可利用系统提供的多种碰撞检查功能对设计进行干涉检查。

(4) 平、剖图自动生成。全自动标注（此功能目前在国内外所有的软件中是惟一具有的功能），以及 ISO 图全自动生成，全自动标注等功能，还包括 ISO 返回功能。

(5) 材料统计表自动生成。自动生成各种类型材料表、设备表及工程量表的功能。

(6) 支吊架库管理。生成各种所需的支吊架材料表。

WinPDA2000 三维配管软件包 1999 年通过中国勘察设计协会工程设计计算机应用协会鉴定，该软件现已升级为 WinPDA2003 版，操作系统为 Windos XP/2000/98/NT，运行的平台为 AutoCAD 2002/R14，可单机或网络运行。WinPDA 已经在化工、石化、石油、医药、纺织、轻工和核动力行业广泛应用，也已用于大学教育。该软件主要功能模块有 PID 模块、管道数据库模块、管道等级表库模块、三维设备模块、设备布置图模块、三维配管模块、管道布置图模块、管道轴测图模块、建筑轮廓图模块、三维钢（混凝土）结构模块等。WinPDA 三维配管软件包能够根据 PID 图中管道参数智化地进行配管设计，自动生成管道布置图、管段轴测图、设备平（立）面布置图、管口方位图等，能够智能化生成管线命名表、管段表、综合材料表、油漆保温材料一览表、管道支吊架一览表等，能够按管间距规范进行模型软碰撞检查。

10.2.3 通用数学计算软件

数学方法是科学方法论中的重要方法之一，无论物理模型具有什么具体的物理意义，最终都可以归结为对数学模型的求解计算。求解数学模型的工具随科学技术的发展，不断发生着重大的变革，由古老的算盘到计算尺、计算器、计算机等。每一次变革，都给科学技术带来飞跃性的进展。计算机的计算功能是计算机的基础功能，特别适用于复杂的、重复的、大量的数学模型的计算。在化工设计过程遇到的计算公式虽然都有其特定的物理意义，但又都可以看成是对纯数学模型求解问题，因此都可以用通用的计算机计算软件来完成。

计算机计算软件可分为两大类，一类是传统的各种高级计算机语言系统，如：FORTRAN、QBASIC、C语言、Visual BASIC、Visual C等；另一类是20世纪80年代迅速发展起来的数学计算工具软件。其中数学计算工具软件由于其不用编程的突出特点，正在越来越广泛地应用到各个学科的研究中。通用数学工具软件已有很多，目前国内外比较流行的有MATLAB、MathCAD、Maple、Mathematica等。

MATLAB（Matrix Laboratory）是美国MathWorks公司1984年推出的适用于科学计算和工程应用的数学软件系统，其网址是http://www.mathworks.com。它的主要功能有数值计算、图形处理、数据分析、动态仿真、信号处理等。MATLAB的建模与仿真功能十分突出，尤其是用于电子电路设计中的动态仿真模拟计算已非常深入，近年来也有报道用于化工实验装置的模拟计算中。相对来说，该软件功能强大，在该软件的基础上针对化工设计进行二次开发的优势是非常显著的，但对于一般工程技术设计人员来说，作为基础的数学计算，MATLAB的使用方法不够方便。

MathCAD（Mathematic CAD）是美国Mathsoft公司1986年开发出来的交互式数学应用软件，其网址是http://www.mathsoft.com。它自问世以来，一直受到广大科技工作者、教师、学生的欢迎，成为从事科研、开发、设计、教学的助手与工具。MathCAD具有强大的数值计算功能、符号运算功能、二维和三维函数图形功能、文字处理功能、动画功能、电子科学信息中心和网络功能等。其优点是工作界面友好、使用方法简便、容易掌握，而且能够与MATLAB、Excel、各种高级计算机编程语言进行数据交换等。特别是在做数学运算时，使用和显示方式与人类数学思维方式一致，非常直观，可读性好，而且数值和公式一旦输入，便可立即得到计算结果。该软件特别适合于化工设计中单台设备的模拟计算，我们将在第十一章中详细介绍MathCAD2001在反应器模拟计算中的使用方法。

Maple是由加拿大Waterloo大学的符号计算研究小组从1980年开始开发的，第一个商业版是1985年推出的Maple Version3.3版，随后几乎每年都在更新，吸收最好的算法，2000年推出了Maple 6版本，其网址是http://www.maplesoft.com。Maple系统是用C语言编写的，它具有强大的数值运算功能，它能够进行代数计算、几何计算、微积分计算、数值计算等。Maple具有强大的符号演算功能，MathCAD和MATLAB等软件的符号处理核心就是以Maple为基础的。Maple具有直观的图形绘制功能，在Maple中创建几何对象时，不仅可以得到这些几何对象的图形，而且能够计算各点之间的距离、直线之间的夹角，甚至能够通过平移、旋转、映射等多种方法得到新的结果。Maple具有友好的工作界面，交互式的使用方法，其输入与输出的数学公式与通用的数学表达式几乎一样，因此无需记忆任何语法就可以轻松地掌握它的使用方法。在Maple交互式的操作环境中，不但可以逐行执行命令，而且可以使用简单的编程语言建立用户程序，运算结果既可以在屏幕上直接查看，也可以将代数计算结果转换成计算程序代码，方便用户将代数推导计算过程翻译成计算机源程序。

Mathematica系统是美国 Wolfram Research 公司的产品，是从1986年开始研制，1988年发布了 Mathematica 1.0版，现在最新的版本是 Mathematica 4.1版，其网址是 http://www.wolfram.com。Mathematica 以其使用方便、功能强大、用户界面友好、扩展便利等在世界各地有着广泛的用户。Mathematica 能够进行初等代数、解析几何、微积分、微分方程、线性代数、复变函数与积分变量、概率统计等计算。Mathematica 不仅应用于数学教学中，在科学研究中也有广泛的应用。Mathematica 的最大优点是在带有图形用户接口的计算机上，支持一个专用的 NoteBook 接口，通过它可以书写文字，可以显示计算结果、显示图形、动画，播放声音等。在 Mathematica 中还可以通过 MathLink 协议，与其他应用软件相链接，如 C 语言、Excel、Word 等。Mathematica 有严格的语法规定，所以使用时不如 MathCAD 和 Maple 方便。

除以上介绍的软件外，还有一些专用软件，如 SPSS（Statistics Package for Social Scence) for Windows 主要适用于自然科学、社会科学各领域的统计分析软件包，是世界上流行的统计计算软件，网址是 http://www.spss.com。SAS（Statistical Analysis System）是由美国 SAS公司研制的，现在的 SAS6.12 版与 SAS8.0 版已发展成为一个功能强、效率高、使用方便、适用于多种操作系统的信息处理和科学计算组合的应用软件，该软件是国际统计分析领域的标准软件，其网址是 http://www.sas.com。

10.3 图纸绘制技术

由于化工设计的结果主要是以图形的方式表现出来的，所以在设计过程中不可避免地会遇到大量的工程图纸的绘制工作，要消耗大量的人力与物力。传统的手工绘制的方法，绘图质量差、不易修改、重复工作多、工作效率低、资源无法共享，现在掌握计算机绘制工程图纸技术已成为工程设计人员就业的基本技能要求。

图形绘制软件非常多，但目前应用于工程制图方面的通用的主流软件仍然是 AutoCAD 绘图软件。AutoCAD 是美国 Autodesk 公司于1982年12月推出的通用计算机辅助制图和设计软件，随着 AutoCAD 的不断升级换代，它的功能越来越强大，并能够适应各种操作系统。AutoCAD 的出现使数以万计的工程设计人员从繁重的手工制图中解放出来，如今该软件已广泛应用各种工程设计和教学中。AutoCAD 的特点是：

① 有友好的工作界面，使用方法简单，容易掌握；

② 充分考虑到工程制图过程的特点，提供了强大的二维制图功能，便于使用者快捷、精确、高效率、高质量地完成工程图纸的绘制工作及图纸的修改工作，特别适用于工程装置的开发设计工作；

③ 能够同时打开多个图形文件，便于不同图形文件之间的信息交流，大大提高了工作效率；

④ 可以方便地由二维图形转化成三维模型；

⑤ 系统结构开放，便于二次开发。

近年来，国内一些单位陆续开发出化工设计绘图专用软件，这些软件具有很强的针对性，能够标准化的绘制专业图纸，方便设计人员使用，提高图纸绘制效率与质量。如：化工设备 CAD 施工图软件包 PVCAD V1.0 于1992年经原化学工业部工程软件评审小组审定通过，1999 年获得国家第五届工程设计优秀软件银奖，现已升级为能够在 Windows 环境中使用的 PVCAD V3.0。PVCAD V3.0 将现行人工设备设计行业标准中 GB、JB、HG、HGJ、CD 等标准编制在软件包内，同时将一些常用的非标零部件也收集在内。PVCAD V3.0 结合行业制图标准，形成一套能满足工程实际的卧式容器、立式容器、填料塔、板式塔（浮阀塔、筛板塔）、固定管板兼作法兰换热器（立式、卧式）、固定管板不兼作法兰换热器（立式、卧式）、U 型换热器（立式、卧式）、浮头换热器、带夹套搅拌反应器和球罐等十大类设备绘图软件包。PVCAD V3.0 可绘制的工程设备设计图纸达 60%～70%，约 80%以上能够直接满足施工图要求。PVCAD 操作简便，能全自动逐张生成化工设备施工图图纸，在工程设计与制图方面发挥了很好的作用。另外还有专门绘制工艺流程图（PFD、PID）等方面的专业软件，读者可以从网上方便地查找到这方面的信息。

10.4 网络技术

在信息大爆炸的时代，如何及时地、准确地、全面地掌握信息和交流信息，是每一个工程技术人员必须面临的挑战。网络技术的出现为人们提供了信息资源高度共享与快速交流的物质基础。化工设计强调其先进性与合作性，因此对网络技术（局域网、Internet 网）的依赖越来越强。

计算机网络技术始于 20 世纪 60 年代末 70 年代初，世界上出现的第一个计算机网络在美国，被称作 ARPANET。在此基础上，20 世纪 80 年代后期，由美国国家科学基金会通过 NSFNET 建立了横跨全美的国家科学基金会网络，同时允许任何子网计算机访问网络，交流信息，这个网络可以说是 Internet 的真正起始点。由于 Internet 在美国获得的迅速发展与巨大成功，世界各国先后加入到其中，使之成为全球性的网络。

现在在 Internet 上的化学化工信息非常丰富，更新速度极快，常见的有关化学化工信息类型主要有化学化工基础数据库、专利文献、网络出版物（期刊、图书）、化学软件资源、网络论坛等。在浩如烟海的 Internet 信息资源中快速查找所需的化学化工信息的最有效的方法主要有两种。

（1）利用通用网站的搜索引擎查询

在通用的网站中，可以采用关键词索引或主题索引查找所需的化学化工信息。这里高度推荐三个搜索引擎站点：①http://www.Yahoo.com 是雅虎公司的中文引擎站点；②http://www.alltheWeb.com 是 FAST 公司的全文搜索引擎；③http://www.google.com 是由斯坦福大学两个博士生创建的。

（2）通过访问化学化工专业宏站点查询

许多 Internet 上的站点仅仅包括对其他相关站点的链接列表，这些站点被称为宏站点，又称为 Internet 资源导航系统。这些站点大都主题明确、组织得当、可信度高、相关信息全面，而且还与其他优秀宏站点相链接。所以对于化学化工工作者来说，收集掌握几个与本专业密切相关的优秀宏站点，是在 Internet 上查询信息的捷径。由于篇幅有限，仅推荐几个优秀站点。

① http://www.chinWeb.com.cn 或 http://chin.icm.ac.cn ChIN（Chemical Information Network）是国内最好的化学化工宏站点，由中国科学院化工冶金研究所立晓霞等建立。

② http://www.indiana.edu/～cheminfo（化学信息资源导航系统）。该网站是由美国

印第安纳大学 Gary Weggins 编制的，是目前化学化工类信息资源中最为详细的一个网络导航指南。

③ http://chemfinder.camsoft.com 是剑桥软件公司开发的，它可以免费使用，是在 Internet 上获得化学信息的最便利的工具。

④ http://www.chemcenter.org 是由美国化学学会（ACS）创建的，涵盖 ACS 出版部及化学文摘社（CAS）的主要 Web 资源。

⑤ http://www.chemindustry.com 美国化工网是全球性化工专业分类搜索引擎。

11 用 MathCAD 模拟计算反应过程

11.1 概述

MathCAD 是美国 Mathsoft 公司于 1986 年推出的独具特色的专门用于科学计算的应用软件。MathCAD 不仅功能强大，而且简单易学，是众多计算软件中的佼佼者。MathCAD 将每一种计算对象的最有效的计算方法模块化处理后，用数学公式符号或函数表示，所以，使用者可以不必了这些计算方法的计算原理、计算步骤，更不必编写调试程序，只要掌握这些公式或函数的使用方法即可。就像 Word 软件使文字工作者摆脱手工书写，AutoCAD 使设计人员摆脱手工制图一样，无论要处理的数学问题有多复杂，科研人员使用 MathCAD 都能轻而易举地解决，因此可以将注意力集中于科研的本质部分，从而大大提高专业研究效率及科研水平。现在 MathCAD 越来越被科研人员所青睐，应用领域也越来越广泛。MathCAD 在求解数学模型的计算中具有以下特点。

（1）使用方式与人类数学思维方法一致

MathCAD 计算基本上没有传统的编程概念，只需使用与标准数学运算符号完全一样的数学运算符号，按一下“＝”号，计算就会完成，并且立即显示计算结果。因此 MathCAD 简捷易用，可读性强，便于理解及检查。

（2）有强大的数学运算功能

MathCAD 不仅能够进行众多的数值计算问题，如代数运算、矢量和矩阵运算、解方程及方程组、微积分计算、微分方程求解、曲线拟合及插值、各种统计计算等，而且还能进行解析计算，如展开因式、因式分解、求微分和积分的解析公式、公式的级数展开、变量代换等。几乎能够处理科学运算中的所有数学问题。

（3）有强大的数字可视化功能

MathCAD 将数值、表格、公式与图形集于一体，可便捷地画出二维曲线（直角坐标图、极坐标图）和三维曲线和曲面，直观地显示出数学模型的变化规律，便于分析与讨论。

（4）可以带单位计算，提高计算的准确率

用 MathCAD 在计算过程时，如果在常数后面给出计算单位，则公式的计算结果自动显示相应的单位，并且能够根据使用者的需要进行单位的换算。

有关 MathCAD2001 的功能及详细的使用方法，读者可阅读相应的参考书。作者根据长期的教学和科研实践经验，开发出使用 MathCAD2001 解决典型反应器模拟计算的实用方法，由于篇幅有限，用 MathCAD2001 计算每一道例题的计算方法及源程序在所附的光盘中给出。

化学反应器基础设计的主要内容是指为得到预定产品质量指标所需反应时间（reaction time）的计算，所以采用数学模拟法（simulation method）确定反应工艺参数就是根据对反应过程综合数学模型的模拟计算，确定所需要的反应时间。根据计算出的反应时间确定反应器体积（reactor volume），根据模拟条件及模拟过程确定反应过程的工艺参数（process parameter）。而对反应过程的模拟计算就是在计算机上输入不同的过程参数值（如原料配比、反应温度、反应压力、物料的添加顺序及添加时间等），对综合数学模型求解，考查是否能实现预定的目标参数（产品质量与产量）。

11.2 间歇反应器的模拟计算

11.2.1 间歇反应器的操作方程

根据质量守恒定律，在任意反应过程中反应物的物料平衡关系如下：

$$\text{流入量} = \text{流出量} + \text{反应消耗量} + \text{累计量} \tag{11-1}$$

间歇操作反应器（batch reactor，B.R.）主要使用搅拌釜反应器，该反应过程为非定态操作过程。在反应过程中，由于物料没有流入也没有流出，所以反应体系中反应物 A 的物料平衡关系为：

$$\text{反应物 A 消耗速率} = \text{反应物 A 累计速率}$$

$$r_A V_R = -\frac{dN_A}{dt} \quad \text{或} \quad r_A = -\frac{dN_A}{V_R dt} \tag{11-2}$$

式中 r_A——用 A 的浓度变化表示的反应速率，$kmol \cdot m^{-3} \cdot h^{-1}$；

V_R——反应液体积，m^3；

N_A——t 时刻反应体系中 A 的物质的数量，kmol；

t——反应时间，h。

令：反应物 A 的初始摩尔数为 N_{A0}、反应物 A 的转化率（percent conversion）为 x_A

则：
$$x_A = \frac{N_{A0} - N_A}{N_{A0}}$$

且：
$$N_A = N_{A0}(1 - x_A)、dN_A = -N_{A0} dx_A$$

代入（11-1）式后有：

$$r_x = \frac{dx_A}{dt} = \frac{r_A V_R}{N_{A0}} \tag{11-3}$$

式中 r_x——用 A 的转化率变化表示的反应速率，h^{-1}；

在 $0 \sim t$ 时间范围内对（11-3）式进行积分，有：

$$t = \int_0^{x_A} \frac{N_{A0}}{r_A V_R} dx_A \tag{11-4}$$

（11-3）式、（11-4）式描述了间歇反应过程中反应物转化率随时间的变化规律，称为间歇反应器操作方程，（11-3）式为微分操作方程，（11-4）式为积分操作方程。反应速率 r_A 是根据反应动力学研究得到的。反应过程为恒容反应或变容反应时，操作方程是有区别的，如表 11-1 所示。

表 11-1 间歇反应器操作方程

反应器操作方程	微 分 方 程	积 分 方 程
恒容反应	$r_A = -\frac{dC_A}{dt}, r_x = \frac{dx_A}{dt} = \frac{r_A}{C_{A0}}$	$t = \int_0^{C_A} -\frac{1}{r_A} dC_A, t = \int_0^{x_A} \frac{1}{r_x} dx_A$
变容反应	$r_A = -\frac{dN_A}{V dt}, r_x = \frac{dx_A}{dt} = \frac{r_A(1+\varepsilon x_A)}{C_{A0}}$	$t = \int_0^{x_A} \frac{C_{A0}}{r_A(1+\varepsilon x_A)} dx_A$

注：ε——反应液体积收缩系数；C_{A0}——反应物初始摩尔浓度，$kmol \cdot m^{-3}$。

可用（11-3）式或（11-4）式对间歇反应过程进行模拟计算，确定反应工艺参数。若 r_A 只是转化率 x_A 的函数时，如简单的恒温反应，可用积分操作方程直接进行模拟计算。若 r_A 不仅是转化率 x_A 的函数，而且还是反应时间的函数时，如变温反应，则须用微分操作方程求解；对于复杂的反应体系（串联反应、并联反应、可逆平衡反应、聚合反应等），用（11-3）式得到的往往是微分方程组，下面分别举例说明。

11.2.2 等温反应过程（isothermal reaction）

例 11-1 有一二级变容反应过程，反应温度恒定，反应动力学方程如下：

$$k(T)=A\exp\left(\frac{-E}{RT}\right) \tag{a}$$

$$r_A(T,x)=k(T)C_{A0}^2\frac{(1-x_A)^2}{(1+\varepsilon x)^2} \tag{b}$$

其中：$C_{A0}=4\text{kmol}\cdot\text{m}^{-3}$，$A=5.66\times10^7\text{m}^3\cdot\text{kmol}^{-3}\cdot\text{h}^{-1}$、$E=57\text{kJ}\cdot\text{mol}^{-1}$、$\varepsilon=-0.2$，$T$ 为反应温度（K），R 为气体常数。模拟计算 70℃、80℃、90℃恒温条件下反应过程及转化率为 80%所用反应时间。

在恒温反应动力学模型中，反应速率 r_A 只是转化率的函数，因此可以将 r_A 代入变容积分操作方程中，直接进行积分计算。

$$t=\int_0^{x_A}\frac{C_{A0}}{r_A(T,x)\times(1+\varepsilon x_A)}\text{d}x_A \tag{c}$$

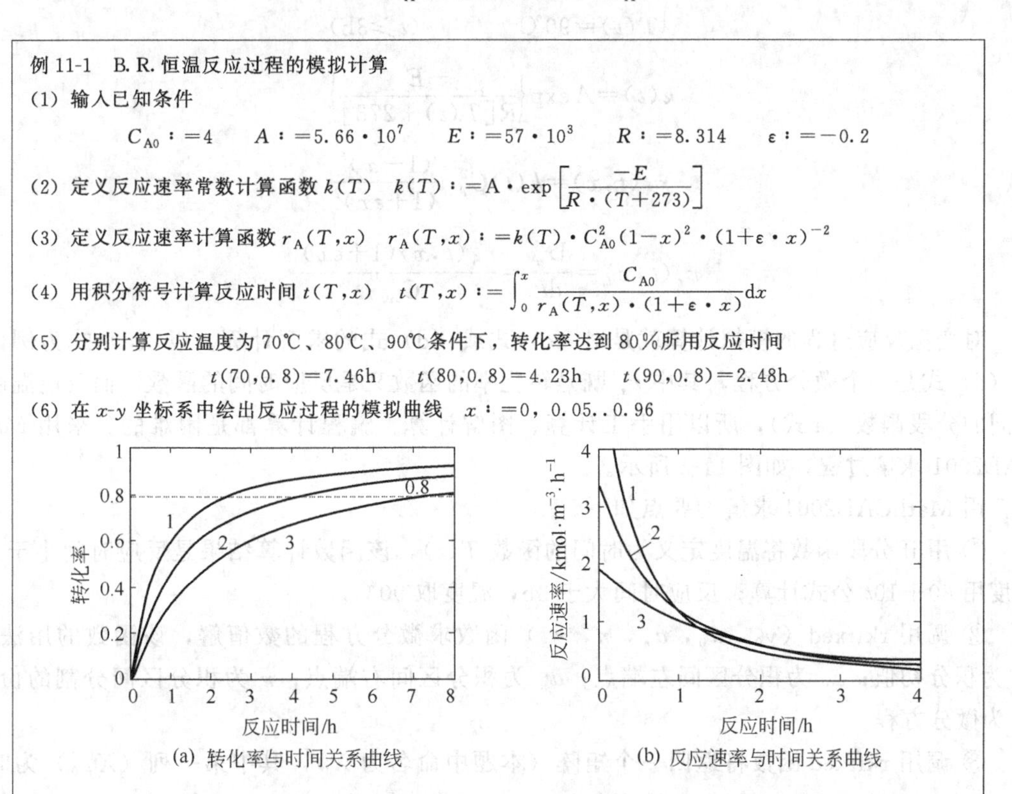

图 11-1 B. R. 恒温反应过程的模拟计算

若将（b）式代入（c）式求出解析解，然后用手工计算比较麻烦容易出错，而且不易得到模拟曲线。采用 MathCAD2001 应用软件计算时，可直接使用定积分符号对（c）式进行计算，而不必求出积分方程的解析公式，同时还可以方便地得到模拟曲线，具体方法及结果见图 11-1。由图 11-1 可以看出，用 MathCAD2001 模拟计算反应过程直观、清晰、简单、易读、易理解、易掌握，在实际应用及教学实践中都具有很好的可实践性。本题计算结果可用于单台设备传热计算示例（例 5-1）中。

不同反应温度条件下，转化率达到 80％所用反应时间如下：

曲线序号	1	2	3
反应温度/℃	90	80	70
反应时间/h	2.48	4.23	7.46

11.2.3 变温反应过程（non-isothermal reaction）

例 11-2 在例 11-1 题中的反应体系中采用升温的方法控制反应的进行，反应温度控制曲线如图 11-2（a）中的曲线。对该反应过程进行模拟计算，求转化率为 80％所用反应时间。

由于在反应过程中反应温度随时间变化，所以反应速率既是转化率的函数，也是反应时间的函数，需采用表 11-1 中变容微分操作方程进行模拟计算。计算公式如下：

$$\begin{cases} T(t)=60+10t\,℃ & (t<3\text{h}) \\ T(t)=90℃ & (t\geqslant 3\text{h}) \end{cases} \tag{a}$$

$$k(t)=A\exp\left\{\frac{-E}{R[T(t)+273]}\right\} \tag{b}$$

$$r_A(t,x)=k(t)C_{A0}^2\,\frac{(1-x)^2}{(1+\varepsilon x)^2} \tag{c}$$

$$r_x(t,x)=\frac{dx_A}{dt}=\frac{r_A(t,x)(1+\varepsilon x)}{C_{A0}} \tag{d}$$

对变温反应过程的模拟计算就是对（c）式或（d）式的求解计算。以（d）式为例，由于（d）式是一个微分方程，其中 r_x 既是转化率的函数又是反应时间的函数，而反应温度是时间的分段函数（a 式），所以用手工计算、图解计算、编程计算都是困难的。采用 MathCAD2001 求解过程，如图 11-2 所示。

用 MathCAD2001 求解的要点如下。

① 用 if 分段函数将温度定义为时间的函数 $T(t)$，该函数计算结果是反应时间小于 3h，温度用 $60+10t$ 公式计算；反应时间大于 3h，温度取 90℃。

② 调用 rkfixed（y_0，a_0，a_n，n，r_x）函数求微分方程的数值解，该函数的用法是：y_0 为积分初值；a_0 为积分区间左端点；a_n 为积分区间右端点；n 为积分区间分割的份数；r_x 为微分方程。

③ 调用 rkfixed 函数将返回一个矩阵（本题中命名为 X），其中第一列（$X_{j,0}$）为时间序列，第二列（$X_{j,1}$）为对应的转化率序列。为了便于观察，用转置的形式（X^T）显示 X 矩阵。

比较图 11-1 与图 11-2，变温反应的反应速率曲线比较平缓，反应过程有热量交换时，易实现温度控制曲线。模拟结果表明，转化率达到 80%所用反应时间为 4h。

例 11-2 B. R. 变温反应过程的模拟计算

(1) 输入已知条件 $C_{A0}:=4$ $A:=5.66\cdot10^{7}$ $E:=57\cdot10^{3}$ $R:=8.314$ $\varepsilon:=-0.2$

(2) 用 if 函数定义反应温度计算函数 $T(t)$ $T(t):=\mathrm{if}(t<3,60+10\cdot t,90)$

(3) 定义反应速率常数计算函数 $k(T)$ $k(t):=A\cdot\exp\left[\dfrac{-E}{8.314\cdot(T(t)+273)}\right]$

(4) 定义反应速率计算函数 $r_x(T,x)$

$$r_A(t,x):=k(t)\cdot C_{A0}^2(1-x)^2\cdot(1+\varepsilon\cdot x)^{-2}\quad r_x(t,x):=r_A(t,x)\cdot(1+\varepsilon\cdot x)\cdot C_{A0}^{-1}$$

(5) 用 rkfixed 函数求解微分方程 $y_0:=0$ $n:=200$ $X:=\mathrm{rkfixed}\ (y_0,\ 0,\ 5,\ n,\ r_x)$

(6) 显示模拟计算结果 $X_{160,1}=0.800$ $X_{160,0}=4.00\mathrm{h}$

$X^T=$		157	158	159	160	161	16	163	164	165	166
	0	3.925	3.950	3.975	4.000	4.025	4.050	4.075	4.100	4.125	4.150
	1	0.795	0.796	0.798	0.800	0.801	0.803	0.805	0.806	0.808	0.809

X 矩阵中第 0 列为反应时间，第 1 列为反应物转化率（转化率达到 80%所用反应时间为 4.00h）

(7) 在 x-y 坐标系中绘出反应过程的模拟曲线

$j=o..n$

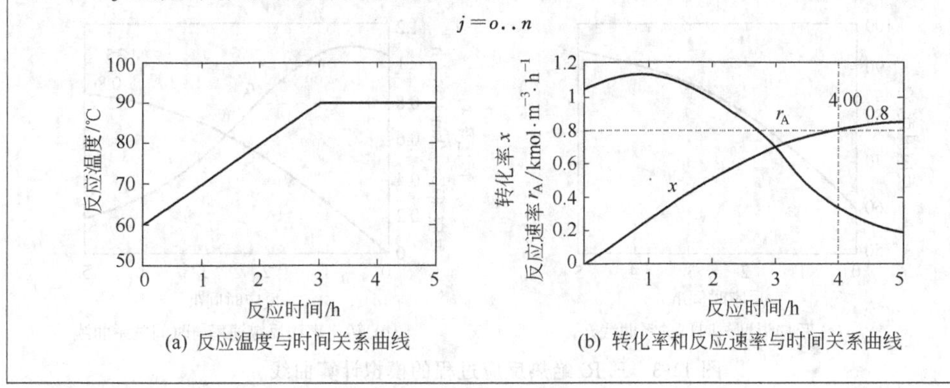

图 11-2 B. R. 变温反应过程的模拟计算

本题计算结果用于单台设备热量衡算示例（例 5-2）中。

11. 2. 4 绝热反应过程（adiabatic reaction）

例 11-3 在例 11-1 题中的反应体系中，假设反应体积的变化可以忽略不计，反应起始温度为 60℃，采用绝热方法控制反应的进行。反应为放热反应，$(-\Delta H)=14.1\mathrm{kJ}\cdot\mathrm{kmol}^{-1}$、反应液比热容 $C_p=2.09\mathrm{kJ}\cdot\mathrm{kg}^{-1}\cdot℃^{-1}$、反应液密度 $\rho=670\mathrm{kg}\cdot\mathrm{m}^{-3}$。对该反应过程进行模拟计算，求转化率为 80%所用反应时间。

根据热量守恒定律，对于绝热反应过程，热平衡关系式如下：

反应放出热量＝反应体系累计热量

$$(-\Delta H)r_AV_R=\frac{d(C_pT\rho V_R)}{dt} \tag{a}$$

对于恒容过程： $(-\Delta H)r_AV_R=C_p\rho V_R\dfrac{dT}{dt}$ 或 $(-\Delta H)r_A=C_p\rho\dfrac{dT}{dt}$

将恒容微分操作方程代入上式中：$\dfrac{dT}{dt}=\dfrac{(-\Delta H)C_{A0}}{C_p\rho}\dfrac{dx}{dt}$ (b)

将等式两侧的 dt 约去，并积分可得到下式：

$$T(x)=T_0+\frac{(-\Delta H)C_{A0}}{C_p\rho}x \tag{c}$$

(c) 式说明，绝热反应过程中，反应温度是转化率的函数，因此 k 也是转化率的函数。定义如下：

$$k(x)=A\exp\left\{\frac{-E}{R[T(x)+273]}\right\} \tag{d}$$

$$r_A(x)=k(x)C_{A0}^2(1-x)^2 \tag{e}$$

$$t=\int_0^x\frac{C_{A0}}{r_A(x)}dx=\int_0^x\frac{1}{k(x)C_{A0}(1-x)^2}dx \tag{f}$$

根据上述推导，在绝热反应模拟计算公式中，由于反应温度是转化率的函数，反应速率方程（e）式也只是转化率的函数，与例 11-1 相似，在 MathCAD2001 中可以用积分符号对（f）式直接计算。详细过程见附盘，计算结果见图 11-3。由于该反应为放热反应，所以图 11-3（a）中的温度变化曲线是随反应时间延长而自动升高的。转化率达到 80％所用反应时间为 4.35h。

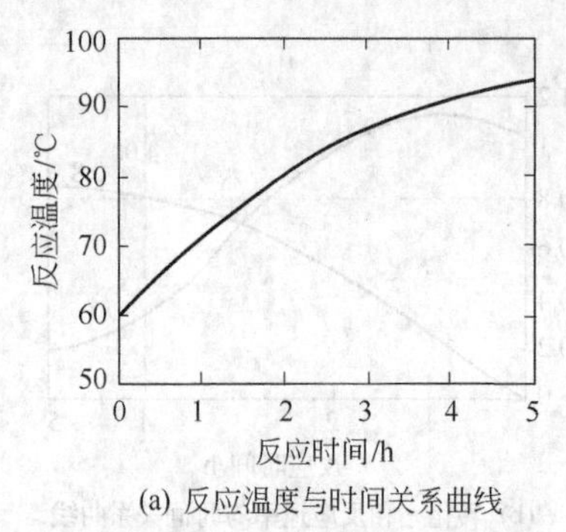

(a) 反应温度与时间关系曲线

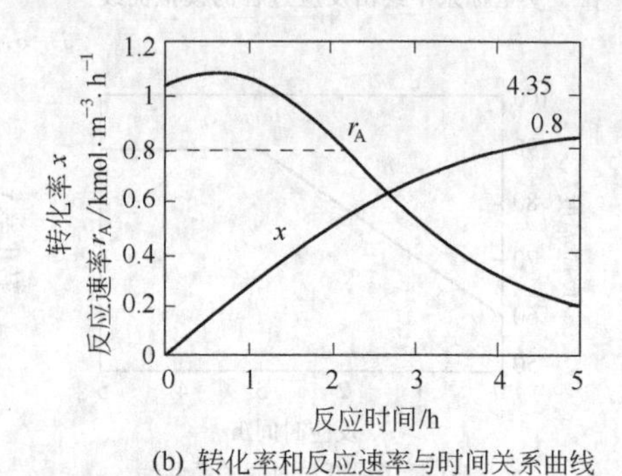

(b) 转化率和反应速率与时间关系曲线

图 11-3　B. R. 绝热反应过程的模拟计算曲线

11.2.5　复杂反应过程（complex reaction）

例 11-4　有一串联反应，其反应方程如下：

$$A+B\underset{k_3}{\overset{k_1}{\longleftrightarrow}}C\xrightarrow{k_2}D \tag{a}$$

该反应为恒温恒容过程，反应温度为 80℃，C 是目标产物，反应动力学模型如下：

$$\begin{cases} r_A=\dfrac{dC_A}{dt}=-k_1C_AC_B+k_3C_C \\ r_B=\dfrac{dC_B}{dt}=-k_1C_AC_B+k_3C_C \\ r_C=\dfrac{dC_C}{dt}=k_1C_AC_B-(k_2+k_3)C_C \\ r_D=\dfrac{dC_D}{dt}=k_2C_C \end{cases} \tag{b}$$

其中：$k_1=0.78\text{m}^3\cdot\text{kmol}^{-1}\cdot\text{h}^{-1}$，$k_2=0.32\text{h}^{-1}$，$k_3=0.084\text{h}^{-1}$，$C_{A0}=5.5\text{kmol}\cdot\text{m}^{-3}$，$C_{B0}=4.4\text{kmol}\cdot\text{m}^{-3}$，$C_{C0}=0\text{kmol}\cdot\text{m}^{-3}$，$C_{D0}=0\text{kmol}\cdot\text{m}^{-3}$。模拟计算反应过程，并确定产物 C 收率最大时对应的反应时间。

比较（b）式与间歇反应器恒容微分操作方程，对反应过程的模拟计算就是求解微分方程组（b），模拟计算过程及模拟结果如图 11-4 所示。

例 11-4　B. R. 串联反应过程的模拟计算

（1）输入已知条件

$$k_1 := 0.78 \quad k_2 := 0.32 \quad k_3 := 0.084$$

（2）输入初值向量及微分方程组向量

$$y := \begin{pmatrix} 5.5 \\ 4.4 \\ 0 \\ 0 \end{pmatrix} \quad R(t,y) := \begin{bmatrix} -k_1 \cdot y_0 \cdot y_1 + k_3 \cdot y_2 \\ -k_1 \cdot y_0 \cdot y_1 + k_3 \cdot y_2 \\ k_1 \cdot y_0 \cdot y_1 - (k_2 + k_3) \cdot y_2 \\ k_2 \cdot y_2 \end{bmatrix}$$

（3）用 rkfixed 函数求微分方程组的数值解　$n := 20$　$X := \text{rkfixed}(y, 0, 2, n, R)$

（4）显示模拟计算结果

最佳反应时间：$X_{82,0} = 0.82\text{h}$　　产物 C 的浓度：$X_{82,3} = 2.978\text{kmol/m}^3$

$X^T =$

	78	79	80	81	82	83	84
0	0.78	0.79	0.8	0.81	0.82	0.83	0.84
1	1.939	1.929	1.919	1.909	1.9	1.891	1.881
2	0.839	0.829	0.819	0.809	0.8	0.791	0.781
3	2.977	2.977	2.978	2.978	2.978	2.978	2.977
4	0.584	0.594	0.603	0.613	0.622	0.632	0.641

X 矩阵中第 0 列为反应时间、第 1 列为反应物 A 的浓度，第 2 列为反应物 B 的浓度，第 3 列为产物 C 的浓度，第 4 列为产物 D 的浓度

（5）在 x-y 坐标系中绘出反应过程的模拟曲线

$j := 0..n$

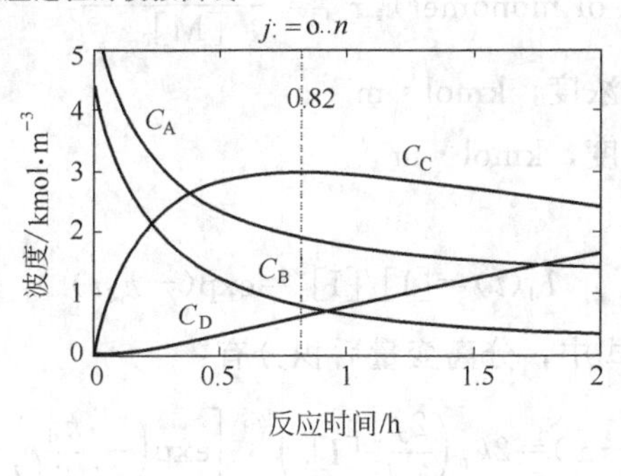

图 11-4　B. R. 串联反应过程的模拟计算

在 MathCAD2001 中 rkfixed（y，a_0，a_n，n，R）函数还可以用于求微分方程组的数值解，其中：y 初值向量（y_0 为 A 的初始浓度、y_1 为 B 的初始浓度，y_2 为 C 的初始浓度，y_3 为 D 的初始浓度），a_0 积分区间左端点，a_n 积分区间右端点，n 积分区间分割的份数，R 为微分方程组向量。rkfixed 函数返回一个矩阵，本题中定义为 X，其中第一列（$X_{j,0}$）为时间序列，第2～4列（$X_{j,1}$、$X_{j,2}$、$X_{j,3}$、$X_{j,4}$）依次为各组分浓度的变化序列（C_A、C_B、C_C、C_D）。为了便于观察，图 11-4 中用转置的形式 X^T 显示 X 矩阵。在 X 矩阵中查到 C 产物浓度的最大值是 2.987kmol·m^{-3}，对应的反应时间约为 0.82h。

11.2.6　自由基聚合反应过程（free radical polymerization）

11.2.6.1　动力学模型（kinetic model）的模拟计算

对于引发剂引发、无链转移反应、偶合终止的自由基聚合反应过程，假设反应过程为恒

温、恒容。在高分子化学中可以认为自由基聚合是一个串联反应过程，按其基本理论建立的自由基聚合反应动力学模型可简化成两个反应速率方程。

(1) 引发剂分解速率 (rate of initiator decomposition)

$$r_{\mathrm{I}}=-\frac{\mathrm{d}[\mathrm{I}]}{\mathrm{d}t}=k_{\mathrm{d}}[\mathrm{I}]\ \mathrm{kmol\cdot m^{-3}\cdot h^{-1}} \tag{11-5}$$

(2) 聚合反应速率 (rate of polymerization) 又称为单体消耗速率

$$r_{\mathrm{M}}=-\frac{\mathrm{d}[\mathrm{M}]}{\mathrm{d}t}=k_{\mathrm{p}}\left(\frac{2f_{\mathrm{d}}k_{\mathrm{d}}}{k_{\mathrm{t}}}\right)^{0.5}[\mathrm{I}]^{0.5}[\mathrm{M}]\ \mathrm{kmol\cdot m^{-3}\cdot h^{-1}} \tag{11-6}$$

其中 t ——反应时间，h；

$[\mathrm{I}]$——t 时刻引发剂浓度，$\mathrm{kmol\cdot m^{-3}}$；

$[\mathrm{M}]$——t 时刻单体浓度，$\mathrm{kmol\cdot m^{-3}}$；

f_{d} ——引发剂引发效率；

k_{d} ——引发剂分解速率常数，$\mathrm{h^{-1}}$；

k_{p} ——链增长速率常数，$\mathrm{m^3\cdot kmol^{-1}\cdot h^{-1}}$；

k_{t} ——链终止速率常数，$\mathrm{m^3\cdot kmol^{-1}\cdot h^{-1}}$。

(11-5) 式、(11-6) 式是自由基聚合反应动力学模型的微分方程，为便于计算做以下定义：

引发剂残留分率 (ratio of residual initiator)：$I_{\mathrm{d}}=[\mathrm{I}]/[\mathrm{I}]_0$

单体转化率(conversion of monomer)：$x_{\mathrm{M}}=\dfrac{[\mathrm{M}]_0-[\mathrm{M}]}{[\mathrm{M}]_0}$

其中 $[\mathrm{I}]_0$ ——引发剂初始浓度，$\mathrm{kmol\cdot m^{-3}}$；

$[\mathrm{M}]_0$ ——单体初始浓度，$\mathrm{kmol\cdot m^{-3}}$。

对 (11-5) 式积分有：

$$I_{\mathrm{d}}(t)=[\mathrm{I}]/[\mathrm{I}]_0=\exp(-k_{\mathrm{d}}t) \tag{11-7}$$

将 (11-7) 式代入 (11-6) 式中，分离变量后积分有：

$$\ln(1-x)=2k_{\mathrm{p}}\left(\frac{2f_{\mathrm{d}}}{k_{\mathrm{d}}k_{\mathrm{t}}}[\mathrm{I}]_0\right)^{0.5}\left[\exp\left(-\frac{k_{\mathrm{d}}}{2}t\right)-1\right] \tag{11-8}$$

令：$$K_{\mathrm{p}}=2k_{\mathrm{p}}\left(\frac{2f_{\mathrm{d}}}{k_{\mathrm{d}}k_{\mathrm{t}}}[\mathrm{I}]_0\right)^{0.5}、s(t)=K_{\mathrm{p}}\left[\exp\left(-\frac{k_{\mathrm{d}}}{2}t\right)-1\right]$$

则：$$x(t)=1-\exp(s(t)) \tag{11-9}$$

(11-7) 式和 (11-9) 式是自由基聚合反应动力学模型的积分方程，对二式求解就是对自由基聚合间歇操作过程进行模拟计算，可求得引发剂残留分率及单体转化率随反应时间变化曲线。

11.2.6.2 平均聚合度 (mean degree of polymerization) 的模拟计算

根据聚合反应工程知识，间歇聚合过程中不同时刻生成的聚合物的平均聚合度（瞬时平均聚合度）是随反应进行而变化的，而最终产物的平均聚合度（总平均聚合度）是各个时刻的平均聚合度的平均值。

对于引发剂引发自由基聚合、偶合终止、无链转移、间歇操作反应条件下，其中瞬时数均聚合度$\overline{p_n}$的计算公式如下：

$$\overline{p_n}=2\frac{r_p}{r_t}=2\frac{k_p}{k_t}\frac{[M]}{[P\cdot]} \tag{11-10}$$

其中　r_p ——链增长速率（$r_p=k_p[P\cdot][M]$），$kmol\cdot m^{-3}\cdot h^{-1}$；

r_t ——链终止速率（$r_t=k_p[P\cdot]^2$），$kmol\cdot m^{-3}\cdot h^{-1}$；

$[P\cdot]$——t 时刻链自由基浓度，$kmol\cdot m^{-3}$。

根据高分子化学中自由基聚合动力学推导过程中的稳态假设，求得链自由基浓度$[P\cdot]$：

$$[P\cdot]=\left(\frac{2f_dk_d}{k_t}[I]\right)^{0.5}$$

代入（11-10）式有：

$$\overline{p_n}=\frac{2k_p}{(2f_dk_dk_t)^{0.5}}\frac{[M]}{[I]^{0.5}} \tag{11-11}$$

将（11-7）式及$[M]=[M]_0(1-x)$代入（11-11）式有：

$$\frac{1}{\overline{p_n}}=\frac{(2f_dk_dk_t[I]_0)^{0.5}}{2k_p[M]_0}\frac{\exp(-k_dt/2)}{(1-x)}=K_{DP}\frac{\exp(-k_dt/2)}{(1-x)} \tag{11-12}$$

其中：

$$K_{DP}=\frac{(2f_dk_dk_t[I]_0)^{0.5}}{2k_p[M]_0}$$

由（11-8）式解出$\exp(-k_dt/2)$，代入（11-12）式中，整理后有：

$$\frac{1}{\overline{p_n}(x)}=\frac{K_{DP}}{1-x}\left[\frac{\ln(1-x)}{K_p}+1\right] \tag{11-13}$$

根据聚合反应工程知识，在引发剂引发自由基聚合、偶合终止、无链转移条件下，瞬时重均聚合度$\overline{p_w}$与$\overline{p_n}$的关系为：

$$\overline{p_w}=3v=1.5\overline{p_n} \tag{11-14}$$

产物的总数均聚合度$\overline{P_n}$和总重均聚合度$\overline{P_w}$分别为：

$$\frac{1}{\overline{P_n}(x)}=\frac{1}{x}\int_0^x\frac{1}{\overline{p_n}(x)}dx \tag{11-15}$$

$$\frac{1}{\overline{P_w}(x)}=\frac{1}{x}\int_0^x\overline{p_w}(x)dx \tag{11-16}$$

产物的相对分子质量分布指数为：

$$D(x)=\frac{\overline{P_w}(x)}{\overline{P_n}(x)} \tag{11-17}$$

例 11-5　在一间歇搅拌聚合反应釜中进行自由基聚合反应，其中$[I]_0=0.008kmol\cdot m^{-3}$，$[M]_0=0.8kmol\cdot m^{-3}$，$f_d=0.8$，$k_d=0.072h^{-1}$，$k_p=5.22\times10^6m^3\cdot kmol^{-1}\cdot h^{-1}$，$k_t=2.52\times10^{11}m^3\cdot kmol^{-1}\cdot h^{-1}$。①对反应过程中引发剂残留分率、单体转化率、聚合反应速率、各种平均聚合度及相对分子质量分布指数等随时间变化规律进行模拟计算；②求出转

化率达到 70%所用反应时间及产物的质量指标；③若想得到数均聚合度不低于 350 的产物，反应终点如何控制。

用 MathCAD2001 模拟计算的详细过程见附盘，模拟计算曲线见图 11-5 和图 11-6。模拟计算结果：转化率达到 70%所用反应时间为 4.1h，此时引发剂残留分率为 74.4%，产物的总数均聚合度为 342、总重均聚合度为 559、相对分子质量分布指数为 1.635。

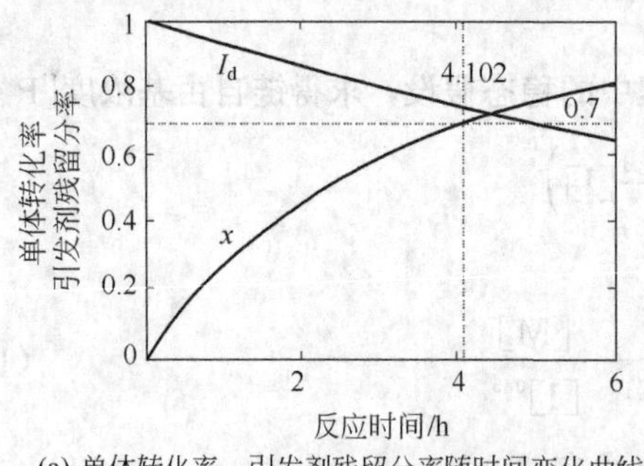

(a) 单体转化率、引发剂残留分率随时间变化曲线

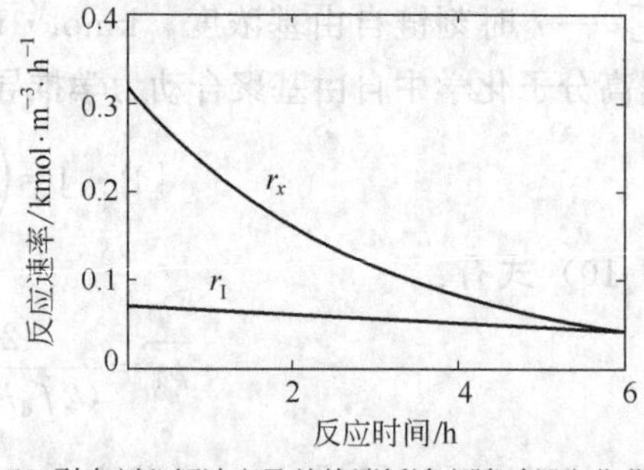

(b) 引发剂分解速率及单体消耗速率随时间变化曲线

图 11-5　B. R. 自由基聚合动力学模拟计算曲线

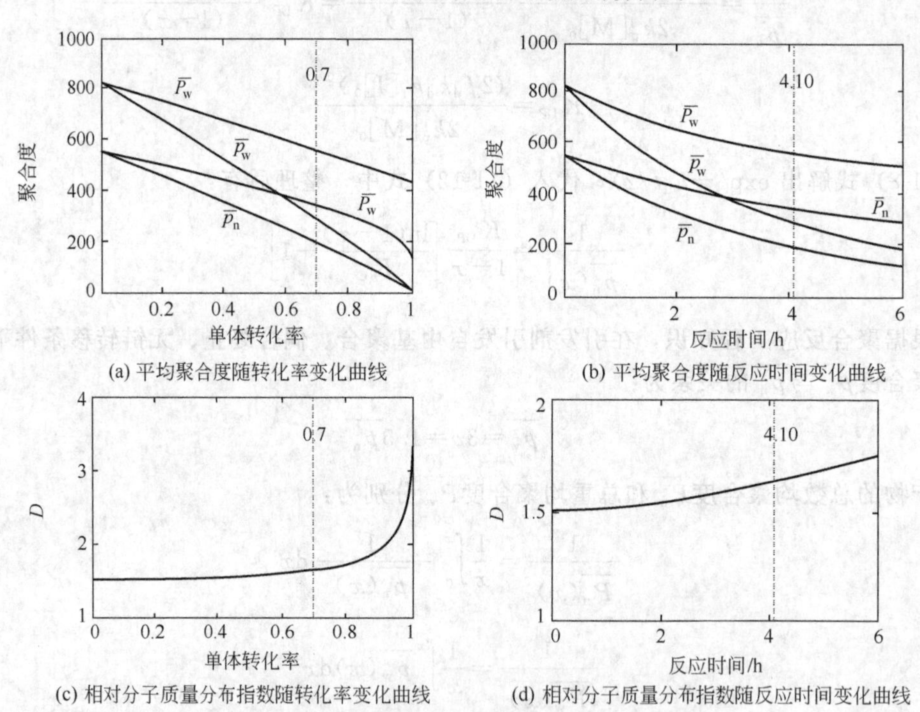

(a) 平均聚合度随转化率变化曲线　(b) 平均聚合度随反应时间变化曲线

(c) 相对分子质量分布指数随转化率变化曲线　(d) 相对分子质量分布指数随反应时间变化曲线

图 11-6　B. R. 自由基聚合平均聚合度模拟计算曲线

说明：①以上的动力学模型公式及聚合度计算模型都是基于理想假设前提条件下得到的，所以计算出的结果与实际反应过程有一定的差别，在实际应用中还必须根据不同反应体系的实验数据，对模型加以修正；②在实际设计过程中，应根据对聚合产品的质量要求，提出产物的总平均聚合度$\overline{\overline{P}}_n$的要求，根据$\overline{\overline{P}}_n$-$x$ 关系，选择最大单体转化率，再根据单体转化率，确定反应所需的时间，以反应时间及单体转化率为依据，进行物料衡算、热量衡算及反应器的全面设计；③根据对数学模型的计算，若想得到聚合度不低于 350 的产物，则单体转化率不应高于 67.94%，反应时间应控制在 3.86h 以内。

11.2.7 自由基共聚合反应过程（free radical copolymerization）

自由基共聚反应是一个更加复杂的反应过程，不仅单体转化率随时间变化而变化，生成共聚物的组成也随时间变化而变化。对于自由基共聚产物，共聚组成是影响产品性能的主要指标，所以在模拟过程中必须综合考虑，才能确定适当的反应时间。

11.2.7.1 动力学模型（kinetic model）的模拟计算

为了便于模拟计算，做以下定义：

单体初始总浓度：　$[M]_0=[M_1]_0+[M_2]_0$

式中　$[M_1]_0$、$[M_2]_0$——单体1、单体2的初始浓度，$kmol\cdot m^{-3}$。

t时刻单体总浓度：　$[M]=[M_1]+[M_2]$

式中　$[M_1]$、$[M_2]$——t时刻单体1、单体2的浓度，$kmol\cdot m^{-3}$。

单体1、单体2的转化率：$x_1=\dfrac{[M_1]_0-[M_1]}{[M_1]_0}, x_2=\dfrac{[M_2]_0-[M_2]}{[M_2]_0}$

单体总转化率：　$x=\dfrac{[M]_0-[M]}{[M]_0}$

单体1、单体2的竞聚率：$r_1=k_{11}/k_{12}$，$r_2=k_{22}/k_{21}$

式中　k_{11}，k_{12}——单体1均聚及共聚速率常数，$m^3\cdot kmol^{-1}\cdot h^{-1}$；

k_{22}，k_{21}——单体2均聚及共聚速率常数，$m^3\cdot kmol^{-1}\cdot h^{-1}$。

根据高分子化学中有关共聚的反应机理：

$$r_{M_1}=-\frac{d[M_1]}{dt}=k_{11}[M_1\cdot][M_1]+k_{21}[M_2\cdot][M_1] \tag{11-18}$$

$$r_{M_2}=-\frac{d[M_2]}{dt}=k_{12}[M_1\cdot][M_2]+k_{22}[M_2\cdot][M_2] \tag{11-19}$$

式中　r_{M_1}、r_{M_2}——单体1、单体2的消耗速率，$kmol\cdot m^{-3}\cdot h^{-1}$。

假设末端为单体1的自由基与单体2的反应速率等于末端为单体1的自由基与单体2的反应速率（$r_{12}=r_{21}$），即：

$$k_{12}[M_1\cdot][M_2]=k_{21}[M_2\cdot][M_1]$$

$$[M_2\cdot]=\frac{k_{12}[M_2]}{k_{21}[M_1]}[M_1\cdot]=\frac{k_{11}r_2[M_2]}{k_{22}r_1[M_1]}[M_1\cdot] \tag{11-20}$$

根据稳态假设，自由基引发速率等于自由基终止速率（$r_i=r_t$）：

$$2f_dk_d[I]=k_t\{[M_1\cdot]^2+[M_1\cdot][M_2\cdot]+[M_2\cdot]^2\}=Q[M_1\cdot]^2$$

其中：

$$Q=k_t\left\{1+\frac{k_{11}r_2[M_2]}{k_{22}r_1[M_1]}+\left(\frac{k_{11}r_2[M_2]}{k_{22}r_1[M_1]}\right)^2\right\}$$

则：

$$[M_1\cdot]=\left(\frac{2f_dk_d[I]}{Q}\right)^{0.5} \tag{11-21}$$

将竞聚率r_1、r_2及（11-20）式、（11-21）式代入（11-18）式、（11-19）式中，整理后有：

$$r_{M_1}=-\frac{d[M_1]}{dt}=\{r_1[M_1]+[M_2]\}\frac{k_{11}}{r_1}[M_1\cdot] \tag{11-22}$$

$$r_{M_2}=-\frac{d[M_2]}{dt}=\{r_2[M_2]+[M_1]\}\frac{k_{11}}{r_1}\frac{[M_2]}{[M_1]}[M_1\cdot] \tag{11-23}$$

(11-5) 式也可用做共聚反应过程中引发剂分解速率。(11-5) 式、(11-21) 式～(11-23) 式是模拟间歇共聚反应过程的动力学模型，可归结为常微分方程组求解问题。与例 11-3 解题方法类似，在 MathCAD2001 中可以使用 rkfixed 函数求其数值解。通过对动力学模型的模拟计算，可得到引发剂浓度（[I]）、各单体浓度（$[M_1]$、$[M_2]$）及各单体转化率（x_1、x_2）随反应时间（t）的变化规律。

11.2.7.2 共聚物组成（composition of copolymer）的模拟计算

根据聚合反应知识，间歇共聚合过程中不同时刻生成的共聚物的组成（共聚物瞬时组成）随共聚反应进行而变化，而最终产物的组成（共聚物平均组成）是各个反应时刻瞬时组成的平均值。共聚物平均组成是随聚合反应时间变化而变化的，是衡量共聚产物质量的重要指标，因此在确定共聚反应时间时是首要考虑的。根据高分子化学的基础知识，有以下概念：

t 时刻单体组成：$f_1=\frac{[M_1]}{[M_1]+[M_2]}$、$f_2=\frac{[M_2]}{[M_1]+[M_2]}=1-f_1$ (11-24)

t 时刻共聚物瞬时组成：$F_1=\frac{d[M_1]}{d[M_1]+d[M_2]}$、$F_2=\frac{d[M_2]}{d[M_1]+d[M_2]}=1-F_1$

共聚物瞬时组成与单体组成的关系：$F_1=\frac{r_1f_1^2+f_1f_2}{r_1f_1^2+2f_1f_2+r_2f_2^2}$ (11-25)

单体组成与单体总浓度的关系：$\frac{df_1}{d[M]}=\frac{F_1-f_1}{[M]}$

单体组成与单体总转化率的关系：$\frac{df_1}{dx}=\frac{f_1-F_1}{1-x}$ (11-26)

共聚物平均组成的计算公式：$\overline{F_1}=\frac{f_{10}-(1-x)f_1}{x}$ (11-27)

式中 f_{10}——单体投料配比（$f_{10}=[M_1]_0/[M]_0$）。

将 (11-25) 式代入 (11-26) 式，得到关于 f_1-x 的微分方程。对共聚物组成的模拟计算就是对该微分方程求解，得到 f_1 与 x 的相互关系，然后将其分别代入 (11-25) 式及 (11-27) 式中，求出共聚物的瞬时组成（F_1）及平均组成（$\overline{F_1}$）随单体总转化率（x）的变化规律。

例 11-6 单体 1 与单体 2 进行自由基共聚，采用间歇聚合的操作方法。已知：$[I]_0=0.008\mathrm{kmol\cdot m^{-3}}$、$[M]_0=1.94\mathrm{kmol\cdot m^{-3}}$、$f_d=0.8$、$k_d=8.4\times10^{-3}\mathrm{h^{-1}}$、$k_t=3.6\times10^8\mathrm{m^3\cdot kmol^{-1}\cdot h^{-1}}$、$r_1=0.194$、$r_2=0.769$、$k_{11}=9.78\times10^5\mathrm{m^3\cdot kmol^{-1}\cdot h^{-1}}$、$k_{22}=3.6\times10^5\mathrm{m^3\cdot kmol^{-1}\cdot h^{-1}}$。选择不同的单体投料配比 $f_{10}=0.1$、0.4、0.6，模拟计算共聚反应过程，求单体浓度$[M_1]$、$[M_2]$、[M]、单体转化率 x_1、x_2、x、单体组成 f_1、共聚物瞬时组成 F_1、共聚物平均组成$\overline{F_1}$ 等的模拟计算曲线。

用 MathCAD2001 模拟计算的详细过程见附盘，模拟曲线见图 11-7、图 11-8。模拟计算结果表明，单体投料配比取 0.4 条件下，单体总转化率 x 达到 70%所需反应时间为 3.575h，此时，$x_1=63.5\%$，$x_2=74.3\%$，$f_1=48.7\%$，$F_1=39.5\%$，$\overline{F_1}=36.3\%$。

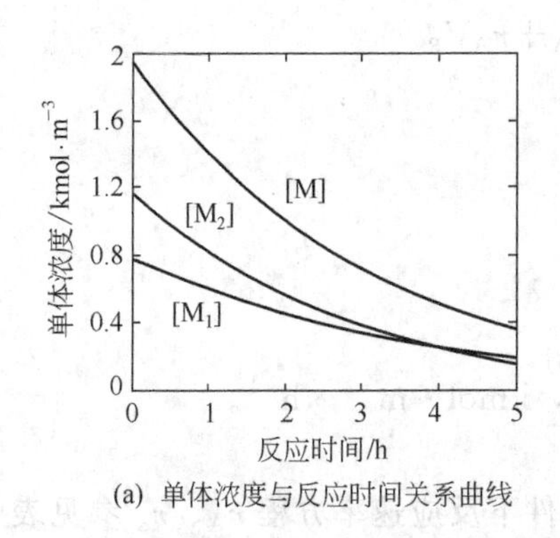

(a) 单体浓度与反应时间关系曲线

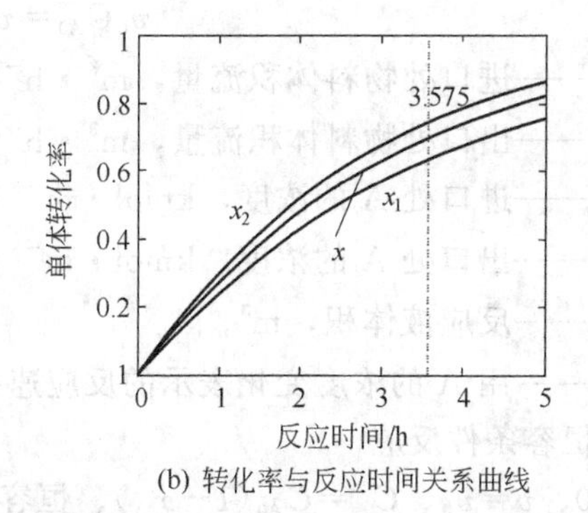

(b) 转化率与反应时间关系曲线

图 11-7 B. R. 自由基共聚反应动力学模拟计算曲线（$f_{10}=0.4$）

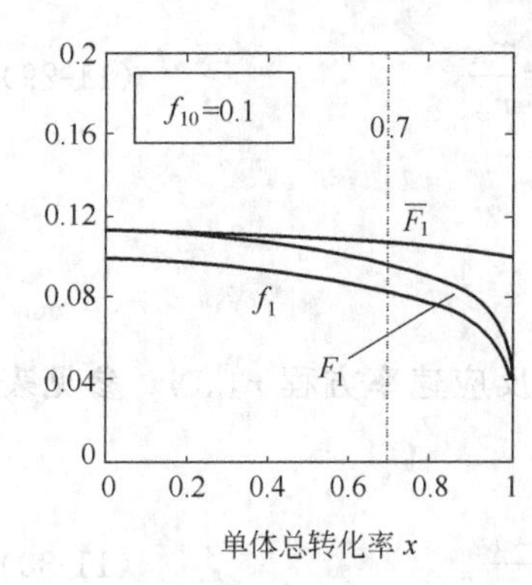

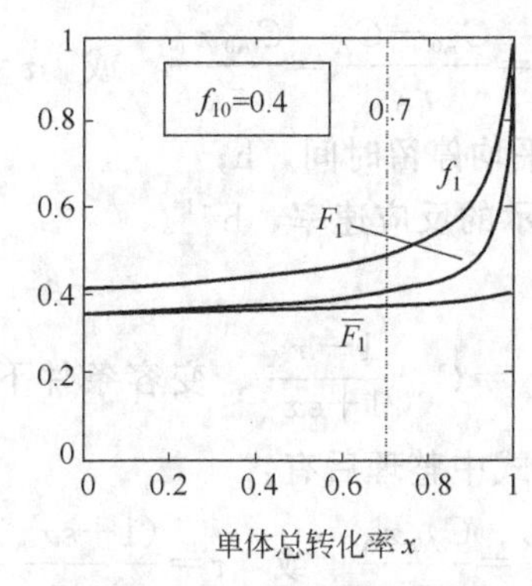

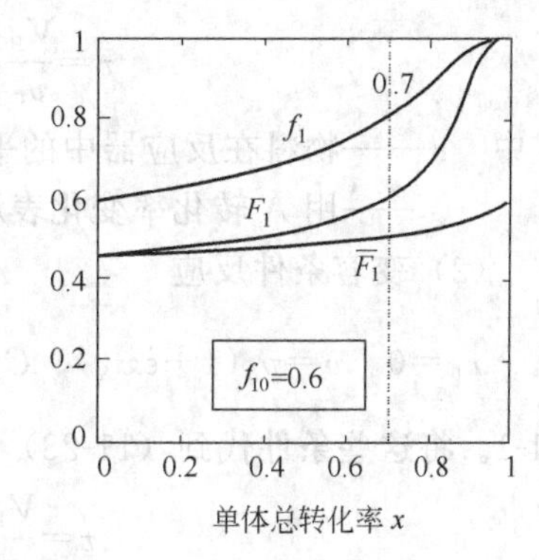

图 11-8 B. R. 自由基共聚组成模拟计算曲线

下表给出 B. R. 中，不同单体进料配比条件下，单体总转化率达到 70%时，物料在反应器中所需的反应时间、反应器的操作状态及共聚物平均组成。

单体初始配比(f_{10})	0.1	0.4	0.6	单体 2 转化率/%	69.5	74.3	85.8
平均停留时间/h	5.42	3.575	2.74	残留单体组成(f_1)	0.083	0.487	0.810
引发剂残留分率/%	95.5	97.0	97.7	共聚物瞬时组成(F_1)	0.097	0.395	0.608
单体 1 转化率/%	75.1	63.5	59.5	共聚物平均组成($\overline{F_1}$)	0.107	0.363	0.510

说明：①实际设计中，应根据对产品共聚组成的要求及共聚物组成模拟曲线（图 11-8），选择反应终点时单体的总转化率，再结合动力学模拟曲线（图 11-7），确定共聚反应时间，以便为反应器设计提供设计依据；②可以选择不同的投料配比（或不断加入某一单体）在计算机上模拟共聚过程，选择确定操作方案，使产品共聚组成的满足预定要求；③输入不同的竞聚率，可以模拟不同的共聚反应体系的反应过程，确定适宜工艺操作条件。

11.3 单级连续搅拌釜反应器的模拟计算

11.3.1 单级连续反应器的操作方程

单级连续搅拌釜反应器（continuous stirrer tank reaction，C. S. T. R.）的操作过程为物料连续地流入并且连续地流出反应器。该操作过程为定态过程，即各反应参数不随时间变化而变化。根据质量守恒定律，反应体系中反应物 A 的物料平衡关系为：

反应物 A 流入速率=反应物 A 流出速率+反应物 A 消耗速率

$$v_0 C_{A0} = v C_A + r_A V_R \tag{11-28}$$

式中 v_0 ——进口处物料体积流量，$m^3 \cdot h^{-1}$；

v ——出口处物料体积流量，$m^3 \cdot h^{-1}$；

C_{A0} ——进口处 A 的浓度，$kmol \cdot m^{-3}$；

C_A ——出口处 A 的浓度，$kmol \cdot m^{-3}$；

V_R ——反应液体积，m^3；

r_A ——用 A 的浓度变化表示的反应速率，$kmol \cdot m^{-3} \cdot h^{-1}$。

（1）恒容条件反应

$x_0=0$、$v=v_0$、$C_A=C_{A0}(1-x_A)$、恒容条件下反应速率方程 r_A、r_x 参见表 11-1。将这些条件代入（11-28）式中整理后有：

$$\tau=\frac{V_R}{v_0}=\frac{C_{A0}-C_A}{r_A}=\frac{C_{A0}x_A}{r_A} \quad 或 \quad \tau=\frac{x_A}{r_x} \tag{11-29}$$

式中 τ ——物料在反应器中的平均停留时间，h；

r_x ——用 A 转化率变化表示的反应速率，h^{-1}。

（2）变容条件反应

$x_0=0$、$v=v_0(1+\varepsilon x_A)$、$C_A=C_{A0}\dfrac{1-x_A}{1+\varepsilon x_A}$、变容条件下反应速率方程 r_A、r_x 参见表 11-1。将这些条件代到（11-28）式中整理后有：

$$\tau=\frac{V_R}{v_0}=\frac{C_{A0}x_A}{r_A} \quad 或 \quad \tau=\frac{(1+\varepsilon x_A)x_A}{r_x} \tag{11-30}$$

（11-29）式、（11-30）式两式描述了单级连续理想混合反应器的操作状态，称为单级 C.S.T.R. 操作方程。

11.3.2 低分子反应过程

例 11-7 在例 11-1 的反应体系中采用单级 C. S. T. R.，反应温度为 80℃。求①出口转化率达到 80%，物料在反应器中的平均停留时间；②已知物料在反应器中的平均停留时间为 10h，求出口转化率。

① 求平均停留时间

由例 11-1 中的（a）、（b）两式有：

$$k=A\exp\left(\frac{-E}{RT}\right)=5.66\times10^7\times\exp\left(\frac{-57000}{8.314\times(273+80)}\right)=0.208m^3 \cdot kmol^{-1} \cdot h^{-1}$$

$$r_A=kC_{A0}^2\frac{(1-x_A)^2}{(1+\varepsilon x_A)^2}=0.208\times4^2\times\left(\frac{1-0.8}{1-0.2\times0.8}\right)^2=0.189kmol \cdot m^{-3} \cdot h^{-1}$$

由（11-30）式：
$$\tau=\frac{C_{A0}x_A}{r_A}=\frac{4\times0.8}{0.189}=16.9h$$

反应器出口转化率达到 80%，物料在反应器中的平均停留时间需要 16.9h，比间歇操作反应器的反应时间（4.23h）长很多。这是因为 C. S. T. R. 为定态操作过程，反应器中的转化率恒定为 0.8，所以反应是在高转化率、低反应物浓度条件下进行的，反应速率慢，反应时间长。因此同样的反应体系，单级 C. S. T. R. 的体积比 B. R. 的体积大很多。

② 求出口转化率

将反应速率代入 11-30 式中可得到下式：

$$\tau=\frac{C_{A0}x_A}{r_A}=\frac{x_A(1+\varepsilon x_A)^2}{kC_{A0}(1-x_A)^2}=10\text{h}$$

对该式求解，可求得出口转化率为0.7455。

11.3.3 自由基聚合反应过程

(1) 平均停留时间的确定

将引发剂分解速率方程（11-5）式代入单级C. S. T. R.操作方程（11-29）式中有：

$$\tau=\frac{[\mathrm{I}]_0-[\mathrm{I}]}{k_d[\mathrm{I}]} \quad 或 \quad [\mathrm{I}]=\frac{[\mathrm{I}]_0}{1+k_d\tau} \tag{11-31}$$

由（11-6）式可以导出用单体转化率变化表示的聚合反应速率的计算公式：

$$r_x=\frac{\mathrm{d}x_M}{\mathrm{d}\tau}=k_p\left(\frac{2f_dk_d}{k_t}\right)^{0.5}[\mathrm{I}]^{0.5}(1-x_M) \tag{11-32}$$

将（11-29）式重新定义为：

$$f(\tau)=\tau-\frac{x_M}{r_x} \tag{11-33}$$

将（11-31）式代入（11-32）式中，再代入（11-33）式中求解，就可得到转化率与平均停留时间的相互关系曲线。该问题变为已知τ，求方程根x的问题，在数学上可归结为求非线性方程的问题。由于该方程比较复杂，无法用解析的方法求解，在MathCAD2001中可以用root（$f(x_0)$，x_0）函数求解此类数学模型。

(2) 聚合物平均聚合度的计算

根据反应工程的知识，对于单级C. S. T. R.来说，反应过程为定态操作过程，反应器中物料组成不随反应时间变化而变化，并且与反应器出口处物料组成相同，因此产物的数均聚合度就是反应器操作状态下的瞬时数均聚合度。对于引发剂引发自由基聚合、偶合终止、无链转移、连续操作反应条件下，瞬时数均聚合度的计算公式同（11-11）式：

$$\overline{P_n}=\overline{p_n}=\frac{2k_p}{(2f_dk_dk_t)^{0.5}}\frac{[\mathrm{M}]_0}{[\mathrm{I}]^{0.5}}(1-x) \tag{11-34}$$

式中，[I] 由（11-31）式计算，同理，产物的重均聚合度就是反应器操作状态下的瞬时重均聚合度，可由（11-14）式计算。

$$\overline{P_w}=\overline{p_w}=3v=1.5\overline{p_n} \tag{11-35}$$

所以在单级C. S. T. R.中，相对分子质量分布指数（D）恒定为1.5，低于B. R.的相对分子质量分布指数。

例11-8 在例11-5的反应体系中采用单级C. S. T. R.，要求出口转化率达到70%。(1) 确定反应器中物料的平均停留时间及产物的平均聚合度；(2) 若想得到数均聚合度不低于350的产物，反应终点如何控制。

（11-33）式是一个复杂的非线性方程，在MathCAD2001中可直接使用root函数对其求解。模拟计算过程见附盘，模拟计算曲线见图11-9。转化率达到70%，物料在反应器中的平均停留时间为9.62h，比间歇操作反应时间（4.10h）长。产物的总数均聚合度为214，总重均聚合度为321，比在间歇反应器中得到的低。相对分子质量分布指数为1.5，相对分子质量分布比在间歇反应器中得到的窄。

通过对数学模型的模拟计算，在单级C. S. T. R.中，要想得到数均聚合度不低于350的

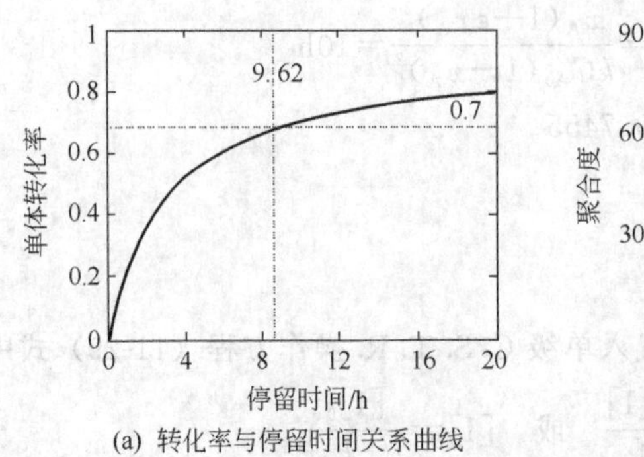

(a) 转化率与停留时间关系曲线

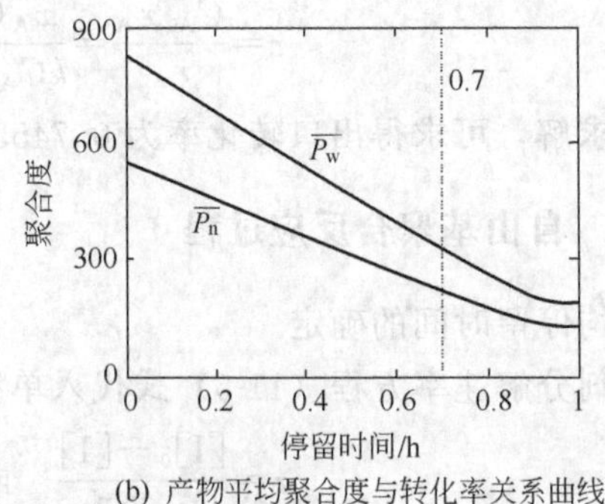

(b) 产物平均聚合度与转化率关系曲线

图 11-9　单级 C. S. T. R. 自由基聚合模拟曲线

产品，单体转化率不应高于41.0%，物料在反应器中的平均保留时间不大于2.38h。该计算结果比间歇操作低很多。计算结果说明，对于自由基聚合反应机理，反应器的操作方式对不仅对反应器体积有影响，而且还对聚合产物的质量（平均聚合度及聚合度分布）有显著的影响，所以在反应器设计时，必须全面考虑，合理选择反应器操作方式。但在简单的低分子合成反应过程中，操作方式只会对反应器体积有影响，不会对产品质量产生影响。

11.3.4　自由基共聚合反应过程

(1) 平均停留时间的确定

引发剂浓度：
$$[\mathrm{I}]=\frac{[\mathrm{I}]_0}{1+k_d\tau} \tag{11-31}$$

末端为单体1的自由基的浓度：
$$[\mathrm{M}_1\cdot]=\left(\frac{2f_dk_d[\mathrm{I}]}{Q}\right)^{0.5}\left(Q=k_t\left\{1+\frac{k_{11}r_2[\mathrm{M}_2]}{k_{22}r_1[\mathrm{M}_1]}+\left(\frac{k_{11}r_2[\mathrm{M}_2]}{k_{22}r_1[\mathrm{M}_1]}\right)^2\right\}\right) \tag{11-21}$$

单体1反应速率：$r_{\mathrm{M}_1}=-\dfrac{\mathrm{d}[\mathrm{M}_1]}{\mathrm{d}t}=\{r_1[\mathrm{M}_1]+[\mathrm{M}_2]\}\dfrac{k_{11}}{r_1}[\mathrm{M}_1\cdot]$　(11-22)

单体2反应速率：$r_{\mathrm{M}_2}=-\dfrac{\mathrm{d}[\mathrm{M}_2]}{\mathrm{d}t}=\{r_2[\mathrm{M}_2]+[\mathrm{M}_1]\}\dfrac{k_{11}}{r_1}\dfrac{[\mathrm{M}_2]}{[\mathrm{M}_1]}[\mathrm{M}_1\cdot]$　(11-23)

由（11-29）式：
$$\tau=\frac{[\mathrm{M}_1]_0-[\mathrm{M}_1]}{r_{\mathrm{M}_1}}、\tau=\frac{[\mathrm{M}_2]_0-[\mathrm{M}_2]}{r_{\mathrm{M}_2}}$$

令：
$$f_1(\tau)=\tau-\frac{[\mathrm{M}_1]_0-[\mathrm{M}_1]}{r_{\mathrm{M}_1}} \tag{11-36}$$
$$f_2(\tau)=\tau-\frac{[\mathrm{M}_2]_0-[\mathrm{M}_2]}{r_{\mathrm{M}_2}} \tag{11-37}$$

将（11-31）式、(11-21)～(11-23) 式代入（11-36）式、(11-37) 式中，联立求解，可得到不同平均停留时间下反应器中单体浓度$[\mathrm{M}_1]$、$[\mathrm{M}_2]$、$[\mathrm{M}]$，进而计算出单体转化率x_1、x_2、x。解该数学模型，属于复杂的非线性方程组求解问题，在 MathCAD2001 中使用 Given-Find 求解块可以求解该非线性方程组，具体方法参见例 11-9。

(2) 共聚物组成的计算

根据单体浓度$[\mathrm{M}_1]$、$[\mathrm{M}_2]$，用（11-24）式计算单体组成（f_1），用（11-25）式计算共聚物瞬时组成（F_1），用（11-27）式计算共聚物平均组成（$\overline{F_1}$）。

例 11-9 在例 3-6 的反应体系中采用单级 C. S. T. R.，取 $f_{10}=0.1$、0.4、0.6，要求出口处单体总转化率达到 70%，模拟计算该反应器的操作状态，确定反应器中物料的平均停留时间、反应器的操作状态及共聚产物的平均组成。

模拟计算过程见附盘，模拟结果见下表。

单体初始配比(f_{10})	0.1	0.4	0.6	单体 2 转化率/%	69.66	72.74	79.85
平均停留时间/h	10.85	6.97	5.20	残留单体组成(f_1)	0.0902	0.4546	0.7313
引发剂残留分率/%	91.65	94.47	95.81	共聚物瞬时组成(F_1)	0.1042	0.3766	0.5437
单体 1 转化率/%	72.94	65.92	63.43	共聚物平均组成($\bar{F}_1$)	0.1042	0.3766	0.5437

由上表可以看出，不同的单体进料配比条件下，单体总转化率达到 70%时，物料在反应器中的停留时间、反应器的操作状态及共聚物平均组成等与间歇操作计算结果（题 11-6）不一样。

11.4 多级串联连续搅拌釜反应器的模拟计算

11.4.1 多级串联连续反应器的操作方程

将多个 C. S. T. R. 串联起来操作就是多级串联 C. S. T. R.，该反应体系属于定态操作过程。在多级串联 C. S. T. R. 的操作过程中，物料连续地从一个反应器流出，然后连续地流入下一个反应器，各反应器中物料状态不随时间而变化，但各反应器中物料在不同的状态下进行反应。

根据质量守恒定律，第 i 个反应器中组分 A 的物料平衡关系为：

$$v_{i-1}C_{Ai-1}=v_iC_{Ai}+r_{Ai}V_{Ri} \tag{11-38}$$

式中 v_{i-1} ——第 i 釜进口处物料体积流量，$m^3\cdot h^{-1}$；

v_i ——第 i 釜出口处物料体积流量，$m^3\cdot h^{-1}$；

C_{Ai-1} ——第 i 釜进口处 A 的浓度，$kmol\cdot m^{-3}$；

C_{Ai} ——第 i 釜出口处 A 的浓度，$kmol\cdot m^{-3}$；

V_{Ri} ——第 i 釜反应液体积，m^3；

r_{Ai} ——用 A 浓度变化表示的第 i 釜的反应速率，$kmol\cdot m^{-3}\cdot h^{-1}$。

(1) 恒容反应

$v_i=v_{i-1}$、$C_{Ai}=C_{A0}(1-x_{Ai})$、$C_{Ai-1}=C_{A0}(1-x_{Ai-1})$、恒容条件下 r_{Ai}、r_{xi} 参见表 11-1。将这些条件代到（11-38）式中整理后有：

$$\tau_i=\frac{V_{Ri}}{v_0}=\frac{C_{Ai-1}-C_{Ai}}{r_{Ai}}=\frac{C_{A0}(x_{Ai}-x_{Ai-1})}{r_{Ai}} \quad 或 \quad \tau_i=\frac{x_{Ai}-x_{Ai-1}}{r_{xi}} \tag{11-39}$$

式中 τ_i ——物料在第 i 釜中的平均停留时间，h；

r_{xi} ——用 A 转化率变化表示的第 i 釜的反应速率，h^{-1}。

(2) 变容反应

$v_i=v_0(1+\varepsilon x_{Ai})$、$v_{i-1}=v_0(1+\varepsilon x_{Ai-1})$、$C_{Ai}=C_{A0}\dfrac{1-x_{Ai}}{1+\varepsilon x_{Ai}}$、$C_{Ai-1}=C_{A0}\dfrac{1-x_{Ai-1}}{1+\varepsilon x_{Ai-1}}$，变容条件下 r_{Ai}、r_{xi} 参见表 11-1。将这些条件代到（11-38）式中整理后有：

$$\tau_i=\frac{V_{Ri}}{v_0}=\frac{C_{A0}\ (x_{Ai}-x_{Ai-1})}{r_{Ai}}\quad 或\quad \tau_i=\frac{(1+\varepsilon x_{Ai})\ (x_{Ai}-x_{Ai-1})}{r_{xi}} \tag{11-40}$$

(11-39) 式、(11-40) 式描述了多级串联 C. S. T. R. 中各反应器的操作状态，称为多级串联 C. S. T. R. 操作方程。将反应速率方程代入其中，便可模拟计算各反应器中的反应状态。

11.4.2 低分子反应过程

例 11-10 在例 11-1 的反应体系中采用三釜串联 C. S. T. R.，物料在三个反应器中的平均停留时间相同，要求出口转化率达到 80%，采用两种温度控制方案，模拟计算各反应器的操作状态，确定物料在三个反应器中总平均停留时间。①三个反应器反应温度均为 80℃。②三个反应器反应温度分别为 70℃、80℃、90℃。

用 MathCAD 模拟计算过程见附盘。

① 各反应器温度相同（80℃）条件下的模拟计算过程见附盘，计算结果如下表：

第 i 个反应器	1	2	3
反应温度/℃	80	80	80
反应速率/$kmol \cdot m^{-3} \cdot h^{-1}$	1.003	0.393	0.189
出口转化率/%	50.66	70.49	80.01

此条件下，物料在各反应器中的平均停留时间为 2.02h，在三个反应器中的总停留时间为 6.06h。比在单级 C. S. T. R. 中的停留时间（16.9h）短很多，比在 B. R. 中的反应时间（4.23h）长。

② 反应器温度不同条件下的模拟计算过程见图 11-10，计算结果见下表。

(1) 输入已知条件 $C_{A0}:=4$ $A:=5.66\cdot10^7$ $E:=57\cdot10^3$ $R:=8.314$ $\varepsilon:=-0.2$

(2) 定义反应速率常数计算函数 $k(T)$ $k(T):=A\cdot\exp\left[\frac{-E}{R\cdot(T+273)}\right]$

(3) 定义反应速率计算函数 $r_A(T,x)$ $r_A(T,x):=\frac{k(T)\cdot C_{A0}^2(1-x)^2}{(1+\varepsilon\cdot x)^2}$

(4) 给出流入第 1 个反应器物料的转化率 $x_0:=0$

(5) 给出用 root 函数求解的初值 $x0:=0.7$

(6) 根据第 3 个反应器出口转化率的值选择 τ，使 $x_0=0.8$

单个反应器所需平均停留时间 $\tau:=1.89$ [h] 反应器总停留时间为 $3\cdot\tau=5.67$ [h]

第一釜 $T:=70$ $f(x):=\frac{C_{A0}\cdot(x-x_0)}{r_A(T,x)}-\tau$ $x_0:=\mathrm{root}(f(x0),x0)$ $x_0=0.3903$ $r_A(T,x_0)=0.826$

第二釜 $T:=80$ $f(x):=\frac{C_{A0}\cdot(x-x_0)}{r_A(T,x)}-\tau$ $x_0:=\mathrm{root}(f(x0),x0)$ $x_0=0.6478$ $r_A(T,x_0)=0.545$

第三釜 $T:=90$ $f(x):=\frac{C_{A0}\cdot(x-x_0)}{r_A(T,x)}-\tau$ $x_0:=\mathrm{root}(f(x0),x0)$ $x_0=0.800$ $r_A(T,x_0)=0.322$

图 11-10 三釜串联 C. S. T. R. 各反应器温度不同条件下的模拟计算

第 i 个反应器	1	2	3
反应温度/℃	70	80	90
反应速率/$kmol \cdot m^{-3} \cdot h^{-1}$	0.826	0.545	0.322
出口转化率/%	39.03	64.78	80.00

如图 11-10 所示，每一个反应器出口转化率都是用 root（$f(x0)$，$x0$）函数计算的，其中：$x0$ 为预测的初值，需事先给出，$f(x0)$为定义的求解函数。另外在串联反应器的模拟计算中，前一釜的出口转化率是下一釜的进口转化率，在本题计算中是利用中间变量 x_0 来实现的。此反应条件下，物料在各反应器中的平均停留时间为 1.89h（输入不同的 τ 值，直至第三釜出口转化率为 0.8，即为所需的平均停留时间），在三个反应器中的总停留时间为 5.67h。

本题计算结果用于单台设备热量衡算示例（例 5-3）中。

11.4.3 自由基聚合反应过程

例 11-11 在例 11-5 的反应体系，中采用三釜串联 C. S. T. R.，物料在三个反应器中的平均停留时间相同，要求出口转化率达到 70%，模拟计算各反应器的操作状态，确定物料在三个反应器中的总平均停留时间及出口产物的数均聚合度。

模拟计算结果表明，物料在各反应器中的平均停留时间为 1.76h，总平均停留时间为 5.28h，各反应器的出口物料中单体转化率及生成聚合物的数均聚合度如下表：

第 i 个反应器	1	2	3
单体转化率/%	34.4	56.0	70.0
第 i 个反应器生成聚合物的数均聚合度	381.9	271.5	196.7
第 i 个反应器出口处聚合物的数均聚合度	381.9	329.8	290.7

对例 3-5 自由基聚合反应体系中分别采用 B. R.、单级 C. S. T. R.、三釜串联 C. S. T. R. 的不同操作过程进行比较，计算结果如下表：

操 作 方 式	B. R.	单级 C. S. T. R.	三釜串联 C. S. T. R.
反应时间或总停留时间/h	4.10	9.62	5.28
产物数均聚合度	342	214	291

可以看出，恒温反应条件下，出口处单体转化率相同时，B. R. 反应器所需反应时间最短，产物数均聚合度最高。单级 C. S. T. R. 反应器所需平均停留时间最长，产物数均聚合度最低。多级串联 C. S. T. R. 反应器介于二者之间。

对反应器各种操作方式的模拟计算结果不仅为工艺参数的选择提供依据，而且也为反应器操作方式的选择提供了参考。上述各例题的计算结果说明，在聚合物合成生产工艺设计过程中，首先要考虑反应终点产物质量指标（产物的相对分子质量及其多分散性、共聚组成及其分布、化学结构及其多分散性）的控制值，以此选定反应终点单体转化率，然后根据所选择的单体转化率确定反应时间或停留时间，再根据反应时间或停留时间计算反应器体积。

附 录

一、常用单位的换算[1]

1. 质量

kg	t(吨)	[磅]
1	0.001	2.204 62
1000	1	2204.62
0.4536	4.536×10^{-4}	1

2. 长度

m	[英寸]	[英尺]	[码]
1	39.3701	3.2808	1.093 61
0.025 400	1	0.073 333	0.027 78
0.304 80	12	1	0.333 33
0.9144	36	3	1

3. 力

N	[千克](力)	[磅](力)	dyn
1	0.102	0.2248	1×10^{3}
9.806 65	1	2.2046	$9.806\ 65\times10^{5}$
4.448	0.4536	1	4.448×10^{3}
1×10^{-5}	1.02×10^{-6}	2.248×10^{-6}	1

4. 压强

Pa	bar	[千克(力)/厘米^2]	[大气压](atm)	mmH_2O	mmHg	[磅/英寸^2]
1	1×10^{-5}	1.02×10^{-5}	0.99×10^{-5}	0.102	0.0075	14.5×10^{-5}
1×10^{5}	1	1.02	0.9869	10 197	750.1	14.5
98.07×10^{3}	0.9807	1	0.9678	1×10^{4}	735.56	14.2
$1.013\ 25\times10^{5}$	1.013	1.0332	1	1.0332×10^{4}	760	14.697
9.807	98.07×10^{-6}	0.0001	0.9678×10^{-4}	1	0.0736	1.423×10^{-3}
133.32	1.333×10^{-3}	0.136×10^{-2}	0.001 32	13.6	1	0.019 34
6894.8	0.068 95	0.0703	0.068	703	51.71	1

5. 动力黏度(简称黏度)

Pa·s	[泊](P)	[厘泊](cP)	[磅/(英尺·秒)]	[千克(力)·秒/米^2]
1	10	1×10^{3}	0.672	0.102
1×10^{-1}	1	1×10^{2}	0.067 20	0.0102
1×10^{-3}	0.01	4	6.720×10^{-4}	0.102×10^{-3}
1.4881	14.881	1488.1	1	0.1519
9.81	98.1	9810	6.59	1

注:$1cP=0.01P=0.01dyn\cdot s/cm^2=0.001Pa=1mPa$。

[1] 本附录中非法定单位制度中的单位符号均用中文加方括号书写。

6. 运动黏度

m^2/s	cm^2/s	[英尺^2/秒]
1	1×10^4	10.76
10^{-4}	1	1.076×10^{-3}
92.9×10^{-3}	929	1

注：cm^2/s 又称斯托克斯，简称沲，以 St 表示，沲的百分之一为厘沲，以 cSt 表示。

7. 功、能和热

J(即 N·m)	[千克(力)·米]	kW·h	[英制马力·时]	[千卡]	[英热单位]	[英尺·磅(力)]
1	0.102	2.778×10^{-7}	3.725×10^{-7}	2.39×10^{-4}	9.485×10^{-4}	0.7377
9.8067	1	2.724×10^{-6}	3.653×10^{-6}	2.342×10^{-3}	9.296×10^{-3}	7.233
3.6×10^6	3.671×10^5	1	1.3410	860.0	3413	2655×10^3
2.685×10^6	273.8×10^3	0.7457	1	641.33	2544	1980×10^3
4.1868×10^3	426.9	1.1622×10^{-3}	1.5576×10^{-3}	1	3.963	3087
1.055×10^3	107.58	2.930×10^{-4}	3.926×10^{-4}	0.2520	1	778.1
1.3558	0.1383	0.3766×10^{-6}	0.5051×10^{-6}	3.239×10^{-4}	1.285×10^{-3}	1

注：$1erg=1dyn\cdot cm=10^{-7}J=10^{-7}N\cdot m$。

8. 功率

W(J/S)	[千克(力)·米/秒]	[英尺·磅(力)/秒]	[英制马力]	[千卡/秒]	[英热单位/秒]
1	0.101 97	0.7376	1.341×10^{-3}	0.2389×10^{-3}	0.9486×10^{-3}
9.8067	1	7.233 14	0.013 15	0.2342×10^{-2}	0.9293×10^{-2}
1.3558	0.138 25	1	0.001 818 2	0.3238×10^{-3}	$0.128\ 51\times10^{-2}$
745.69	76.0375	550	1	0.178 03	0.706 75
4186.8	426.85	3087.44	5.6135	1	3.9683
1055	107.58	778.168	1.4148	0.251 996	1

注：$1kW=1000W=1000J/s=1000N\cdot m/s$。

9. 比热容

kJ/(kg·℃)	[千卡/(千克·℃)]	[英热单位/(磅·F)]
1	0.2389	0.2389
4.1868	1	1

10. 热导率

W/(m·℃)	J/(cm·s·℃)	[卡/(厘米·秒·℃)]	[千卡/(米·时·℃)]	[英热单位/(英尺·时·℉)]
1	1×10^{-3}	2.389×10^{-3}	0.8598	0.578
1×10^2	1	0.2389	86.0	57.79
418.6	4.186	1	360	241.9
1.163	0.0116	0.2778×10^{-2}	1	0.6720
1.73	0.01730	0.4134×10^{-2}	1.488	1

11. 传热系数

W/(m^2·℃)	[千卡/(米^2·时·℃)]	[卡/(厘米^2·秒·℃)]	[英热单位/(英尺^2·时·℉)]
1	0.86	2.389×10^{-5}	0.176
1.163	1	2.778×10^{-5}	0.2048
4.186×10^4	3.6×10^4	1	7374
5.678	4.882	1.356×10^{-4}	1

12. 温度

$$℃=(℉-32)\times\frac{5}{9}$$

$°F=℃\times\frac{9}{5}+32$

$K=273.3+℃$

$°R=460+°F$

$K=°R\times\frac{5}{9}$

二、水与蒸汽的物理性质

1. 水的物理性质

温度 /℃	饱和蒸汽压 /kPa	密度 /kg·m^{-3}	焓 /J·kg^{-1}	比热容 /kJ·kg^{-1}·K^{-1}	热导率 /W·m^{-1}·K^{-1}	导温系数 /×10^{6} m^{2}·s^{-1}	动力黏度 /μPa·s	运动黏度 /×10^{6} m^{2}·s^{-1}	体积膨胀系数 /×10^{3}K^{-1}	表面张力 /mN·m^{-1}	普兰特数
0	0.608	999.9	0	4.212	0.5508	0.131	1788	1.789	−0.063	75.61	13.67
10	1.226	999.7	42.04	4.191	0.5741	0.137	1305	1.306	0.070	74.14	9.52
20	2.335	998.2	83.90	4.183	0.5985	0.143	1004	1.006	0.182	72.67	7.02
30	4.247	995.7	125.69	4.174	0.6171	0.149	801.2	0.805	0.321	71.20	5.42
40	7.377	992.2	165.71	4.174	0.6333	0.153	653.2	0.659	0.387	69.63	4.31
50	12.34	988.1	209.30	4.174	0.6473	0.157	549.2	0.556	0.449	67.67	3.54
60	19.92	983.2	211.12	4.178	0.6589	0.161	469.8	0.478	0.511	66.20	2.98
70	31.16	977.8	292.99	4.167	0.6670	0.163	406.0	0.415	0.570	64.33	2.55
80	47.38	971.8	334.94	4.195	0.6740	0.166	355	0.365	0.632	62.57	2.21
90	70.14	965.3	376.98	4.208	0.6798	0.168	314.8	0.326	0.695	60.71	1.95
100	101.33	958.4	419.19	4.220	0.6821	0.169	282.4	0.295	0.752	58.84	1.75
110	143.31	951.0	461.34	4.233	0.6844	0.170	258.9	0.272	0.808	56.88	1.60
120	198.64	943.1	503.67	4.250	0.6856	0.171	237.3	0.252	0.864	54.82	1.47
130	270.25	934.8	546.38	4.266	0.6856	0.172	217.7	0.233	0.917	52.86	1.36
140	361.47	926.1	589.08	4.287	0.6844	0.173	201.0	0.217	0.972	50.70	1.26
150	476.24	917.0	632.20	4.312	0.6833	0.173	186.3	0.203	1.03	48.64	1.17
160	618.28	907.4	675.33	4.346	0.6821	0.173	173.6	0.191	1.07	46.58	1.10
170	792.59	897.3	719.29	4.379	0.6786	0.173	162.8	0.181	1.13	44.33	1.05
180	1003.5	886.9	763.25	4.417	0.6740	0.172	153.0	0.173	1.19	42.27	1.00
190	1255.5	876.0	807.63	4.460	0.6693	0.171	144.2	0.165	1.26	40.01	0.96
200	1554.8	863.0	852.43	4.505	0.6624	0.170	136.3	0.158	1.33	37.66	0.93
210	1917.7	852.8	897.65	4.555	0.6548	0.169	130.4	0.153	1.41	35.40	0.91
220	2320.9	840.3	943.71	4.614	0.6649	0.166	124.6	0.148	1.48	33.15	0.89
230	2798.6	827.3	990.18	4.681	0.6368	0.164	119.7	0.145	1.59	30.99	0.88
240	3347.9	813.6	1037.49	4.756	0.6275	0.162	114.7	0.141	1.68	28.54	0.87
250	3977.7	799.0	1085.64	4.844	0.6271	0.159	109.8	0.137	1.81	26.19	0.86
260	4693.7	784.0	1135.04	4.949	0.6043	0.156	105.9	0.135	1.97	23.73	0.87
270	5504.0	767.9	1185.28	5.070	0.5892	0.151	102.0	0.133	2.16	21.48	0.88
280	6417.2	750.7	1236.28	5.229	0.5741	0.146	98.1	0.131	2.37	19.12	0.90
290	7443.3	732.3	1289.95	5.485	0.5578	0.139	94.2	0.129	2.62	16.87	0.93
300	8592.3	712.5	1344.80	5.736	0.5392	0.132	91.2	0.128	2.92	14.42	0.97
310	9877.6	691.1	1402.16	6.071	0.5229	0.125	88.3	0.128	3.29	12.06	1.03
320	11 290	667.1	1462.03	6.573	0.5055	0.115	85.3	0.128	3.82	9.81	1.11
330	12 865	640.2	1526.19	7.243	0.4834	0.104	81.4	0.127	4.33	7.67	1.22
340	14 609	610.1	1594.75	8.164	0.4567	0.092	77.5	0.127	5.34	5.67	1.39
350	16 538	574.4	1671.37	9.504	0.4300	0.079	72.6	0.126	6.68	3.82	1.60
360	18 675	528.0	1761.39	13.984	0.3951	0.054	66.7	0.126	10.9	2.02	2.35
370	21 054	450.5	1892.43	40.319	0.3370	0.019	56.9	0.126	26.4	0.47	6.79

2. 水的饱和蒸气压（－20～100℃）

t/℃	p/Pa	t/℃	p/Pa	t/℃	p/Pa
－20	102.92	20	2338.43	60	19 910.00
－19	113.32	21	2486.42	61	20 851.25
－18	124.65	22	2646.40	62	21 837.82
－17	136.92	23	2809.05	63	22 851.05
－16	150.39	24	2983.70	64	23 904.28
－15	165.05	25	3167.68	65	24 997.50
－14	180.92	26	3361.00	66	26 144.05
－13	198.11	27	3564.98	67	27 330.60
－12	216.91	28	3779.62	68	28 557.14
－11	237.31	29	4004.93	69	29 823.68
－10	259.44	30	4242.24	70	31 156.88
－9	283.31	31	4492.88	71	32 516.75
－8	309.44	32	4754.19	72	33 943.27
－7	337.57	33	5030.16	73	35 423.12
－6	368.10	34	5319.47	74	36 956.30
－5	401.03	35	5623.44	75	38 542.81
－4	436.76	36	5940.74	76	40 182.65
－3	475.42	37	6275.37	77	41 875.81
－2	516.75	38	6619.34	78	43 635.64
－1	562.08	39	6691.30	79	45 462.12
0	610.47	40	7375.26	80	47 341.93
1	657.27	41	7777.89	81	49 288.40
2	705.26	42	8199.18	82	51 314.87
3	758.59	43	8639.14	83	53 407.99
4	813.25	44	9100.42	84	55 567.78
5	871.91	45	9583.04	85	57 807.55
6	934.57	46	10 085.66	86	60 113.99
7	1001.23	47	10 612.27	87	62 220.44
8	1073.23	48	11 160.22	88	64 940.17
9	1147.89	49	11 734.83	89	67 473.25
10	1227.88	50	12 333.43	90	70 099.66
11	1311.87	51	12 958.70	91	72 806.05
12	1402.53	52	13 611.97	92	75 592.44
13	1497.18	53	14 291.90	93	78 472.15
14	1598.51	54	14 998.50	94	81 445.19
15	1705.16	55	15 731.76	95	84 511.55
16	1817.15	56	16 505.02	96	87 671.23
17	1937.14	57	17 304.94	97	90 937.57
18	2063.79	58	18 144.85	98	94 297.24
19	2197.11	59	19 011.43	99	97 750.22
				100	101 325.00

3. 饱和水蒸气表（以温度为准）

温度/℃	绝对压强 /kPa	蒸汽的比体积 /$m^3 \cdot kg^{-1}$	蒸气的密度 /$kg \cdot m^{-3}$	液体焓 /$kJ \cdot kg^{-1}$	蒸汽焓 /$kJ \cdot kg^{-1}$	汽化热 /$kJ \cdot kg^{-1}$
0	0.6082	206.5	0.00484	0	2491.3	2491.3
5	0.8730	147.1	0.00680	20.94	2500.9	2480.0
10	1.2262	106.4	0.00940	41.87	2510.5	2468.6
15	1.7068	77.9	0.01283	62.81	2520.6	2457.8
20	2.3346	57.8	0.01719	83.74	2530.1	2446.3
25	3.1684	43.40	0.02304	104.68	2538.6	2433.9
30	4.2474	32.93	0.03036	125.60	2549.5	2423.7
35	5.6207	25.25	0.03960	146.55	2559.1	2412.6
40	7.3766	19.55	0.05114	167.47	2568.7	2401.1
45	9.5837	15.28	0.06543	188.42	2577.9	2389.5
50	12.340	12.054	0.0830	209.34	2587.6	2378.1
55	15.744	9.589	0.1043	230.29	2596.8	2366.5
60	19.923	7.687	0.1301	251.21	2606.3	2355.1
65	25.014	6.209	0.1611	272.16	2615.6	2343.4
70	31.164	5.052	0.1979	293.08	2624.4	2331.2
75	38.551	4.139	0.2416	314.03	2629.7	2315.7
80	47.379	3.414	0.2929	334.94	2642.4	2307.3
85	57.875	2.832	0.3531	355.90	2651.2	2295.3
90	70.136	2.365	0.4229	376.81	2660.0	2283.1
95	84.556	1.985	0.5039	397.77	2668.8	2271.0
100	101.33	1.675	0.5970	418.68	2677.2	2258.4
105	120.85	1.421	0.7036	439.64	2685.1	2245.5
110	143.31	1.212	0.8254	460.97	2693.5	2232.4
115	169.11	1.038	0.9635	481.51	2702.5	2221.0
120	198.64	0.893	1.1199	503.67	2708.9	2205.2
125	232.19	0.7715	1.296	523.38	2716.5	2193.1
130	270.25	0.6693	1.494	546.38	2723.9	2177.6
135	313.11	0.5831	1.715	565.25	2731.2	2166.0
140	361.47	0.5096	1.962	589.08	2737.8	2148.7
145	415.72	0.4469	2.238	607.12	2744.6	2137.5
150	476.24	0.3933	2.543	632.21	2750.7	2118.5
160	618.28	0.3075	3.252	675.75	2762.9	2087.1
170	792.59	0.2431	4.113	719.29	2773.3	2054.0
180	1003.5	0.1944	5.145	763.25	2782.6	2019.3
190	1255.6	0.1568	6.378	807.63	2790.1	1982.5
200	1554.8	0.1276	7.840	852.01	2795.5	1943.5
210	1917.7	0.1045	9.567	897.23	2799.3	1902.1
220	2320.9	0.0862	11.600	942.45	2801.0	1858.5
230	2798.6	0.07155	13.98	988.50	2800.1	1811.6
240	3347.9	0.05967	16.76	1034.56	2796.8	1762.2
250	3977.7	0.04998	20.01	1081.45	2790.1	1708.6
260	4693.7	0.04199	23.82	1128.76	2780.9	1652.1
270	5504.0	0.03538	28.27	1176.91	2760.3	1591.4
280	6417.2	0.02988	33.47	1225.48	2752.0	1526.5

续表

温度/℃	绝对压强/kPa	蒸汽的比体积/$m^3\cdot kg^{-1}$	蒸气的密度/$kg\cdot m^{-3}$	液体焓/$kJ\cdot kg^{-1}$	蒸汽焓/$kJ\cdot kg^{-1}$	汽化热/$kJ\cdot kg^{-1}$
290	7443.3	0.02525	39.60	1274.46	2732.3	1457.8
300	8592.9	0.02131	46.93	1325.54	2708.0	1382.5
310	9878.0	0.01799	55.59	1378.71	2680.0	1301.3
320	11300	0.01516	65.95	1436.07	2648.2	1212.1
330	12880	0.01273	78.53	1446.78	2610.5	1113.7
340	14616	0.01064	93.98	1562.93	2568.6	1005.7
350	16538	0.00884	113.2	1632.20	2516.7	880.5
360	18667	0.00716	139.6	1729.15	2442.6	713.4
370	21041	0.00585	171.0	1888.25	2301.9	411.1
374	22071	0.00310	322.6	2098.0	2098.0	0

4. 饱和水蒸气表（以压强为准）

温度/℃	绝对压强/kPa	蒸汽的比体积/$m^3\cdot kg^{-1}$	蒸气的密度/$kg\cdot m^{-3}$	液体焓/$kJ\cdot kg^{-1}$	蒸汽焓/$kJ\cdot kg^{-1}$	汽化热/$kJ\cdot kg^{-1}$
1.0	6.3	129.37	0.00773	26.48	2503.1	2476.8
1.5	12.5	88.26	0.01133	52.26	2515.3	2463.0
2.0	17.0	67.29	0.01486	71.21	2524.2	2452.9
2.5	20.9	54.47	0.01836	87.45	2531.8	2444.3
3.0	23.5	45.52	0.02179	98.38	2536.8	2438.4
3.5	26.1	39.45	0.02523	109.30	2541.8	2432.5
4.0	28.7	34.88	0.02867	120.23	2546.8	2426.6
4.5	30.8	33.06	0.03205	129.00	2550.9	2421.9
5.0	32.4	28.27	0.03537	135.69	2554.0	2418.3
6.0	35.6	23.81	0.04200	149.06	2560.1	2411.0
7.0	38.8	20.56	0.04864	162.44	2566.3	2403.8
8.0	41.3	18.13	0.05514	172.73	2571.0	2398.2
9.0	43.3	16.24	0.06156	181.16	2574.8	2393.6
10	45.3	14.71	0.06798	189.59	2578.5	2388.9
15	53.5	10.04	0.09956	224.03	2594.0	2370.0
20	60.1	7.65	0.13068	251.51	2606.4	2354.9
30	66.5	5.24	0.19093	288.77	2622.4	2333.7
40	75.0	4.00	0.24975	315.93	2634.1	2312.2
50	81.2	3.25	0.30799	339.80	2644.3	2304.5
60	85.6	2.74	0.36514	358.21	2652.1	2293.9
70	89.9	2.37	0.42229	376.61	2659.8	2283.2
80	93.2	2.09	0.47807	390.08	2665.3	2275.3
90	96.4	1.87	0.53384	403.49	2670.8	2267.4
100	99.6	1.70	0.58961	416.90	2676.3	2259.5
120	104.5	1.43	0.69868	437.51	2684.3	2246.8

续表

温度/℃	绝对压强/kPa	蒸汽的化体积/$m^3 \cdot kg^{-1}$	蒸气的密度/$kg \cdot m^{-3}$	液体焓/$kJ \cdot kg^{-1}$	蒸汽焓/$kJ \cdot kg^{-1}$	汽化热/$kJ \cdot kg^{-1}$
140	109.2	1.24	0.80758	457.67	2692.1	2234.4
160	113.0	1.21	0.82981	473.88	2698.1	2224.2
180	116.6	0.988	1.0209	489.32	2703.7	2214.3
200	120.2	0.887	1.1273	493.71	2709.2	2204.6
250	127.2	0.719	1.3904	534.39	2719.7	2185.4
300	133.3	0.606	1.6501	560.38	2728.5	2168.1
350	138.8	0.524	1.9074	583.76	2736.1	2152.3
400	143.4	0.463	2.1618	603.61	2742.1	2138.5
450	147.7	0.414	2.4152	622.42	2747.8	2125.4
500	151.7	0.375	2.6673	639.59	2752.8	2113.2
600	158.7	0.316	3.1686	670.22	2761.4	2091.1
700	164.7	0.273	3.6657	696.27	2767.8	2071.5
800	170.4	0.240	4.1614	720.96	2773.7	2052.7
900	175.1	0.215	4.6525	741.82	2778.1	2036.2
1×10^3	179.9	0.194	5.1432	762.68	2782.5	2019.7
1.1×10^3	180.2	0.177	5.6339	780.34	2785.5	2005.1
1.2×10^3	187.8	0.166	6.1241	797.92	2788.5	1990.6
1.3×10^3	191.5	0.155	6.6141	814.25	2790.9	1976.7
1.4×10^3	194.8	0.141	7.1038	829.06	2792.4	1963.7
1.5×10^3	198.2	0.132	7.5935	843.86	2794.5	1950.7
1.6×10^3	201.3	0.124	8.0814	857.77	2796.0	1938.2
1.7×10^3	204.1	0.117	8.5674	870.58	2797.1	1926.5
1.8×10^3	206.9	0.110	9.0533	883.39	2798.1	1914.8
1.9×10^3	209.8	0.105	9.5392	896.21	2799.2	1903.0
2×10^3	212.2	0.0997	10.0338	907.32	2799.7	1892.4
3×10^3	235.7	0.0666	15.0075	1005.4	2798.9	1793.5
4×10^3	250.3	0.0498	20.0969	1082.9	2789.8	1706.8
5×10^3	263.8	0.0394	25.3663	1146.9	2776.2	1629.2
6×10^3	275.4	0.0324	30.8494	1203.2	2759.5	1556.3
7×10^3	285.7	0.0273	36.5744	1253.2	2740.8	1487.6
8×10^3	294.8	0.0235	42.5768	1299.2	2720.5	1403.7
9×10^3	303.2	0.0205	48.8945	1343.4	2699.1	1356.6
1×10^4	310.9	0.0180	55.5407	1384.0	2677.1	1293.1
1.2×10^4	324.5	0.0142	70.3075	1463.4	2631.2	1167.7
1.4×10^4	336.5	0.0115	87.3020	1567.9	2583.2	1043.4
1.6×10^4	347.2	0.00927	107.8010	1615.8	2531.1	915.4
1.8×10^4	356.9	0.00744	134.4813	1699.8	2466.0	766.1
2×10^4	365.6	0.00566	176.5961	1817.8	2364.2	544.9
2.207×10^4	374.0	0.00310	362.6	2098.0	2098.0	0

三、化工设备零部件标准

1. 榫槽面平焊管法兰及垫片（HG 5011—58）

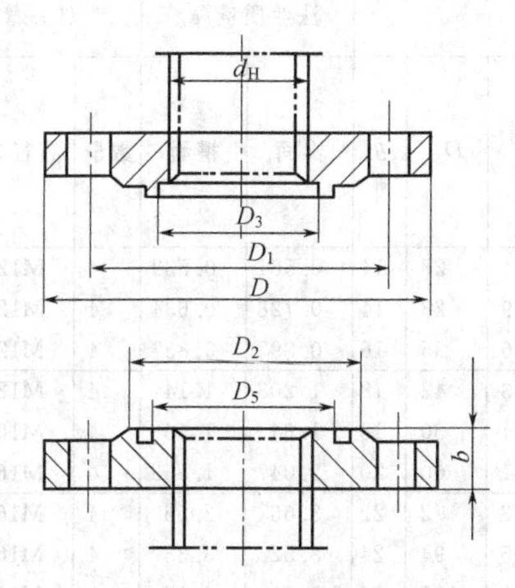

PN 1.0MPa

公称通径	管子	法	兰					法兰质量/kg		双头螺栓		垫	片	厚度	
DN	d_H	D	D_1	D_2	D_3	D_5	b	榫面	槽面	数量	直径×长度	外径	内径	柔性石墨复合垫	橡胶石棉
10	14	90	60	40	19	18	12	0.476	0.446	4	M12×60	29	19		
15	18	95	65	45	23	22	12	0.525	0.487	4	M12×60	33	23	1.5	2
20	25	105	75	58	33	32	14	0.767	0.729	4	M12×65	43	33		
25	32	115	85	68	41	40	14	0.91	0.87	4	M12×65	51	41		
32	38	135	100	78	49	48	16	1.427	1.378	4	M16×70	59	49	1.5	2
40	45	145	110	88	55	54	18	1.752	1.668	4	M16×75	69	55		
50	57	160	125	102	66	65	18	2.14	2.04	4	M16×75	80	66		
70	76	180	145	122	86	85	20	2.90	2.78	4	M16×85	100	86	1.5	2
80	89	195	160	138	101	100	20	3.31	3.17	4	M16×85	115	101		
100	108	215	180	158	117	116	22	4.15	3.87	8	M16×90	137	117		
125	133	245	210	188	146	145	24	5.57	5.28	8	M16×95	166	146	1.5	2
150	159	280	240	212	171	170	24	6.32	5.92	8	M20×95	191	171		
175	194	310	270	242	207	206	24	7.55	7.19	8	M20×95	227	207		
200	219	335	295	268	229	223	24	8.51	7.97	8	M20×95	249	229	1.5	2
225	245	365	325	295	256	255	24	9.61	9.0	8	M20×95	276	256		
250	273	390	350	320	283	282	26	11.03	9.37	12	M20×100	303	283	1.5	
300	325	440	400	370	336	335	28	13.29	12.51	12	M20×105	356	336		3
350	377	500	450	430	386	385	28	16.4	15.4	16	M20×105	406	386	3	
400	426	565	515	482	436	435	30	22.39	21.21	16	M22×115	456	436		
450	478	615	565	532	489	488	30	24.678	23.78	20	M22×115	509	489	3	3
500	529	670	620	585	541	540	32	28.35	27.05	20	M22×115	561	541		
600	630	780	725	685	645	644	36	40.70	38.10	20	M27×140	667	645	3	3

PN 1.6MPa

公称通径	管子	法	兰					法兰质量/kg		双头螺栓		垫	片		
														厚度	
DN	d_H	D	D_1	D_2	D_3	D_5	b	榫面	槽面	数量	直径×长度	外径	内径	柔性石墨复合垫	橡胶石棉
10	14	90	60	40	24	23	14	0.561	0.533	4	M12×65	34	24		
15	18	95	65	45	29	28	14	0.728	0.694	4	M12×65	39	29	1.5	2
20	25	105	75	58	36	35	16	0.897	0.837	4	M12×70	50	36		
25	32	115	85	68	43	42	18	1.208	1.14	4	M12×75	57	43		
32	38	135	100	78	51	50	18	1.64	1.56	4	M16×85	65	51	1.5	2
40	45	145	110	88	61	60	20	2.047	1.953	4	M16×85	75	61		
50	57	160	125	102	73	72	22	3.66	2.56	4	M16×70	87	73		
70	76	180	145	122	95	94	24	3.52	3.38	4	M16×75	109	95	1.5	2
80	89	195	160	138	106	105	24	3.79	3.63	8	M16×95	120	120		
100	108	215	180	158	129	128	26	4.94	4.67	8	M16×100	149	129		
125	133	245	210	188	155	154	28	6.68	6.31	8	M16×105	175	155	1.5	2
150	159	280	240	212	183	182	28	8.11	7.73	8	M20×110	203	183		
175	194	310	270	242	207	206	28	9.03	8.59	8	M20×110	227	207		
200	219	335	295	268	239	238	30	10.36	9.84	12	M20×115	259	239	1.5	2
225	245	365	325	295	256	255	30	12.01	11.39	12	M20×115	276	256		
250	273	405	355	320	292	291	32	16.08	15.37	12	M22×125	312	292	1.5	
300	325	460	410	378	343	342	32	18.45	17.75	12	M22×125	363	343		3
350	377	520	470	438	395	394	34	23.98	22.62	16	M22×125	421	395	3	
400	426	580	525	490	447	446	38	31.75	30.25	16	M27×145	473	447		
450	478	640	585	550	497	496	42	41.01	39.39	20	M27×155	523	497	3	3
500	529	705	650	610	549	548	48	56.03	51.17	20	M30×170	575	549		
600	630	840	770	720	651	650	50	81.4	70.2	20	M36×175	677	651	3	3

PN 2.5MPa

DN	d_H	D	D_1	D_2	D_3	D_5	b	榫面	槽面	数量	直径×长度	外径	内径	柔性石墨复合垫	橡胶石棉
10	14	90	60	40	24	23	16	0.648	0.620	4	M12×70	34	24		
15	18	95	65	45	29	28	16	0.821	0.787	4	M12×70	39	29	1.5	2
20	25	105	75	58	36	35	18	1.015	0.955	4	M12×85	50	36		
25	32	115	85	68	43	42	18	1.209	1.139	4	M12×85	57	43		
32	38	135	100	78	51	50	20	2.00	1.92	4	M16×85	65	51	1.5	2
40	45	145	110	88	61	60	22	2.65	2.55	4	M16×90	75	61		
50	57	160	125	102	73	72	24	2.77	2.66	4	M16×95	87	73		
70	76	180	145	122	95	94	24	3.29	3.15	8	M16×95	109	95	1.5	2
80	89	195	160	138	101	100	26	4.14	3.98	8	M16×100	120	106		
100	108	230	190	162	129	128	28	6.14	5.80	8	M20×105	149	129		
125	133	270	220	188	155	154	30	8.42	8.10	8	M22×105	175	155	1.5	2
150	159	300	250	218	183	182	30	10.59	10.31	8	M22×115	203	183		
175	194	330	280	248	213	212	32	12.12	11.68	12	M22×125	233	213		
200	219	360	310	278	239	238	32	14.76	14.24	12	M22×125	259	239	1.5	2
225	245	395	340	305	266	265	34	17.27	16.73	12	M27×125	286	266		
250	273	425	370	335	292	291	34	19.23	18.57	12	M27×125	312	292	1.5	
300	325	435	430	390	343	342	36	27.15	26.45	16	M27×140	363	343		3
350	377	550	490	450	395	304	42	35.03	33.67	16	M30×160	421	395	3	
400	426	610	550	505	447	446	44	45.65	44.15	16	M30×165	473	447		
450	478	660	600	555	497	496	48	52.73	51.11	20	M30×170	523	497	3	3
500	529	730	660	615	549	548	52	68.23	66.37	20	M36×195	575	549		

2. 设备法兰及垫片

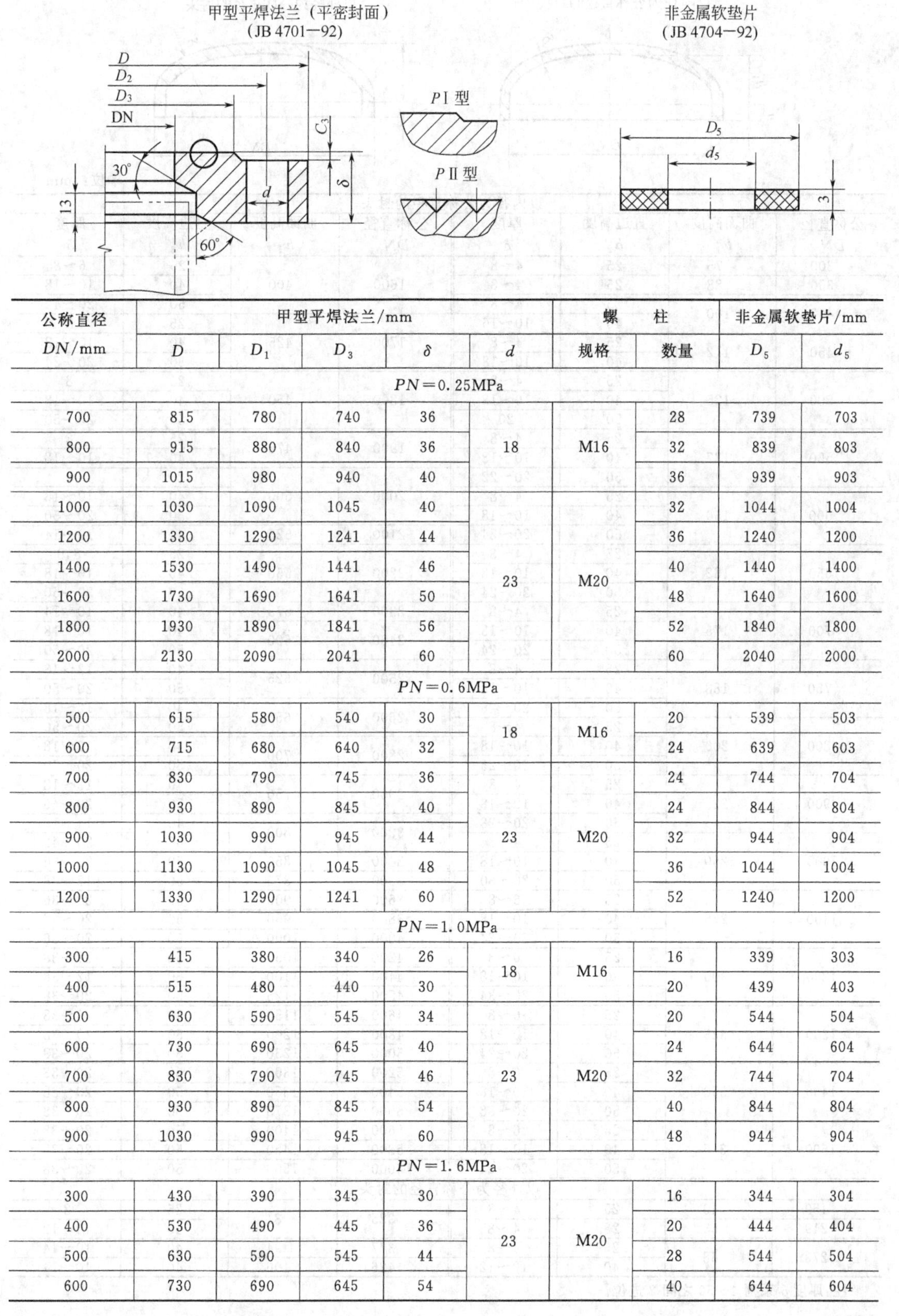

公称直径 DN/mm	甲型平焊法兰/mm					螺柱		非金属软垫片/mm	
	D	D_1	D_3	δ	d	规格	数量	D_5	d_5
PN=0.25MPa									
700	815	780	740	36	18	M16	28	739	703
800	915	880	840	36			32	839	803
900	1015	980	940	40			36	939	903
1000	1030	1090	1045	40	23	M20	32	1044	1004
1200	1330	1290	1241	44			36	1240	1200
1400	1530	1490	1441	46			40	1440	1400
1600	1730	1690	1641	50			48	1640	1600
1800	1930	1890	1841	56			52	1840	1800
2000	2130	2090	2041	60			60	2040	2000
PN=0.6MPa									
500	615	580	540	30	18	M16	20	539	503
600	715	680	640	32			24	639	603
700	830	790	745	36	23	M20	24	744	704
800	930	890	845	40			24	844	804
900	1030	990	945	44			32	944	904
1000	1130	1090	1045	48			36	1044	1004
1200	1330	1290	1241	60			52	1240	1200
PN=1.0MPa									
300	415	380	340	26	18	M16	16	339	303
400	515	480	440	30			20	439	403
500	630	590	545	34	23	M20	20	544	504
600	730	690	645	40			24	644	604
700	830	790	745	46			32	744	704
800	930	890	845	54			40	844	804
900	1030	990	945	60			48	944	904
PN=1.6MPa									
300	430	390	345	30	23	M20	16	344	304
400	530	490	445	36			20	444	404
500	630	590	545	44			28	544	504
600	730	690	645	54			40	644	604

3. 标准椭圆封头（JB/T 4737—95）

以内径为公称直径的封头

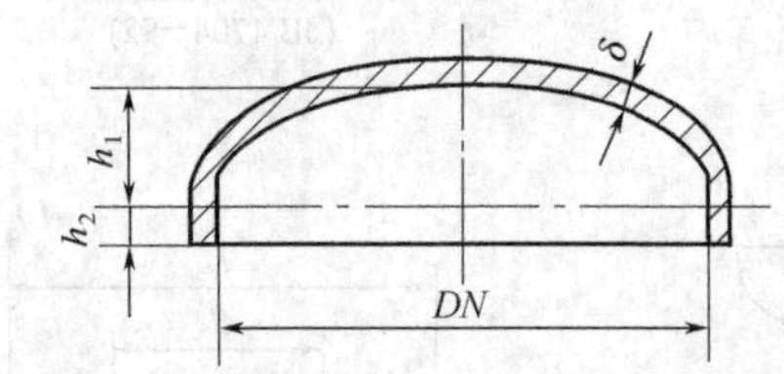

以外径为公称直径的封头

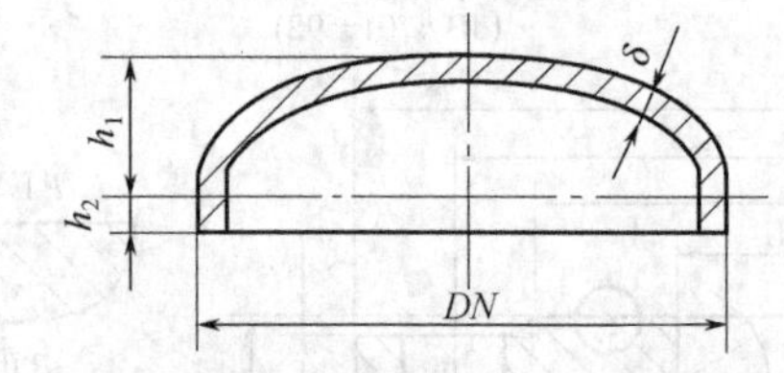

单位：mm

以内径为公称直径的封头							
公称直径 DN	曲面高度 h_1	直边高度 h_2	厚度 δ	公称直径 DN	曲面高度 h_1	直边高度 h_2	厚度 δ
300	75	25	4～8	1600	400	25	6～8
350	88	25	4～8			40	10～18
400	100	25	4～8			50	20～42
		40	10～16	1700	425	25	8
450	112	25	4～8			40	10～18
		40	10～18			50	20～24
500	125	25	4～8	1800	450	25	8
		40	10～18			40	10～18
		50	20			50	20～50
550	137	25	4～8	1900	475	25	8
		40	10～18			40	10～18
		50	20～22	2000	500	25	8
600	150	25	4～8			40	10～18
		40	10～18			50	20～50
		50	20～24	2100	525	40	10～14
650	162	25	4～8	2200	550	25	8,9
		40	10～18			40	10～18
		50	20～24			50	20～50
700	175	25	4～8	2300	575	40	10～14
		40	10～18	2400	600	40	10～18
		50	20～24			50	20～50
750	188	25	4～8	2500	625	40	12～18
		40	10～18			50	20～50
		50	20～26	2600	650	40	12～18
800	200	25	4～8			50	20～50
		40	10～18	2800	700	40	12～18
		50	20～26			50	20～50
900	225	25	4～8	3000	750	40	12～18
		40	10～18			50	20～46
		50	20～28	3200	800	40	14～18
1000	250	25	4～8			50	20～42
		40	10～18	3400	850	50	20～36
		50	20～30	3500	875	50	12～38
1100	275	25	6～8	3600	900	50	20～36
		40	10～18	3800	950	50	20～36
		50	20～24	4000	1000	50	20～36
1200	300	25	6～8	4200	1050	50	12～38
		40	10～18	4400	1100	50	12～38
		50	20～34	4500	1125	50	20～38
1300	325	25	6～8	4600	1150	50	20～38
		40	10～18	4800	1200	50	20～38
		50	20～24	5000	1250	50	20～38
1400	350	25	6～8	5200	1300	50	20～38
		40	10～18	5400	1350	50	20～38
		50	20～38	5500	1375	50	20～38
1500	375	25	6～8	5600	1400	50	20～38
		40	10～18	5800	1450	50	20～38
		50	20～24	6000	1500	50	20～38
以外径为公称直径的封头							
159	40	25	4～8	325	81	25	8
219	55	25	4～8			40	10～12
273	68	25	4～8	377	94	40	10～14
		40	10～12	426	106	40	10～14

注：厚度 δ 系列 4～50 之间 2 进位。

4. 人孔与手孔

常压人孔（JB 577—79）

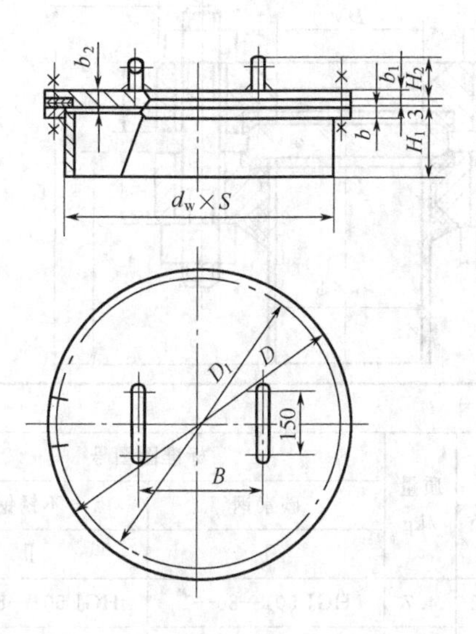

平盖手孔（JB 589—79）

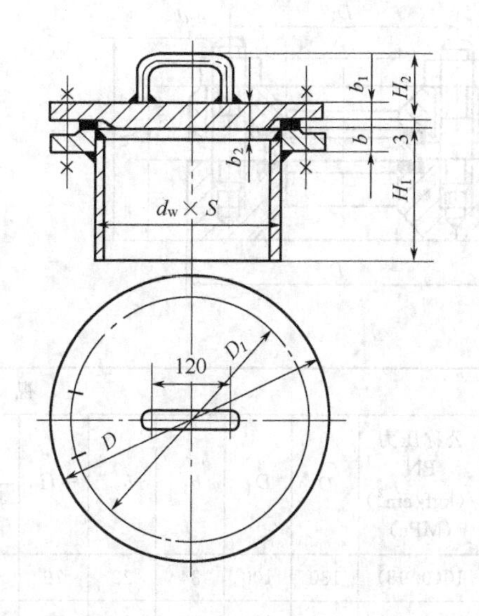

单位：mm

公称压力 PN/MPa	公称直径 DN	$d_w \times S$	D	D_1	b	b_1	b_2	H_1	H_2	B	螺栓 数量	螺栓 规格
常压人孔												
常压	(400)	426×6	515	480	14	10	12	150	90	250	16	M16×50
	450	480×6	570	535	14	10	12	160	90	250	20	M16×50
	500	530×6	620	585	14	10	12	160	90	300	20	M16×50
	600	630×6	720	685	16	12	14	180	92	300	24	M16×50
平盖手孔												
1.0	150	159×4.5	280	240	24	16	18	160	82	—	8	M20×65
	250	273×8	390	350	26	18	20	190	84	—	12	M20×70
1.6	150	159×6	280	240	28	18	20	170	84	—	8	M20×70
	250	273×8	405	355	32	24	26	200	90	—	12	M22×85

注：表中带括号的公称直径尽量不采用。

5. 视镜

视镜（HGJ 501—86）

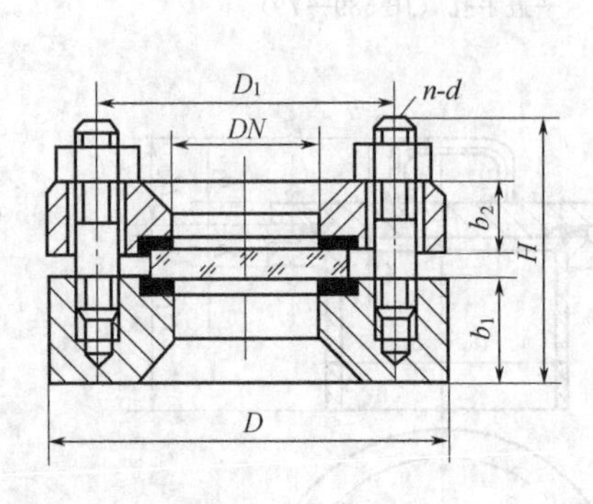

带颈视镜（HGJ 502—86）

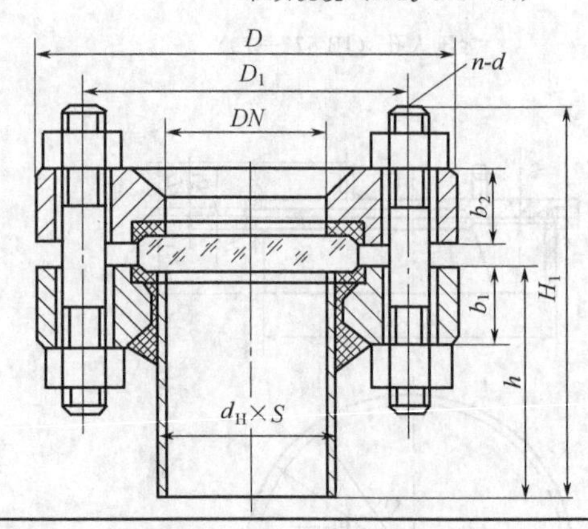

视 镜 尺 寸

公称直径 DN	公称压力 PN /(kgf/cm²) (MPa)	D	D_1	b_1	b_2	$\approx H_1$	螺柱 数量 n	螺柱 直径 d	质量 /kg	标准图图号 碳素钢 Ⅰ	标准图图号 不锈钢 Ⅱ
50	10(0.98)	130	100	34	22	79	6	M12	4.7	HGJ 501—86—1	HGJ 501—86—11
	16(1.57)	130	100	34	24	79	6	M12	4.9	HGJ 501—86—2	HGJ 501—86—12
	25(2.45)	130	100	34	26	84	6	M12	5.1	HGJ 501—86—3	HGJ 501—86—13
80	10(0.98)	160	130	36	24	86	8	M12	6.8	HGJ 501—86—4	HGJ 501—86—14
	16(1.57)	160	130	36	26	91	8	M12	7.1	HGJ 501—86—5	HGJ 501—86—15
	25(2.45)	160	130	36	28	96	8	M12	7.4	HGJ 501—86—6	HGJ 501—86—16
100	10(0.98)	200	165	40	26	100	8	M16	12.0	HGJ 501—86—7	HGJ 501—86—17
	16(1.57)	200	165	40	28	105	8	M16	12.5	HGJ 501—86—8	HGJ 501—86—18
125	10(0.98)	225	190	40	28	105	8	M16	14.7	HGJ 501—86—9	HGJ 501—86—19
150	10(0.98)	250	215	40	30	110	12	M16	17.6	HGJ 501—86—10	HGJ 501—86—20

带 颈 视 镜 尺 寸

公称直径 DN	公称压力 PN /(kgf/cm²) (MPa)	D	D_1	b_1	b_2	$d_H \times S$	h	$\approx H_1$	螺柱 数量 n	螺柱 直径 d	质量 /kg	标准图图号 碳素钢 Ⅰ	标准图图号 不锈钢 Ⅱ
50	10(0.98)	130	100	22	22	57×3.5	70	113	6	M12	4.2	HGJ 502—86—1	HGJ 502—86—11
	16(1.57)	130	100	24	24	57×3.5	70	116	6	M12	4.5	HGJ 502—86—2	HGJ 502—86—12
	25(2.45)	130	100	26	26	57×3.5	70	120	6	M12	5.0	HGJ 502—86—3	HGJ 502—86—13
80	10(0.98)	160	130	24	24	89×4	70	120	8	M12	6.4	HGJ 502—86—4	HGJ 502—86—14
	16(1.57)	160	130	26	26	89×4	70	127	8	M12	7.0	HGJ 502—86—5	HGJ 502—86—15
	25(2.45)	160	130	28	28	89×4	70	128	8	M12	7.4	HGJ 502—86—6	HGJ 502—86—16
100	10(0.98)	200	165	26	26	108×4	80	142	8	M16	10.9	HGJ 502—86—7	HGJ 502—86—17
	16(1.57)	200	165	28	28	108×4	80	143	8	M16	11.6	HGJ 502—86—8	HGJ 502—86—18
125	10(0.98)	225	190	28	28	133×4	80	143	8	M16	13.6	HGJ 502—86—9	HGJ 502—86—19
150	10(0.98)	250	215	30	30	159×4.5	80	150	12	M16	17.4	HGJ 502—86—10	HGJ 502—86—20

参 考 文 献

1 张洋主编. 高聚物合成工艺设计基础. 北京：化学工业出版社，1981
2 赵德仁等. 高聚物合成工艺学. 北京：化学工业出版社，1997
3 张洋等. 聚合物制备工程. 北京：中国轻工出版社，2001
4 史子谨主编. 聚合反应工程基础. 北京：化学工业出版社，1990
5 陈甘棠编著. 聚合反应工程基础. 北京：中国石化出版社，1991
6 计其达主编. 聚合过程及设备. 北京：化学工业出版社，1981
7 王凯等. 工业聚合反应装置. 北京：中国石化出版社，1997
8 陈甘棠主编. 化学反应工程. 北京：化学工业出版社，1990
9 陈敏恒等. 化工原理（上、下）. 北京：化学工业出版社，1999
10 姚玉英主编. 化工原理（上、下）. 天津：天津大学出版社，1999
11 陈声宗主编. 化工设计. 北京：化学工业出版社，2001
12 侯文顺主编. 化工设计概论. 北京：化学工业出版社，1999
13 王静康主编. 化工设计. 北京：化学工业出版社，1995
14 国家教委高等教育司等. 高等学校毕业设计（论文）指导手册，化工卷. 北京：高等教育出版社、经济日报出版社，1999
15 中国石油化工总公司. 石油化工工厂初步设计内容规定，(试行)，1988
16 王红林等. 化工设计. 广州：华南理工大学出版社，2000
17 倪进方主编. 化工过程设计. 北京：化学工业出版社，1999
18 国家医药管理局上海医药设计院. 化工工艺设计手册，(上、下). 北京：化学工业出版社，1996
19 周志安等编. 化工设备设计基础. 北京：化学工业出版社，1996
20 聂清得主编. 化工设备设计. 北京：化学工业出版社，1991
21 匡国柱等. 化工单元过程及设备课程设计. 北京：化学工业出版社，2002.1
22 王明辉. 化工单元过程课程设计. 北京：化学工业出版社，2002.6
23 贾绍义等. 化工原理课程设计. 天津：天津大学出版社，2002.8
24 汪寿建编著. 化工厂工艺系统设计指南. 北京：化学工业出版社，1996
25 华贲编著. 工艺过程用能分析及综合. 北京：烃加工出版社，1989
26 苏健民主编. 化工技术经济. 北京：化学工业出版社，1990
27 葛婉华等. 化工计算. 北京：化学工业出版社，1990
28 徐昌华. 化工常用单位换算手册. 南京：江苏科技出版社，1985
29 李希里编著. 工程技术实用速算图册. 北京：化学工业出版社，2000
30 魏崇光等. 化工工程制图. 北京：化学工业出版社，1994
31 郑晓梅主编. 化工制图. 北京：化学工业出版社，2002
32 刘道得等. 计算机在化工中的应用. 长沙：中南工业大学出版社，1997
33 苏晓生. 掌握 MATLAB6.0 及其工程应用. 北京：科学出版社，2002
34 陈贵明等. 应用 MATLAB 建模与仿真. 北京：科学出版社，2001
35 郑桂水等. MathCAD2000 实用教程. 北京：国防工业出版社，2000.9
36 吴宇宏等. MathCAD2001 数学运算完成方案. 北京：人民邮电出版社，2001.9
37 纪哲锐. MathCAD2001 详解. 北京：清华大学出版社，2002.2
38 郝黎仁等. MathCAD2001 及概率统计应用. 北京：中国水利水电出版社，2002.8
39 李梦龙等. Internet 与化学信息导论. 北京：化学工业出版社，2001.4
40 陈昫等. MathCAD2000 在化工数值方法中的应用. 计算机与应用化学，2003. 20 (1－2). 71
41 陈昫等. MathCAD2000 在化学反应器模拟计算中的应用. 计算机与应用化学，2004. 21 (3)，464
42 陈昫. 在《化工原理》教学中用 MathCAD 计算精馏塔的理论塔板数. 内部资料.
43 陈昫. MathCAD2001 在《化工原理》的流体输送教学中的应用. 内部资料.
44 中华人民共和国行业标准（HG 20557～20559-93）. 化工装置工艺系统工程设计规定. 化学工业部，1994.11
45 中华人民共和国国家标准（GBJ 16-87）. 建筑设计防火规范. 公安部，1988.5
46 中华人民共和国国家标准（GB 50160-92）. 石油化工企业设计防火规范. 中国石油化工总公司，1992.12

内 容 提 要

本书以聚合物合成工艺设计为对象，围绕化工（车间）工艺设计展开论述，内容全面、重点突出、由浅入深、适用面广且实用性强。为配合高等院校双语教学及化工工程设计发展的需求，书中给出了化工设计中常用词语的英文对照，并特别介绍了 MathCAD2001 在反应器模拟计算及其他化工工艺设计计算中的使用方法。

全书分为 11 章：第 1 章概括介绍化工设计的特点、作用、用途等；第 2 章简述化工工厂建设的全过程，重点介绍工艺设计的主要内容及步骤；第 3 章～第 9 章大致按化工工艺设计的主要步骤详细介绍化工工艺设计的主要过程、内容及方法；第 10 章介绍结合当前计算机应用技术的发展现状，介绍计算机在化工设计中的主要用途；第 11 章介绍 MathCAD2001 在反应器模拟计算中的使用方法。书中还在有关章节中分别介绍化工设计工艺图纸绘制的基本内容及方法。

本书既可作为高等院校相关专业的教材，又可作为从事有关化工领域科学研究、工业生产、基本建设、组织管理等工作人员的实用参考书。

本书附光盘一张，可供读者参考使用。光盘内容：

(1) Word 文档（书中例题的计算过程、用 MathCAD 解题的主要步骤、MathCAD 源文件代码）；

(2) 书中例题的 MathCAD 2000、MathCAD 2001 源文件；

(3) 常见搅拌桨三维立体模型及动画多媒体课件。